高职高专“十二五”规划教材

锗冶金

雷　霆　王少龙　邹艳梅　卢宇飞　编著

北　京
冶 金 工 业 出 版 社
2011

内容提要

本教材系统地介绍了锗产业的发展概况、锗及其化合物的性质、锗的战略地位和用途，锗的矿物、矿床分类和锗的主要资源及分布，锗冶金的基本原理和方法；归纳总结了国内外提取煤中锗和有色金属冶炼副产品中锗的最新研究成果、制备回收和提取四氯化锗的方法以及净化四氯化锗的相关工艺。

本教材可作为高等职业技术院校冶金专业的教材，还可作为锗冶金企业技术人员、冶金工程专业的教师、本科生及有关研究人员的参考书。

图书在版编目(CIP)数据

锗冶金/雷霆等编著．—北京：冶金工业出版社，2011.3
高职高专"十二五"规划教材
ISBN 978-7-5024-5469-2

Ⅰ.①锗… Ⅱ.①雷… Ⅲ.①锗—冶金—高等职业教育—教材 Ⅳ.①TN304.1

中国版本图书馆 CIP 数据核字(2011)第 031430 号

出 版 人 曹胜利
地　　址 北京北河沿大街嵩祝院北巷 39 号，邮编 100009
电　　话 (010)64027926 电子信箱 yjcbs@cnmip.com.cn
责任编辑 杨盈园 美术编辑 李 新 版式设计 葛新霞
责任校对 王贺兰 责任印制 牛晓波
ISBN 978-7-5024-5469-2
北京兴华印刷厂印刷；冶金工业出版社发行；各地新华书店经销
2011 年 3 月第 1 版，2011 年 3 月第 1 次印刷
787mm×1092mm 1/16；11 印张；266 千字；167 页
26.00 元
冶金工业出版社发行部 电话：(010)64044283 传真：(010)64027893
冶金书店 地址：北京东四西大街 46 号(100010) 电话：(010)65289081(兼传真)
(本书如有印装质量问题，本社发行部负责退换)

前　言

锗属于稀散金属。目前，锗和其他稀散金属如镓、铟、铊、硒、碲、铼等，已成为能源、军事、卫生、当代通讯、电子计算机、宇宙开发等领域不可缺少的重要金属。

锗是除硅以外最重要的半导体材料。锗在半导体工业、航空航天工业、高频超高频电子、光纤通讯、电子器件、红外光学、太阳能电池、化学催化剂、生物医学等领域都有广泛的应用。

世界可开采的锗资源比较缺乏，而我国锗资源相对而言较丰富。锗材料具备多方面的特殊性质，具有广泛而重要的用途，已成为一种极为重要的战略资源。随着我国信息化高技术产业等领域的发展以及军事装备水平的不断提高，国内对锗材料的需求必然日趋增长，因此，发展我国的锗产业具有十分重要的意义。

云南省锗资源储量居全国第一，并拥有从有色金属冶炼副产品中提取锗和从褐煤中提取锗的国内重要生产企业，锗产业链涵盖了锗的初级产品、中高级产品和锗器件，具备专门的锗研发机构、创新团队和锗红外光学技术研发基地。在发展锗产业上，云南省具有得天独厚的优势。

为完成云南省经济委员会“云南省锗产业发展研究”课题和云南省“十一五”重点科技攻关课题“光纤用四氯化锗产品开发”，课题组对我国尤其是云南省的锗资源进行了深入调研，查阅了大量中外文资料、翻译了国外近几十年来锗的专利并重点开展了试验研究工作，冶金工业出版社曾出版了作者所编著的《锗的提取方法》一书，该书受到了广大读者的厚爱。在此基础上，我们编著了本书，希望它能对我国的冶金高职和高等教育有所裨益。

参加调研、翻译、试验工作的还有张玉林教授级高工、张家敏高级工程师、方树铭高级工程师、邹平高级工程师、刘志斌高级工程师、李浩工程师、冯林永博士、杨艳华硕士、周林高级工程师等课题组同仁。云南冶金集团股份有限公司、昆明理工大学、云南省经委重工处、云南省科技厅工业及高新技术处等单位的领导给予了大力支持，在此表示衷心感谢！

本书的编写较为仓促，加之著者学识有限，书中若有不妥之处，恳请读者不吝赐教。

作　者

2010 年9月

目录

1 绪论

锗极分散地存在于多种矿物及岩石中，其含量不足以锗为目的、直接从矿物中提取，因此，锗的生产过程包括锗精矿制备、锗的提取、锗提纯3个阶段。

锗的现代工业生产，是以多种金属矿物冶炼主金属过程的副产物、煤燃烧后的灰分、烟尘以及锗深加工过程中的废料为主要原料。目前生产锗的大部分原料，来自重金属冶炼过程的副产物、锗精矿的冶炼残渣，燃烧煤的烟灰、煤灰、工业中加工锗的废料等。无论以何种原料提取锗，其后续主要流程基本相同。

由多种含锗原料中提锗的过程，实际上是一个将锗富集的过程，这种富集的产物只能称为锗精矿，有待进一步处理。1954年，纳米比亚楚梅布厂用浮选处理金属矿，从优先浮选获得的含Ge 0.053%的铜、铅混合精矿中，经碱性浮选产出了锗精矿。近年来，成功开发了应用旋涡熔炼法制备富集锗烟尘，富集升华的锗烟尘用盐酸处理，然后蒸馏出$GeCl_4$，它可以用煤油萃取，再把锗从有机物中反萃出来，含锗的水溶液进一步发生水解作用，所得水解沉淀物即为富锗精矿。

云南驰宏锌锗股份有限公司（原会泽铅锌矿）是我国原料锗金属的主要生产基地之一，该公司在从铅锌矿中提取锗精矿的工艺方面具有代表性。

1.1 锗的发展简史

锗（Ge）是稀散金属。所谓稀散金属是指由镓（Ga）、铟（In）、铊（Tl）、锗（Ge）、硒（Se）、碲（Te）、铼（Re）等7个元素组成的一组金属。当然，也有学者将铷（Rb）、铪（Hf）、钪（Sc）、钒（V）、镉（Cd）等包括在稀散金属的范围内。在镓（Ga）、铟（In）、铊（Tl）、锗（Ge）、硒（Se）、碲（Te）、铼（Re）7个元素组成的稀散金属中，首先发现的是碲，最后发现的是铼。它们的发现情况见表1-1。

表1-1 稀散金属的发现情况

发现情况	Ga	In	Tl	Ge	Se	Te	Re
发现年代	1875年	1863年	1861年	1886年	1817年	1782年	1925年
发现者	法国化学家勒科·德·布瓦博德朗(Lecoq de Boisbaudran)	德国化学家菲迪南·赖希等(F. Reich, et al)	英国业余地质学家和牧师威廉·格雷戈尔(William Crookes)	德国化学家克莱门斯·亚历山大·温克勒(C. A. Winkler)	瑞典化学家贝采里乌斯(J. J Berzeilius)	德国矿物家米勒·冯·莱玄斯坦(F. Mueller Reichenstein)	德国化学家瓦尔特·诺达克等(Walter Noddack, et al)
发现介质	闪锌矿	闪锌矿	酸　泥	硫银锗矿	黄铜矿	金　矿	铂族残渣
命名意义	法兰西	蓝　色	开发的绿核	日耳曼	月　亮	地　球	莱茵河

虽然锗是1886年，由德国化学家温克莱尔（C. A. Winkler）在分析由德国弗赖堡矿业学院教授温斯巴哈（Albin Weisbach）提供的含银矿石（硫银锗矿）中发现的，但实际上，早在1872年，俄国著名化学家Д. И. 门捷列夫，在研究他的元素周期表的特性时，就预感到在硅与锡之间，还存在一个“类硅”的元素。温克莱尔在从该含银矿石中分离出这一类似非金属的元素后，敏捷地认为，这个元素就是门捷列夫所预言的“类硅”，为了纪念他的祖国——德国（German），温克莱尔将其取名为锗Germanium。

温克莱尔发现锗，是科学发展过程中极为重要的事件，在人类自然科学发展史上具有深远的意义和影响。因为锗的发现及其后续在各领域的广泛应用，不但证明了锗对人类发展的重要性，而且在当时，锗的发现直接验证了门捷列夫提出的“类硅”元素的存在，证明了元素周期表的准确性和可靠性。表1-2是门捷列夫预言的“类硅”性质、温克莱尔1886年报告的锗性质和现在的数据。

表1-2　门捷列夫预言的“类硅”与锗的性质对比

性　质	门捷列夫预言的“类硅”（1871年）	温克莱尔1886年的报告数据	现在的数据
相对原子质量	72	72.32	72.59
密度/g·cm^{-3}	5.5	5.47	5.35
熔点/℃	高		947
比热容/J·(kg·K)$^{-1}$	305	318	322
摩尔体积/cm^3·mol^{-1}	13	13.22	13.5
颜　色	暗灰色	淡灰白	淡灰白
化合价	4	4	4
与酸碱的反应	稍受盐酸侵蚀，能很好地耐碱腐蚀	不溶于稀盐酸、稀NaOH，但溶于浓NaOH	不溶于稀盐酸和稀NaOH，但溶于浓NaOH
GeO_2 的密度/g·cm^{-3}	4.7	4.703	4.228
$GeCl_4$ 的密度/g·cm^{-3}	1.9	1.887	1.8443
$GeCl_4$ 的沸点/℃	100	86	84

1886年以后，由于硫银锗矿资源非常少且未发现新的锗资源，严重限制了锗的发展，其研究工作几乎停止和瘫痪。直到1920年，在西南非洲的楚梅布发现了一种含锗的新矿物——锗石（含锗约8%）后，锗的研究才得以顺利开展。

实际上，锗金属的应用是随着半导体工业的发展而发展起来的。1921年，制成了锗检波器。

1941年，第一家生产二氧化锗的工厂——易格皮切工业公司，在美国的迈阿密建立，该公司对从铅、锌冶炼过程中回收锗进行了系统的研究，同年生产出纯度为99.9%的二氧化锗。

1948年，利用电阻率为10～20Ω·cm的高纯金属锗，制备出了世界上第一只非点接触的晶体管放大器——锗晶体管。

1950年，帝尔和里特用乔赫拉斯基法培育出了世界上第一根锗单晶。

1952年，美国人浦芳发明了区熔提纯技术，并将该技术首先应用在锗的提纯上。

1954 年，纳米比亚楚梅布厂用浮选处理金属矿，从优先浮选获得的含 Ge 0.053% 的铜、铅混合精矿中，经碱性浮选产出了锗精矿。

煤中提锗始于 20 世纪 60 年代。英国开发了合金法，从烧煤尘中回收锗，因不经济而停用。

20 世纪 50 年代末至 60 年代末的 10 年间，是锗的生产技术、产品质量、用量迅速发展的时期。例如，在质量上：1956 年，还原锗的电阻率为 7Ω·cm，区熔锗为 30～40Ω·cm，到了 1958 年，还原锗的电阻率在 20Ω·cm 以上，区熔锗达到 50Ω·cm，高纯锗单晶的少数载流子寿命突破 1500μs，并且生长出了无位错锗单晶；在产量上：美国锗的消耗量，从 1958 年的 11t 增加到 1965 年的 23t。

20 世纪 60 年代前后，锗在半导体器件领域占主导地位，但 20 世纪 70 年代以后，锗的用量有所下降，这主要是由于半导体硅生产技术的不断进步以及大规模集成电路的出现，硅器件逐步代替了锗器件，使锗器件从 20 世纪 60 年代占总用量的 90% 下降到 20 世纪 80 年代仅占总用量的 20% 左右。尽管如此，在某些高频和大功率半导体器件中，仍使用锗，硅器件不可能完全取代锗器件。

锗是除硅以外最重要的半导体材料，除在半导体工业外，锗在红外光学领域、航空航天工业、高频超高频电子、光纤通讯、电子器件、太阳能电池、化学催化剂、生物医学等领域都有广泛的应用，锗是一种非常有前途的工业材料，目前全世界锗的平均年增长率仍维持在 4%～6%，随着锗在其他新领域的应用，锗的市场将继续扩大，锗工业前景光明。

长期以来，锗的主要用途是制造半导体器件和红外光学元件，$GeCl_4$ 则一直作为制备高纯锗的中间产品。1993～1996 年世界锗产品用途分布见表 1-3。

表 1-3 1993～1996 年世界锗产品用途分布（折算为金属锗）

用途	1993 年		1994 年		1995 年		1996 年	
	用量/t	比率/%	用量/t	比率/%	用量/t	比率/%	用量/t	比率/%
光纤	20	26.7	21	27.6	23	28.6	27	31
树脂	17	22.7	19	25	21	26.3	22	25.3
光学	14	18.7	15	19.7	15	18.6	16	18.4
太阳能电池	5	6.7	5	6.7	5	6.3	5	5.7
荧光体	6	8	6	7.9	6	7.5	6	6.9
医学	3	4	3	3.9	3	3.8	4	4.6
BGO	2	2.6	1.3	1	1.3	1.3	1	1.1
光学玻璃	2	2.6	2	2.6	2	2.5	2	2.3
γ-探测器	1	1.3	1	1.3	1	1.3	1	1.1
其他	5	6.7	3	3.9	3	3.8	3	3.4
合计	75		76		80		87	

由表 1-3 可以看出，1993～1996 年世界锗的用量是逐年增加的。锗的供应量与消耗量基本持平。

2002 年，世界锗供应量为 90t（金属锗，下同），比 2001 年减少 2%，2003 年产量为

80t，比2002年减少11%，其中比利时减少17%，加拿大减少25%，中国减少11%，2003年锗需求为90t，与2002年持平。近几年世界锗的行业消费见表1-4。目前，锗的需求量平稳增长，未来几年，锗的供求将逐步趋于平衡，预计年需求量约为120～150t。

表1-4　近几年世界范围内锗的行业消费　　（%）

年份 \ 用途	聚合催化物	红外光学	光　纤	半导体	其　他
2001	25	15	50	5	5
2002	30	25	20	12	13
2003	35	25	20	12	8
2004	35	25	20	12	8

1.2　国外锗产业发展概况

全世界大多数生产锗的企业，均在冶炼主要金属的过程中回收加工锗。前苏联和美国在重金属冶炼过程中提取锗，英国首先燃烧煤获得含锗烟尘，再从烟尘中回收锗。

目前生产锗精矿、二氧化锗、金属锗的主要国家有德国、美国、日本、比利时、法国、意大利、奥地利、扎伊尔、中国和前苏联。

在发达国家和非洲，从事锗精矿生产的主要公司有6家，生产高纯二氧化锗和区熔锗的公司有6家，表1-5和表1-6分别列出了部分国家锗精矿、二氧化锗及锗的生产企业。

表1-5　部分国家从事锗精矿生产的企业

国　名	企业名称	生产能力/$t \cdot a^{-1}$	国　名	企业名称	生产能力/$t \cdot a^{-1}$
美　国	泽西矿业锌公司	15～40	法　国	潘纳罗英矿业公司	35
美　国	埃格尔皮切尔工业公司	25	意大利	帕特索拉矿冶公司	35
奥地利	布莱墨尔格矿山联合企业	5	扎伊尔	盖卡矿业公司	>20

表1-6　部分国家从事锗及二氧化锗生产的企业

国　名	公　司	产品名称	生产能力/$t \cdot a^{-1}$	精矿来源
美　国	凯威克彼业公司	高纯锗、GeO_2	10	泽西矿业锌公司
美　国	埃格尔皮切尔工业公司	高纯锗、GeO_2	30	本公司、潘纳罗英矿业公司、帕特索拉矿冶公司
德　国	普雷乌隆格金属公司	高纯锗、GeO_2	25	潘纳罗英矿业公司、帕特索拉矿冶公司、布莱墨尔格矿山联合企业
德　国	奥托维、米林公司	GeO_2	10	布莱墨尔格矿山联合企业
日　本	佳发金属矿公司	高纯锗、GeO_2		进　口
日　本	日本金属电子公司	GeO_2	35	进　口
日　本	东京芝蒲电气公司	高纯锗、GeO_2		进　口
比利时	霍台肯—奥弗佩尔特冶金公司	高纯锗、GeO_2	50	盖卡矿业公司

国外锗产业的发展现状和趋势，主要体现在：锗提取工艺的不断完善、注重环境保护和资源综合利用；锗产品的开发和应用领域不断拓宽。

在锗产品的开发和应用领域方面，近几年来的应用开发仍然主要集中在电子工业、红外光学、光纤、化工及轻工业等领域，并且消耗比例基本趋于相对稳定。

1.3 我国锗产业发展概况

1.3.1 生产企业概况

我国生产锗产品的企业见表1-7。从表中可以看出，我国生产锗产品的主要企业，其锗产品基本上是低附加值的初级产品。而国外锗产品生产企业由于锗原料的限制，基本上都是从我国采购粗四氯化锗或二氧化锗，而后进行精加工，制成光纤用四氯化锗、化工用锗催化剂、红外器件等高附加值的产品，其中一部分产品又返销到我国，赚取高额利润。

表1-7 我国生产锗产品的主要企业

企业名称	主要产品
云南驰宏锌锗股份有限公司	四氯化锗、二氧化锗、还原锗、高纯锗、锗珠、锗粉
上海隆泰公司	四氯化锗、二氧化锗、还原锗、高纯锗
南京锗厂	四氯化锗、二氧化锗、单晶锗、单晶锗片、还原锗、高纯锗、红外光学级锗单晶
北京有色金属研究总院（国晶辉公司）	高纯四氯化锗、锗单晶、还原锗、高纯锗、探测器级锗单晶、红外光学级锗晶体
韶关冶炼厂	二氧化锗
云南临沧鑫园锗业有限责任公司	二氧化锗
贵阳冶炼厂	粗锗
株洲冶炼厂	粗锗
昆明北方红外科技集团	单晶锗，红外光学锗部件
昆明冶金研究院	单晶锗

1.3.2 各企业产能与产量

目前，我国各种锗产品产量见表1-8。

表1-8 我国各种锗产品产量

企业名称	锗产品	产量/$t \cdot a^{-1}$	质量	原料
云南驰宏锌锗股份有限公司	高纯二氧化锗、还原锗、高纯锗、锗珠、锗粉、单晶锗	10	6N	自产
上海隆泰公司	高纯二氧化锗、还原锗、高纯锗	5~6	5N	外购
南京锗厂	高纯二氧化锗、单晶锗、单晶锗片、还原锗、高纯锗、红外光学级锗	15~20	5N	外购
国晶辉公司	高纯四氯化锗、锗单晶、还原锗、高纯锗、探测器级锗单晶、红外光学级锗晶体	10	—	外购

续表 1-8

企业名称	锗产品	产量/$t \cdot a^{-1}$	质　量	原　料
韶关冶炼厂	二氧化锗	1~3	粗产品	外　购
云南临沧鑫园锗业有限责任公司	二氧化锗	26	粗产品	自　产
贵阳冶炼厂	粗　锗		粗产品	自　产
株洲冶炼厂	粗　锗	1~3	粗产品	外　购
内蒙古通力锗业公司	二氧化锗	3	粗产品	自　产

从表 1-8 中可以看出：隆泰公司、南京锗厂、国晶辉公司、锗的延伸产品品种多，但是，这些企业所需的原料全部需要外购，一旦发生资源短缺，必然面临危机而失去市场竞争力。韶关冶炼厂、云南临沧鑫园锗业有限责任公司、贵阳冶炼厂、株洲冶炼厂等，目前只能生产加工锗的初级产品。云南驰宏锌锗股份有限公司是既拥有资源，又能生产锗的较深、精产品的企业。

我国从事锗冶炼的企业主要有：云南驰宏锌锗股份有限公司、云南临沧鑫园锗业有限责任公司、上海冶炼厂、株洲冶炼厂、南京锗厂、韶关冶炼厂、内蒙古通力锗业公司等。

目前，我国每年的锗总产量大约 40~50t，其中 80% 左右都是以四氯化锗和二氧化锗粗原料形式出口，精、深产品数量不多。高附加值的锗单晶材料生产厂家主要有北京有色金属研究总院的国晶辉公司、昆明冶研新材料股份有限公司（昆明冶金研究院）和昆明北方红外科技集团有限公司（昆明物理研究所）。我国主要的锗金属和锗单晶生产企业、产能和产量情况见表 1-9。

表 1-9　我国主要的锗金属和锗单晶生产企业、产能和产量情况

生产企业名称	锗产能/产量/t	锗单晶产能/产量/t
上海隆泰公司	12/3	8/—
韶关冶炼厂	10/4	0.4/—
南京锗厂	10/6	无
云南临沧鑫园锗业有限责任公司	20/10	无
云南驰宏锌锗股份有限公司	20/10	无
国晶辉公司	10/5	3/2
昆明冶研新材料股份有限公司	无	0.5/0.3
昆明北方红外科技集团	1/0.2	2.5/2.5
内蒙古通力锗业公司	2/2	无
合　计	40	5

从表 1-9 中可以看出，云南省在全国锗工业加工链中，无论是粗原材料或精加工成品都居于首位，在历年的发展中已具经营发展规模，初步形成了一定规模的锗加工产业链。

在云南省目前已形成的锗加工产业链中，其上游产品（主要包括锗的粗级产品，如粗二氧化锗、还原锗及区熔锗等的冶炼等），主要由云南冶金集团总公司控股的云南驰宏锌锗股份有限公司，云南临沧鑫园锗业有限责任公司、云南会泽东兴实业有限总公司、昆明北方红外科技集团的子公司——昆明北方光学材料有限公司以及一批相关的贸易公司组成的企业生产和销售。中游产品（主要包括锗单晶），主要由昆明北方红外科技集团所控股的昆明英富莱科技有限公司和由云南冶金集团总公司控股的昆明冶研新材料股份有限公司生产和销售。下游产品（主要包括锗材料的进一步精、深加工及应用），主要由具有世界同步先进加工工艺及设备的昆明北方红外科技集团下属的北方红外特种工艺技术有限公司开发和应用。

国内从事锗单晶材料研究、开发和生产的企业主要有北京有色金属研究总院所属的国晶辉公司、南京锗厂、昆明冶研新材料股份有限公司和昆明北方红外科技集团有限公司。从锗材料的源头到生产加工再到最终的高端应用整条产业链综合来看，云南省具备了全方位的优势。依托这一优势，凭借昆明北方红外科技集团有限公司先进的红外加工工艺技术，可以形成专业的锗材料生产及精、深加工的红外光学组部件完整产业链的生产基地。

1.3.3 我国锗产业发展状况

1.3.3.1 锗产品的消费情况

中国是世界上最大的锗生产国和出口国。

我国每年锗的总产量大约在 40 ~ 50t，其中约 1/3 为国内消耗，2/3 以上（约 30t）出口。出口的锗产品中，大部分是以较低附加值的初级原材料产品，如粗 $GeCl_4$ 或粗 GeO_2 出口，这些锗粗级产品成为了其他国家的战略储备资源或精、深产品加工的原料。

目前，国内消费的锗主要用于光纤、红外光学和科学研究，还有相当部分是根据国外订单为其加工成锗的产品。

1.3.3.2 锗资源状况

锗资源有限，分布相对分散，世界可开采的锗资源比较缺乏。

中国锗资源的储量居世界首位，分布在全国 12 个省（区），其中云南、内蒙古、广东、山西、四川、广西和贵州的储量较多。

1.3.3.3 生产状况和技术现状

我国锗资源的开发利用，基本上停留在四氯化锗和二氧化锗初级原材料水平，精加工水平较低。虽然从初级原材料到锗单晶甚至到红外光学组部件，附加值可以提高几十倍甚至上百倍，但很显然，材料越往精细方向加工发展，所需要的技术和设备投资也就越高、越大，风险就越大，因此大多数企业只能止步于粗放式的初级生产。

锗产业的整体技术水平不高，主要反映在以下几个方面：

（1）应用技术较落后；

（2）提炼加工技术较落后，与发达国家相比，我国对锗的总体回收率不高，资源消耗量过大；

（3）掌握锗材料精、深加工和高层次应用技术的企业太少，并且规模太小，无法拉动和提高整个行业的技术水平。

1.4 我国锗产业的相关政策环境

尽管目前我国仍未把锗列为战略储备物资，但由于锗的稀缺性和独特的性能，国家对其开发和深加工是极为重视和鼓励的。如2004年，国家科学技术部以国科发计字［2004］151号文件，将“光纤预制棒产业化技术开发”延续项目列入“十五”国家科技攻关计划，作为重点项目组织实施。

兵器集团总公司和云南省政府已签订省部合作协议，共同投资14亿元，建设昆明光电子产业园。该工程中，包括了锗资源的开发及深精加工项目，建成后基本上完善了锗产业链，具备了实施锗资源战略控制性开发利用的基本条件，该工程是一项提高红外光学锗材料生产能力的重大科技工程。

1.4.1 市场准入条件

为促进产业结构升级、规范行业发展、维护市场竞争秩序，在锗产业的适度开发时，要制订明确的准入制度，编制锗行业准入条件，对达不到准入条件的单位和个人，严禁其从事锗的勘查、开采、冶炼、加工、销售和出口等活动。

应根据国土资源部、发改委的有关规定，尽快制订锗勘查开采领域的准入条件、锗生产经营领域的准入条件。提出资金、技术、装备、规模以及能耗、资源综合利用、环境保护和安全生产等方面的要求。

继续实行锗出口供货企业资格认证制度。根据国家产业政策，制订和完善出口经营企业的资质条件，严禁出口供货企业收购无采矿许可证开采企业的矿产品。

继续实行出口配额管理，进一步优化出口产品配额分配结构，严格控制初级产品的配额比例，提高高附加值产品的出口配额比例。要按照国家产业政策的要求，运用经济手段加强对锗及其制品的出口调控。

1.4.2 建议开展的重点项目

建议开展的重点项目主要包括：

（1）褐煤含锗资源地质调查和勘探；

（2）褐煤含锗资源的开采；

（3）褐煤提锗及煤资源综合利用；

（4）铅锌资源含锗地质调查和勘探；

（5）含锗铅锌资源提锗新工艺研究；

（6）光纤用四氯化锗产品开发；

（7）大直径锗单晶的制备和加工；

（8）红外光学锗器件制备；

（9）锗催化剂（含锗酸铋）产品研发和应用；

（10）有机锗产品开发和应用；

（11）锗系合金产品研制和应用；

（12）其他锗产品开发、工艺研究和应用；

（13）锗系列产品及开发的新产品在其他领域的应用。

1.4.3 我国发展锗产业的支撑体系

1.4.3.1 技术创新体系

企业是市场经济的主体，也是技术创新的主体，在国家创新体系中占有十分重要的地位。完善以企业为主体的技术创新体系，对于大力推进科技进步和创新，推进我国现代化建设，具有十分重要的意义。

完善以企业为主体的技术创新体系，就是要紧紧围绕促进企业的技术创新而积极开展工作，保证企业逐步成为技术创新的决策、投资、开发和收益主体，增强企业的研究开发能力，坚持先进技术引进和消化、吸收、创新相结合，实现市场开拓、技术创新和生产经营一体化。要深入研究和制订有力措施，进一步为企业技术创新创造良好环境，把鼓励企业自主创新作为增强国家技术创新能力的一个重要目标，把支持企业技术创新列为国家中长期科技规划的一项重点任务，研究和制定政策措施鼓励企业加大对研究开发活动的投入，引导企业加强同科研院所和高等院校研究机构的联系和合作，切实增强自主创新的能力。作为企业，也要在技术创新中发挥主体作用，加大对研究开发活动的投入，大力开发具有自主知识产权的关键技术，形成自己的核心技术和专有技术，打造知名品牌，充分发挥人才在技术创新中的关键作用，努力增强核心竞争力。

很显然，目前我国从事锗产业的国有大型企业、民营企业、科研院所和大专院校，已具备发展锗产业的技术支撑。通过资源整合和行业整合，在政府支持下，通过不断投入、理顺机制，就一定能够提高企业创新能力，依靠技术创新实现锗产业竞争力的全面提升，顺利实现锗产业的快速发展和可持续发展。

1.4.3.2 人才保障体系

坚持人才培养和引进相结合，鼓励和引导国外各类锗产业专业技术人才回国创业和发展，力争引进一流水平专家、学术带头人和科技创新人才，促进锗产品研发能力、经营管理能力和市场竞争能力的提高。

充分发挥现有人才的作用，营造人才发展的环境。以优化和调整人才结构为主线，为锗产业人才脱颖而出创造更大的空间和更多的机会，在公平竞争中识别人才，在创新实践中培养人才，在事业发展中凝聚人才，在工作生活中关爱人才，逐步形成多层次、多方位、系统化的人才培育和开发的新格局。

发挥现有各类院校、科研院所及企业的作用，增设硕士点、博士点、博士后流动站，工程中心和重点实验室，扩大高级管理人才培养数量。调整高等院校的专业和课程设置，培养一大批锗产业发展所需的技术人才。认真发展职业技术教育，培养大批锗产业技师和熟练的技术工人。积极创造继续教育、专业培训、技能培训的条件，着力扶植、培养优秀青年科技人员。

锗产业是光电子产业中不可缺少的一部分，人才是发展的根本。培养造就一大批锗产业科研、生产、管理等人才队伍是我国锗产业最迫切的任务之一。因此必须根据锗产业发展的需要，调整、完善新的人才政策体系，建立有利于锗产业人才培养、引进和使用的环境。

（1）完善吸引人才的政策措施，制订更为有效的用人政策并切实予以落实。营造尊重人才、促进人才成长的环境，以各种形式吸引国外锗产业人才回国发展。

（2）强化人才激励机制，合理使用人才，积极创造人才发挥作用的环境。

（3）完善人才培养机制。树立科学的人才观，克服论资排辈、流动困难、激励单一等弊端，以优化和调整人才结构为主线，为人才脱颖而出创造更大的空间和更多的机会。重视人才培训和继续教育制度，创造人才成长的环境条件。

1.4.3.3 政策措施

为加快我国锗产业发展，应充分发挥政府职能，有关部门要协同配合，在产业政策、财税政策、技术法规及基础设施建设等方面予以支持：

（1）对产业发展、产业基地建设以及产、学、研的合作方面，应建立、健全完善的政策法规体系。吸收各地锗产业发展的经验，从实际出发，用好、用活、用足相关优惠政策并加速政策由地区优惠向产业优惠转移，制订与完善相关的措施，大力扶持和推动锗产业的发展。对于出现的新情况、新问题，应实时地制订相应的配套政策。

（2）制订关于锗产业发展资金、锗产业科技成果入股、锗产业科技成果奖励、出国留学人员回国创业等的管理措施。

（3）对认定的锗生产、加工企业，给予享受高新技术企业以及软件企业的优惠政策。加强对锗产业基地建设的领导和扶持力度，将核心区作为重点工业园区，给予重点支持。

（4）把锗资源尽快列为重大战略资源进行战略保护及储备，以保证我国国防装备之用。

（5）出台相关战略资源保护政策，包括进行保护性开采，限制锗粗级原材料的出口，鼓励技术进步、制订相关的税收政策，有计划地合理利用锗资源。

（6）加大投入，整合、提高现有技术和生产能力，变粗锗原材料输出为锗的精、深加工产品输出，提高产品的附加值。

（7）建立锗资源产业的复合调控机制，维持相对较高的锗资源价格，促进资源节约和提高开采效率。我国已经从工业化初期逐步进入工业化中期阶段，锗资源需求较以往也发生了相应的变化，必须根据这一阶段的实际情况作出相应的制度安排。此外，锗资源产业还具有一次性投入大、日常开采成本相对较小的产业特征。一旦存在产能过剩，企业就有动力增加产量、降低价格至可变费用附近，因此资源产业会存在低价竞争的态势。特别是当锗金属品位不同，开采企业实力有明显差异时，无序竞争又容易导致市场处于价格低迷状态。再者，在一定时期内，由于自然条件的限制，如地理环境、探明储量等，锗资源存在刚性较强的供给能力上限，短期内扩张产能的可能性不大。锗资源总体开采利用必然考虑世界的总储量、开采能力和替代产品的开发等，随着资源日渐消耗，其数量减少必然带来价格上升，从而不利于经济社会的可持续发展。维持较高的资源价格，利用市场机制可以实现节约资源投入，有利于维护资源相关产业长期稳定发展，从而有利于我国经济社会的可持续发展。

（8）优化产业结构，适当提高市场集中度。提高锗资源产业的市场集中程度，便于产业规范管理，提高技术应用水平和市场议价能力。为达到在国际竞争中维持稳定价格的目的，应该进行锗资源的整合和资源的保护性开采，提升锗材料在世界上的市场份额、技术实力和谈判能力。建立较好生产和销售决策组织和决策机制，掌控世界范围的相关产品产量和产品定价。可以从如下两个方面入手：其一，逐年收回发给各类个体企业的开采许可证，推动锗资源开采权向国有企业流动，从总量上减少资源企业数量；其二，政府投入资金进行保护，以国有经济为主体引进战略投资者，吸引愿意进入该领域的社会资本，壮大企业规模。

（9）制订经济、安全、协调发展的政策和规划。锗资源产业的发展为国家军事的发展提供装备产品，同时也关系到安全、就业、环境等社会问题，因此，还必须制订经济、安全、协调发展的政策和规划。

首先，应在锗矿产资源中，区分不同的可开采能力，重要程度和可替代程度，分类制定指导政策。该指导政策的核心是依据动态的需求模型，在较长的时间内，预测资源产品的可能需求总量、年度需求总量、可替代的程度，据此制订不同的探矿、开采规划、产业政策和其他配套政策，不搞一刀切。总量控制、优化布局、结构调整以及根据国家产业政策确定的鼓励、限制、禁止勘查开发等，都是其中的重要内容。

其次，应建立短期应急的战略储备制度和相应开采的中长期规划。锗资源受下游产业景气程度影响，价格大幅波动，需要矿产的战略储备来维持经济的稳定发展。另外，矿产价格仅由当期的市场供求决定，如果为实现锗资源的价值优化，还必须建立相应开采的中长期规划，而不是立即投入开采。再次，制订强制性的锗矿开采后环境恢复制度，恢复准备金收取办法，矿区人员就业安排等。还有，要保证安全生产许可证政策的落实到位和企业准入的严格审查，加强日常突击检查，加大责任惩罚力度，以促进有效提高资源企业安全生产水平。最后，应利用高新技术的发展，加强废旧物资的再次利用，这对我国企业节约资源也是非常必要的。

2 锗及其化合物的性质

2.1 锗的性质

2.1.1 锗的物理性质

锗（Germanium，元素符号 Ge）是银灰色的元素，极纯的锗（99.999%）在室温下很脆，但在温度高于600℃（有的文献认为高于550℃）时，单晶锗即可以经受塑性变形。锗的物理性质如表2-1。

表2-1 锗的物理性质

性质	数值	性质		数值
原子序数	32	线性膨胀系数	100K	2.3×10^{-6}
相对原子质量	72.5		200K	5.0×10^{-6}
晶体结构	立方体			
密度(125℃)/$g\cdot cm^{-3}$	5.323		300K	6.0×10^{-6}
原子密度(25℃)/$g\cdot cm^{-3}$	4.416×10^{22}	热导率/$W\cdot(m\cdot K)^{-1}$	100K	232
晶格常数(25℃)/nm	0.56754			
表面张力(熔点下)/$N\cdot cm^{-1}$	0.0015		200K	96.8
断裂模量/MPa	72.4	熔点/℃		937.4
摩氏硬度	6.3	沸点/℃		2830
泊松比(125~375K)	0.287	比热容(25℃)/$J\cdot(kg\cdot K)^{-1}$		322
自然同位素丰度/%	20.4	熔化潜热/$J\cdot g^{-1}$		466.5
质量数	27.4	蒸发潜热/$J\cdot g^{-1}$		4602
标准还原电位/V	-0.15	燃烧热/$J\cdot g^{-1}$		4006
磁敏感性	-0.12×10^{-6}	生成热/$J\cdot g^{-1}$		738

Ge和Si一样属于半金属，是半导体，在电子工业中应用广泛。

高纯锗单晶在25℃时，比电阻为55～60 Ω·cm，随着温度升高，其比电阻降低。

无论是单晶锗还是多晶锗，对λ=2～20nm范围内的红外线都是透明的。

无论是无定形，还是结晶形锗，当加热到350℃时，都会从无定形转变到结晶态。

600℃时，锗开始挥发，并且随温度的升高，挥发增强，表2-2列出了锗的挥发速度随温度变化的一些数据。图2-1是

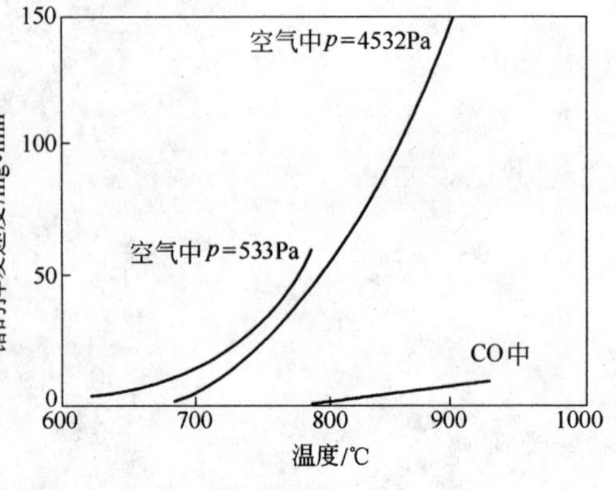

图2-1 锗的挥发速度与气氛和温度的关系

锗的挥发速度与气氛和温度的关系。

表 2-2　锗的挥发速度与温度的关系

温度/℃	锗的挥发速度/g·(cm²·s)⁻¹	温度/℃	锗的挥发速度/g·(cm²·s)⁻¹
847	1.45×10^{-7}	1251	1.27×10^{-4}
996	1.41×10^{-6}	1421	1.21×10^{-3}
1112	1.34×10^{-5}	1635	1.41×10^{-2}

锗在氮气中，当温度高于800℃时，会发生升华。

锗的蒸气压力随温度的升高而增加，而且呈线性关系。在1237～1609℃温度下，液态锗的蒸气压力随温度的变化见表2-3，关系曲线见图2-2。

表 2-3　液态锗的蒸气压力随温度的变化

温度/℃	蒸气压力/Pa	温度/℃	蒸气压力/Pa
1237	0.1346	1400	1.7862
1254	0.1986	1482	2.4127
1334	0.5785	1493	5.4253
1342	0.6078	1522	11.1172
1372	1.1624	1555	15.4628
1376	1.4396	1609	35.0579

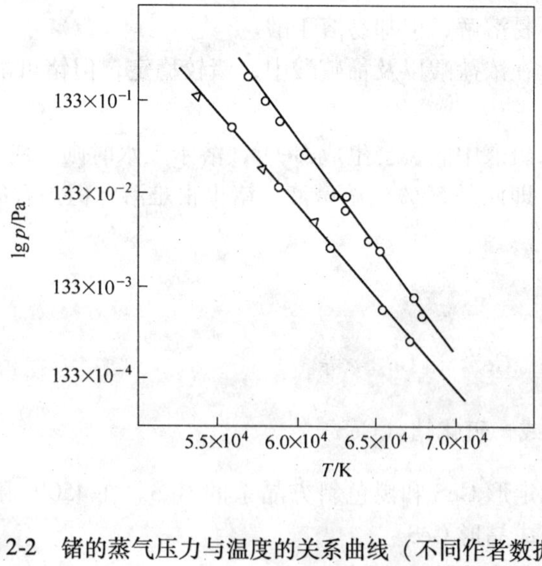

图 2-2　锗的蒸气压力与温度的关系曲线（不同作者数据）

不同温度下，锗的蒸气压力与温度的关系可用下列方程式表示。

$\lg p\text{mmHg}(\text{Pa}, \times 133.3) = -20150/T - 0.91\lg T + 13.28$　　(25～958℃)

$\lg p\text{mmHg}(\text{Pa}, \times 133.3) = -18700/T - 1.16\lg T + 12.89$　　(958～2700℃)

$\lg p$mmHg(Pa, ×133.3) = −19050/T + 0.04lg$T$ − 9.96　　(> 370℃)

$\lg p_{Ge}$mmHg(Pa, ×133.3) = −20412.02/T + 0.000258T − 2.201lg$T$ + 17.006

$\lg p_{Ge}$mmHg(Pa, ×133.3) = −18473.59/T − 0.000421T − 0.37226lg$T$ + 10.024

锗的黏度随温度升高而降低。图 2-3 所示为在 940 ~ 1250℃ 温度范围内，纯锗的黏度与温度的关系曲线。

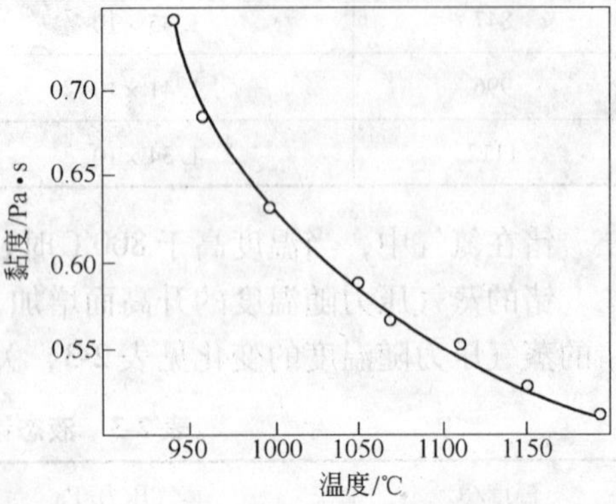

图 2-3　纯锗的黏度与温度的关系曲线

2.1.2　锗的化学性质

在常温下，金属锗与空气、氧或水不起作用，甚至在 500℃ 时锗也基本不氧化。

只有当温度高于 600℃ 时，锗才开始氧化，并且随着温度的升高按下列反应进行：

$$Ge + \frac{1}{2}O_2 = GeO$$

$$GeO = GeO_{(g)}$$

$$Ge + O_2 = GeO_2$$

增加氧分压，有助于锗生成 GeO_2，反之，减少氧分压则有利于气态 GeO 的挥发。

在 800 ~ 900℃ 的温度范围内，锗在 CO_2 中可强烈氧化，发生如下化学反应：

$$Ge + CO_2 = GeO + CO$$

锗在熔融时体积会缩小，体积缩小率为 5.5% ±0.5%，如在氢气中冷却，则锗会吸收氢。

锗易与碱相熔融形成碱金属锗酸盐，如 Na_2Ge_3 等，碱金属锗酸盐易溶于水，而其他金属锗酸盐在水中却不易溶解，但却易溶于酸。

水对锗不起作用。在浓盐酸以及稀硫酸中，锗较稳定，但锗可溶于热的氢氟酸、王水和浓硫酸。

锗在加有硝酸的浓硫酸中时，会生成 GeO_2，溶于王水时则生成 $GeCl_4$。

锗难溶于碱液中，即使是 50% 的浓碱液，锗也很难溶，但当有氧化剂参与时，锗可溶于热碱液中。

2.2　锗的硫化物

锗的硫化物有 GeS、GeS_2 和 Ge_2S_3 等。

2.2.1　硫化锗（Ⅱ）或一硫化锗（GeS）

GeS 分为棕色的无定形 GeS 和黑色斜方晶系的 GeS。在 450℃ 和惰性气氛中，无定形 GeS 可经数小时而转变成晶形 GeS。

GeS 可采用湿法、干法两种方法制备。

湿法是在含有两价锗化合物的酸性溶液中通入硫化氢气体制取，如在含有两价锗的热盐酸溶液中通入硫化氢气体，便立即有暗红色的沉淀物析出，冷却溶液过滤后所得到的呈光亮的沉淀物，即为 GeS。

干法是以锗酸盐为原料，首先将其在氮气保护气氛下在800℃预热除砷，然后在820℃时，往锗酸盐粉末通氨气，可生成GeS，挥发后在冷凝器内收集。此外，制备GeS的其他方法还有GeS_2的氢还原法。该法是将金属锗置于硫化氢气流中，加热到850℃，便有GeS生成并挥发，挥发物为针状或片状结晶，粉末GeS为黑色。

GeS的氧化反应：

在350℃时，GeS开始氧化形成$GeSO_4$：

$$GeS + 2O_2 =\!=\!= GeSO_4$$

当温度高于350℃时，其最大可能的氧化产物是生成GeO_2，即：

$$GeS + 2O_2 =\!=\!= GeO_2 + SO_2$$

氧化初期反应较快，随着在GeS外表形成GeO_2膜层，氧化反应逐渐变慢。

当温度升到高于570～650℃时，GeS的氧化速度迅速增高，伴随着产生$GeSO_4$，但氧化产物主要还是GeO_2。

GeS的挥发性：

温度和气氛对GeS的挥发有较大的影响，低温和强烈的还原气氛下，GeS易挥发。

在800℃，中性气氛下，GeS的挥发较少，仅有20%，但800℃，在氢气或一氧化碳等还原性气氛下，锗的挥发率可达90%～98%。GeS的挥发率与温度及气氛的关系见图2-4。

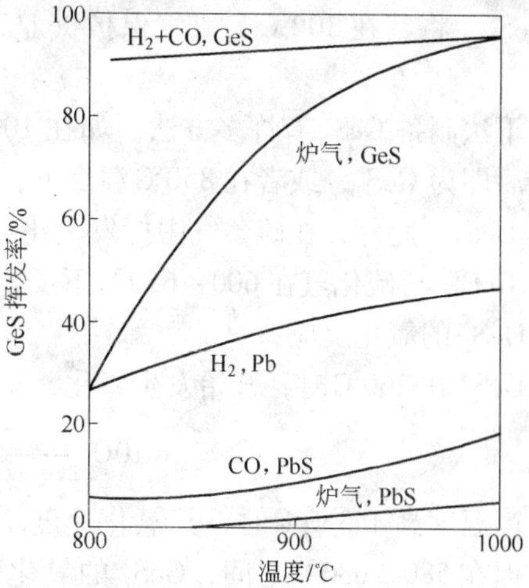

图2-4 GeS的挥发率与温度及气氛的关系

GeS的蒸气压和离解压可按下列各式计算。

GeS的蒸气压：

$\lg p\mathrm{mmHg}(\mathrm{Pa}, \times 133.3) = -8335/T + 10.612(300 \sim 615℃)$

$\lg p\mathrm{mmHg}(\mathrm{Pa}, \times 133.3) = -6526/T + 9.07(400 \sim 600℃)$

$\lg p\mathrm{mmHg}(\mathrm{Pa}, \times 133.3) = -690/T + 9.081(527 \sim 625℃)$

$\lg p\mathrm{mmHg}(\mathrm{Pa}, \times 133.3) = -5638/T + 7.738(623 \sim 724℃)$

$\lg p_{\mathrm{GeS(l)}}\mathrm{mmHg}(\mathrm{Pa}, \times 133.3) = -6398/T + 8.70(617 \sim 662℃)$

GeS的离解压：

$\lg p\mathrm{mmHg}(\mathrm{Pa}, \times 133.3) = -13612/T + 9.527(390 \sim 485℃)$

GeS较易溶于稀盐酸中，而微溶于硫酸、磷酸和有机酸。

GeS在热的稀硝酸溶液、过氧化氢水溶液、高锰酸钾、氯和溴中容易很快氧化，GeS也易溶于碱或硫化物溶液而生成红色溶液。

常温下，GeS与氯气反应生成$GeCl_4$，GeS在150℃以上能和HCl蒸气剧烈反应。

结晶状的GeS是稳定化合物，即便在热沸的酸或碱中也极少溶解，也难以被氨水、过氧化氢或盐酸所氧化，但当其呈粉末状时，却不稳定，易溶于热的微碱液中，对此碱液用酸中和后，可生成红色的无定形 GeS 沉淀。

2.2.2　二硫化锗或硫化锗（GeS_2）

GeS_2 为一种白色粉末，不稳定，在 420～650℃升华，在 700℃时约有 15% 的 GeS_2 离解，生成易挥发的 GeS：

$$2GeS_2 \rightleftharpoons Ge_2S_3 + \frac{1}{2}S_2 \rightleftharpoons 2GeS\uparrow + S_2$$

GeS_2 也可采用湿法、干法两种方法制备。

湿法是将 GeO_2 溶于 6mol/L 的盐酸溶液中，通入硫化氢气体，便产生白色的 GeS_2 沉淀，然后再用酒精、乙醚连续地洗涤沉淀物中残存的盐酸，可制得含 2%～3% 水分的 GeS_2，将其在 300℃、氮气保护气氛下煅烧，所获得的结晶粉末，化学组成与 GeS_2 接近。

干法制备 GeS_2 有许多方法。如在 1000～1400℃下，往锗粉中通入硫蒸气，反应产物冷凝后即为 GeS_2，或者在 850℃温度下，往锗粉中通入硫化氢和硫蒸气的混合气体，也可制得 GeS_2。此外，在硫蒸气中挥发硫化锗（GeS）、将 GeO_2 在硫蒸气中加热到 850℃、将气态 $GeCl_4$ 与硫化氢在 600～650℃下反应等，都能制取 GeS_2。

GeS_2 的氧化反应：

GeS_2 在 260℃时，开始发生氧化，总的化学反应变化可表述如下：

$$3GeS_2 + 10O_2 = 2GeO_2 + Ge(SO_4)_2 + 4SO_2$$

当温度高于 350℃时，其氧化速度增快；到 450～530℃间，GeS_2 的氧化速度增加较快，但在 580～630℃之间，GeS_2 的氧化速度减小，然而，当温度高于 635℃后，GeS_2 的氧化速度又重新增大，到 720℃后，约 80% 的 GeS_2 已被氧化。

在 500～530℃之间所形成的 $Ge(SO_4)_2$ 的最大峰值约为 32%，在此前后的温度范围内，几乎不存在 $Ge(SO_4)_2$。当温度高于 667℃时，$Ge(SO_4)_2$ 与 GeS_2 和氧发生相互作用而生成 GeO_2。

$$GeS_2 + Ge(SO_4)_2 + 2O_2 = 2GeO_2 + 4SO_2$$

GeS_2 在中性气氛中，当温度高于 500℃时就明显挥发，在 700～730℃时挥发剧烈，图 2-5 所示为气氛和温度对 GeS_2 挥发率的影响情况，从图 2-5 中可以看出，如有空气存在，GeS_2 的挥发明显减小。

在 650℃的真空或中性气氛中，GeS_2 将发生如下反应：

$$GeS_2 = GeS_{2(g)}$$

$$2GeS_2 = 2GeS_{(g)} + S_{2(g)}$$

$$GeS_2 = Ge + S_{2(g)}$$

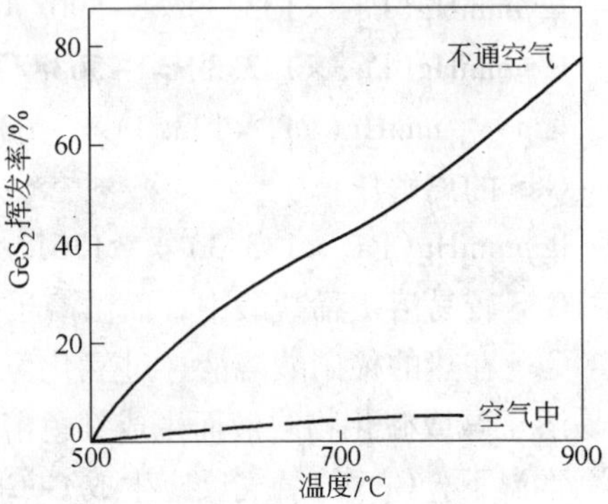

图 2-5　GeS_2 的挥发率与温度及气氛的关系

$$2GeS_{(g)} = 2Ge + S_{2(g)}$$

在400～600℃之间，GeS_2 可被氢还原，产生易挥发的GeS，反应式为：

$$GeS_2 + H_2 = GeS + H_2S$$

GeS_2 也可在500～700℃之间，在一氧化碳中很好地挥发。

GeS_2 的蒸气压可按下列各式计算：

$\lg p$mmHg(Pa, ×133.3) = −11822/T + 13.423(400～500℃)

$\lg p$mmHg(Pa, ×133.3) = −10970/T + 12.44(460～650℃)

$\lg p$mmHg(Pa, ×133.3) = −9931/T + 8.37(425～550℃)

$\lg p$mmHg(Pa, ×133.3) = −9030/T + 43.97lg$T$ − 139.19(500～800℃)

GeS_2 在潮湿的空气或惰性气氛里会离解，到800℃左右便离解完全。GeS_2 的离解压按下式计算：

$\lg p$mmHg(Pa, ×133.3) = −9331.86/T + 0.37(425～600℃)

GeS_2 不溶于水，也不溶于冷或热沸的硫酸、盐酸或硝酸中，但 GeS_2 易溶于热碱，尤其是有氧化剂，如过氧化氢的碱液中。热氨或 $(NH_4)_2S$ 可溶解 GeS_2，并形成相应的亚酞胺锗：

$$GeS_2 + 6NH_3 = Ge(NH)_2 + 2(NH_4)_2S$$

$$2GeS_2 + 3(NH_4)_2S = (NH_4)_6Ge_2S_7$$

2.2.3 锗硫化物（Ge_2S_3）

Ge_2S_3 为黄褐色的疏松粉末，它由具有许多小孔与缝隙的细晶粒组成。728℃时 Ge_2S_3 熔化。

Ge_2S_3 是 GeS_2 的离解产物：

$$2GeS_2 = Ge_2S_3 + \frac{1}{2}S_2$$

Ge_2S_3 不溶于所有的酸溶液，其中包括王水和硫化碳，但易溶于氨水或双氧水溶液中。锗硫化物的主要理化性质见表2-4。

表2-4 锗硫化物的主要理化性质

硫化物名称	颜色	结晶构造	硬度	密度/g·cm^{-3}	熔点/℃	沸点/℃
GeS	黑色	斜方	2	3.54～4.01	530～665	650～850
GeS	红棕、棕黄			3.31		
GeS_2	白色	斜方	2～2.5	2.70～2.94	800～840	904
Ge_2S_3	棕黄色				728	
硫化物名称	离解温度/℃	升华温度/℃	氧化温度/℃	还原温度/℃	水中溶解度/%	易溶于
GeS	>600	>350	>300	>800	0.24	$(NH_4)_2S$，HNO_3，HCl
GeS						HCl，$(NH_4)_2SO_4$
GeS_2	>600	420～720	250	400	0.45	HCl，$(NH_4)_2S$
Ge_2S_3		>650			难	$(NH_4)_2S$，NH_3

2.3 锗的氧化物

锗的氧化物有 GeO、GeO_2 及其水合物等。

2.3.1 一氧化锗或氧化锗(Ⅱ)(GeO)

GeO 为深灰色或黑色粉末，室温下稳定存在。

当温度高于550℃时，GeO 开始氧化形成 GeO_2，在此温度下如缺氧，则发生 GeO 的升华。

在含 6mol/L 的盐酸溶液中，用次磷酸（过量30%）还原含 0.25 ~ 0.5mol 的二氧化锗溶液，然后用稀氨水中和，便能制得 GeO。

在空气中，潮湿的二价锗的氢氧化物容易氧化，故沉淀和洗涤需在惰性气体保护气氛下进行，此时制得的锗氢氧化物为黄色或红色的胶状物质，如果是从煮沸的溶液中进行沉淀，则制得的产物为黑褐色细粒状。如用过量的次磷酸在盐酸介质中还原 1.5 ~ 2.0mol 的 GeO_2 溶液，再用去离子水水解，可制得白色的 GeO，再与溶液接触时则转变成红色。

从含 25% 硫酸的四价锗溶液中，用锌或其他强还原剂，也可制得二价锗的氢氧化物，这种二价锗的氢氧化物具有微弱的酸性，且极易溶于盐酸和其他的卤酸中，也微溶于碱中。

GeO 在 700℃ 时显著挥发，当温度高于 815℃ 时，据报道，GeO 的蒸气压已达 101.33kPa。

GeO 的蒸气压可按下列各式计算：

$\lg p_{mmHg}(Pa, \times 133.3) = -13750/T + 15.464$

$\lg p_{mmHg}(Pa, \times 133.3) = -11822/T + 9.80$ (640 ~ 705℃)

当温度高于 705℃时，GeO 的蒸气压实际上是其离解产物的蒸气压，即：

$\lg p_{mmHg}(Pa, \times 133.3) = -12000/T + 12.05$

GeO 的离解按下式进行：

$$2GeO \xlongequal{} GeO_2 + Ge$$

其离解压可按下式计算：

$\lg p_{mmHg}(Pa, \times 133.3) = -11900/T - 1.5\lg T + 13.54$ (25 ~ 487℃)

如果在氮气中，GeO 仅需加热到 700℃，在数分钟后即已分解。

图 2-6 所示为用热力学和统计学的方法得到的结果绘制出的 GeO 蒸气压与温度的关系，它们呈直线分布，其关系可用下式表达：

$$\lg p(kPa) = -1832.87/T + 2.061$$

图 2-7 所示为 Ge—O 系图，从图 2-7 中可以看出，GeO 没有稳定区。

当温度低于 870℃时，在含氧原子 0 ~ 63% 质量的区域内，仅存在固相的 Ge 和 GeO_2；

在温度为 870 ~ 940℃时，在含氧原子 0 ~ 60% 质量的区域内，则存在固相 Ge 和含氧原子 0 ~ 60% 质量氧的液相锗；

在超过含氧原子 60% 质量时，液相和固相 GeO_2 共存；

当温度高于 940℃时，在含氧原子 0 ~ 60% 质量的区域内，只存在两个液相，即 $Ge_{(l)}$ 和含氧量达 24.84% 的 $GeO_{2(l)}$。

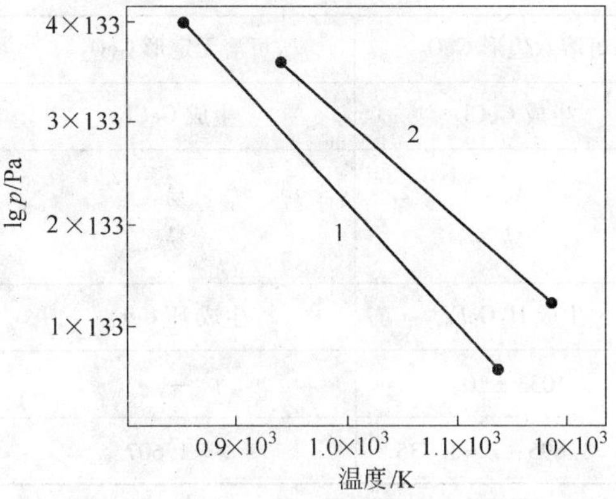

图 2-6 GeO 蒸气压与温度的关系

1—锗和 GeO_2 混合物上的压力；2—GeO 上的压力

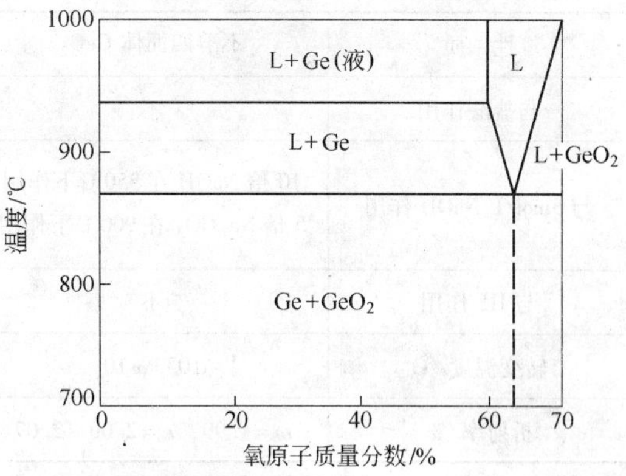

图 2-7 Ge—O 系图

GeO 在175℃时，可与 HCl 作用，生成 $GeCl_3$ 和水；在250℃时，可与卤族元素如氯作用，形成 $GeCl_4$ 和 GeO_2。

GeO 的溶解性：GeO 略溶于水，其溶解度仅为$(3 \sim 0.5) \times 10^{-4}$mol/L，形成极弱的 H_2GeO_2 酸。

更多的研究者认为，GeO 具有弱碱性，不溶于水而易溶于酸，在水溶液中所存在的 Ge^{2+}，是 Ge^{4+} 被还原的中间产物。

GeO 在稀硫酸中缓慢分解，在 4mol/L 的盐酸中微微溶解，随着盐酸浓度增高而溶解度增大。

GeO 难溶于碱，这与锗的其他氧化物或硫化物（除晶形 GeS 外）易溶于碱的性质相反。

2.3.2 二氧化锗或氧化锗(Ⅳ)(GeO_2)

GeO_2 为白色粉末。它有三种形态，即可溶性的无定形玻璃体、六边形晶体，不溶性的四面体。它们的物理化学性质见表 2-5。

表 2-5 GeO_2 各变形态的物理化学性质

性 质	不溶四面体 GeO_2	可溶六边形 GeO_2	可溶无定形 GeO_2
结晶构造	$a = 4.394 \sim 4.390$ $c = 2.852 \sim 2.859$	$a = 4.987 \sim 4.988$ $c = 5.653 \sim 5.640$	玻璃体
结晶形式	金红石	α-石英，β-石英	—
密度（25℃）$/g \cdot cm^{-3}$	6.239	4.228	$3.122 \sim 3.617$
熔点/℃	1086 ± 5	$(1115 \sim 1116) \pm 4$	—
沸点/℃	—	1200	—
溶解度(100g 水)/g	0.023(25℃)	$0.433 \sim 0.453$(25℃) 0.551(35℃) 0.617(41℃) $0.950 \sim 1.050$(100℃)	0.518(38℃)

续表 2-5

性　质	不溶四面体 GeO_2	可溶六边形 GeO_2	可溶无定形 GeO_2
与盐酸作用	不	生成 $GeCl_4$	生成 $GeCl_4$
与 5mol/L NaOH 作用	10 倍 NaOH 在 550℃下作用 5 倍 Na_2CO_3 在 900℃下作用	易 易	易 易
与 HF 作用	不	生成 H_2GeF_6	生成 H_2GeF_6
转变温度/℃	1033 ± 10	1033 ± 10	—
折射率/%	$\omega = 1.99$；$\varepsilon = 2.00 \sim 2.07$	$\omega = 1.695$；$\varepsilon = 1.735$	$\varepsilon = 1.607$

可溶性六边形 GeO_2 在长久加热条件下，会缓缓地转变为不溶性的四面体 GeO_2，故处理含锗物料时，不宜长时间地加热。

图 2-8 所示为 GeO_2 的晶型转变图。低温可变态的六边形 GeO_2 是一种介稳定的化合物，具有 α-石英型晶格，当加热到 1020℃时，它就转变为稳定的 β-石英型晶格。

GeO_2 可通过水解四氯化锗或碱性锗酸盐而制得。此时制备的 GeO_2 为很细的粉末，即便采用显微镜鉴定也很难确定它的晶体结构，采用 X 射线分析，可知其晶体结构属六方晶型。如将其在 380℃下焙烧，则转变为四方晶形（晶红石型），熔融的 GeO_2 为玻璃体结构，即无定型 GeO_2。

GeO_2 的挥发性：GeO_2 在空气中很难挥发，但在还原性气氛，如 CO 中的挥发却极为明显。图 2-9 是 GeO_2 挥发率与温度和气氛的关系。

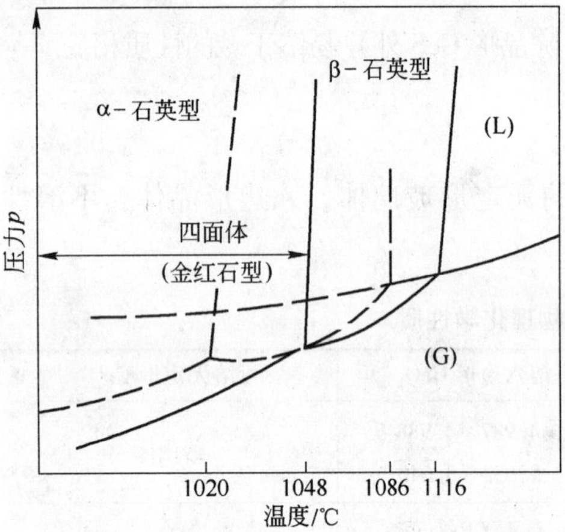

图 2-8　GeO_2 的晶型转变

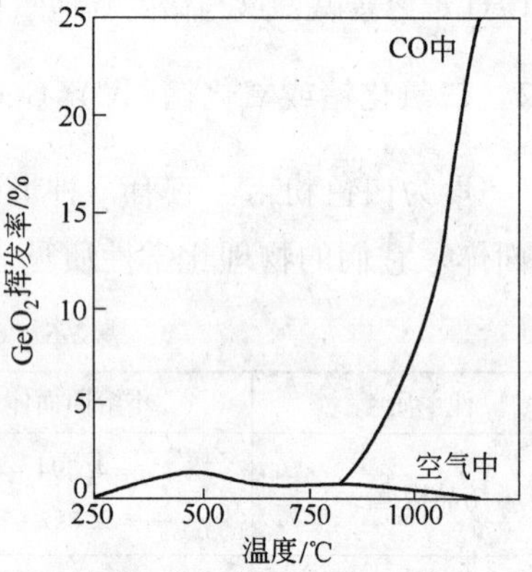

图 2-9　GeO_2 挥发率与温度和气氛的关系

（1）从图 2-9 中可以看出，在 250 ~ 1100℃的温度范围内，GeO_2 在空气中的挥发率极小，但如果将其在 CO 中加热，当温度高于 700℃时，GeO_2 将被还原成 GeO 而挥发，反应式为：

$$GeO_2 + CO = GeO + CO_2$$

（2）温度升高，反应加剧，当温度高于900℃时，其反应的剧烈程度，与 GeO_2 在碳中的情况几乎相同。

（3）值得一提的是，在温度为500～600℃下，在氢气中还原 GeO_2 时，GeO_2 不是还原成 GeO 而挥发，而是直接还原而产出锗金属，反应式为：

$$GeO_2 + 2H_2 \xlongequal{} Ge + 2H_2O$$

在氢气中还原 GeO_2，只有在温度高于700℃时，GeO_2 才部分以 GeO 形式挥发。

（4）当温度高于1250℃时，GeO_2 不受气氛影响而强烈挥发。

GeO_2 的离解压很小，在1000～1100℃时，GeO_2 按下式离解的数量约为90%。

$$GeO_2 \xlongequal{} GeO_{(g)} + 1/2O_{2(g)}$$

离解压的计算式为：

$\lg p$[mmHg(Pa，×133.3) = $-20008/T + 12.97$

$\lg p$[mmHg(Pa，×133.3) = $-25517/T + 16.245$(1040～1150℃)

GeO_2 是一种弱酸性的两性化合物。锗在炉渣中以 GeO_4^{4+} 形态存在，为强酸性化合物。

GeO_2 可与一系列金属氧化物形成 $2MeO \cdot GeO_2$、$MeO \cdot 5GeO_2$ 等，如 GeO_2 与 Na_2S 和硫一起烧结时，形成 $Na_2GeOS_2 \cdot 2H_2O$。

GeO_2 在水溶液中可形成分子分散溶液或胶体溶液，溶液中含有组分简单的锗酸，如 H_2GeO_3、H_4GeO_4、$H_2Ge_5O_{11}$ 和 $H_4Ge_7O_{16}$ 等。H_2GeO_3 为弱酸，$H_2Ge_5O_{11}$ 酸性稍强，在 pH 值为3.31～3.36时，溶液中几乎不存在 Ge^{4+}。当 pH 值为5.5～8.4时，溶液中的 $[Ge_5O_{11}]^{2-}$ 稳定，且存在下列平衡关系：

$$[Ge_5O_{11}]^{2-} + H_2O + 3OH^- \rightleftharpoons 5[HGeO_3]^-$$

如溶液中加入 KCl 或 KNO_3，当 pH 值为9.2时，锗以 KGe_5O_{11} 形式析出，但当 pH 值大于11时，则溶液中仅存在有 $Ge(OH)_6^{2-}$。

表2-6和表2-7是 GeO_2 在一些无机酸中的溶解度。

表2-6 GeO_2 在一些无机酸中的溶解度（25℃）

无机酸名称	浓度/mol·L^{-1}	GeO_2 溶解度(100mL)/mg	浓度/mol·L^{-1}	GeO_2 溶解度(100mL)/mg
HNO_3	2.15	221.8	6.07	54.0
	4.04	116.4	8.38	20.5
	4.97	81.0	10.57	7.5
H_2SO_4	1.08	323.2	4.11	53.6
	1.77	224.8	5.32	26.8
	2.64	136.6	6.52	12.8
	3.51	79.5		
HCl	1.04	321.2	4.03	121.2
	2.04	228.4	5.03	113.8
	3.17	168.8	6.03	164.4

表 2-7 GeO_2 在 GeO_2-HF-H_2O 系中的溶解度（25℃）

液相分析(质量分数)/%		液 相 中	底相分析(质量分数)/%	
HF	GeO_2	HF : GeO_2	HF	GeO_2
1.00	1.55	3.37		
2.00	2.43	4.31		
3.00	3.64	4.32		
7.32	9.14	4.19		
12.48	15.25	4.30	3.45	77.45
13.04	15.93	4.28		
16.03	19.62	4.27	4.23	76.58
22.92	28.90	4.17		
25.40	31.20	4.26	6.35	80.49
26.64	32.50	4.20		
70.00	34.70	4.50		
32.80	39.60	4.30		

从表 2-6 中可以看出，一般情况下，GeO_2 在无机酸中的溶解度随着酸的浓度增加而减小，但 GeO_2 在 HCl、HBr 和 HI 中的溶解度却有一个最大值，随后其溶解度又急剧减小。GeO_2 在这些酸中溶解度的特殊变化可能是由于沉淀物组分的改变而引起的，如在盐酸溶液中，当盐酸浓度增至 5mol/L 时，会形成易挥发的锗的氯络合物 $GeCl_6^{2-}$ 及 $GeCl_5^-$，而在盐酸浓度大于 8mol/L 时，这些锗的氯络合物就分解而形成不溶性的 $GeCl_4$，导致 GeO_2 的溶解度下降。

熔融的 GeO_2 与碱作用将生成碱性锗酸盐，该盐易溶于水。表 2-8 列出了 GeO_2 在 NaOH 中的溶解度，其溶解度随 NaOH 浓度的增高而增大，这一性质常被用于含 GeO_2 物料的溶解。

表 2-8 GeO_2 在 NaOH 中的溶解度

NaOH/$g \cdot L^{-1}$	0.0	0.05	0.1	0.2	0.4	0.5	1.0	2.0	4.0
GeO_2/$g \cdot L^{-1}$	4.48	4.60	5.05	5.70	7.06	7.81	11.67	17.7	23.85

为便于比较，将锗的硫化物和氧化物的蒸气压随温度的变化列于表 2-9。图 2-10 所示的是其变化曲线。

表 2-9 锗的硫化物和氧化物的蒸气压随温度的变化

温度/℃	蒸气压/Pa			
	GeS	GeS_2	GeO	GeO_2
444		0.066		
489		1.453		
525	439.9			
555	973.1			

续表 2-9

温度/℃	蒸气压/Pa			
	GeS	GeS_2	GeO	GeO_2
570		25.300		
577	1866.2	47.300		
593		79.100		
602	3332.5			
611		137.400		
612	4025.7			
630	5585.3			
662	9091.1			
683		380.000		
697	9784.2			
705			140.0	
724	13863.2			
788			406.5	
816			2639.3	
850			3796.4	
880			4978.8	
923			16662.5	
927				0.005
1023			1106300.0	
1027				0.0048

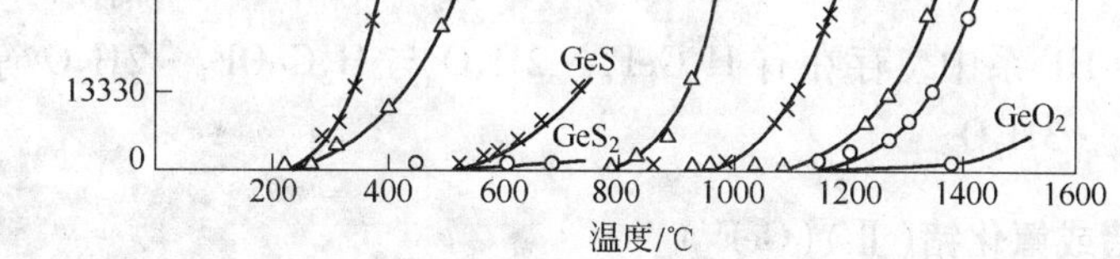

图 2-10 锗化合物的蒸气压随温度的变化曲线

2.4 锗的卤化物

锗的卤化物主要有 GeF_4、GeF_2、$GeCl_4$、$GeCl_2$、$GeOCl_2$、$GeBr_4$、$GeBr_2$、GeI_4、GeI_2、$HGeCl_3$ 等，它们的基本物理化学性质列于表 2-10。部分卤化锗蒸气压随温度的变化曲线见图 2-11。

表 2-10　锗卤化物基本物理化学性质

卤化锗	色　彩	熔点/℃	沸点/℃	密度/g·cm^{-3}	升华温度/℃	离解温度/℃
GeF_4	气态无色	-15	-36.5（升华）	2.46~2.47	25（空气中）	>1000
GeF_2	固态白色	110	160（离解）	—	—	>160
$GeCl_4$	液态无色	-50~-49.5	82.5~84	1.87~1.88	25（空气中）	—
$GeCl_2$	晶态白色 液态棕色	74.6	离解	—	—	>75 开始， 460 完全
$GeOCl_2$	液态无色	-56	—	—	—	—
$GeBr_4$	液态无色	26.1	180~186.5	3.13~3.132	—	—
$GeBr_2$	晶体无色	122	离解	—	—	—
GeI_4	晶体橙红色	144~146	375	4.32~4.322	—	—
GeI_2	固态橙红或黄色	240 升华	—	5.37	—	>210
$HGeCl_3$	液态无色	-71.1~-71.4	73~75.2	1.93	—	>140

2.4.1　四氟化锗或氟化锗(Ⅳ)(GeF_4)

室温下的 GeF_4 为无色气体，可在空气中发生烟化并伴随刺鼻的臭蒜味。

GeF_4 在 37℃下冷凝为液态，在温度低于 700℃下不与石英起反应，加热到 1000℃也不离解。

GeF_4 在高于 400℃时可与铝、铁、镁的氯化物作用而生成 $GeCl_4$。

加热钡的六氟锗酸盐 $BaGeF_6^-$，能制得产率达 87% 的四氟化锗，产物经蒸馏后可提纯。

GeF_4 溶于稀盐酸，且易溶于水而放出大量的热，此时发生如下反应：

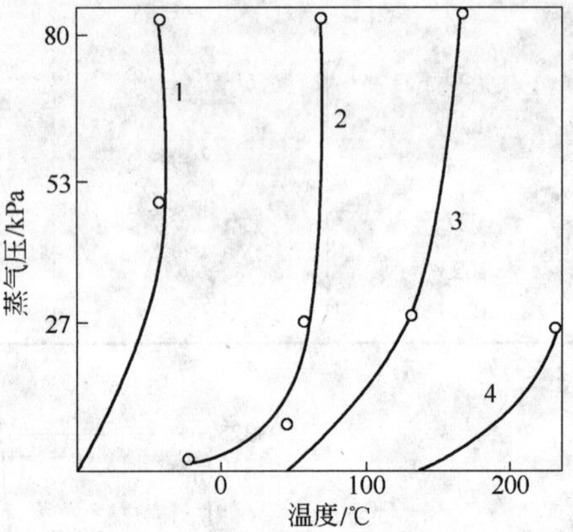

图 2-11　部分卤化锗蒸气压随温度的变化曲线

1—GeF_4；2—$GeCl_4$；3—$GeBr_4$；4—GeI_4

$$3GeF_4 + 2H_2O = GeO_2 + 2H_2GeF_6 + Q$$

在 $GeO\text{-}H_2O\text{-}HF$ 系中，存在有 $H_2GeF_6 \cdot 2H_2O$ 与 $H_2GeOF_4 \cdot 2H_2O$ 等化合物，后者也可以认为是 $GeF_4 \cdot 3H_2O$。

2.4.2　二氟化锗或氟化锗(Ⅱ)(GeF_2)

GeF_2 为固体白色物质，加热后可离解成 GeF_4。

GeF_2 是一种强还原剂，容易挥发，吸湿性强，它易溶于水并发生水解。

2.4.3　四氯化锗或氯化锗(Ⅳ)($GeCl_4$)

$GeCl_4$ 为无色流动性液体，沸点 83.1℃（或 82.5℃）。用氯气与金属锗反应，或加热盐酸与 GeO_2，皆可制得 $GeCl_4$。

$GeCl_4$ 在空气中发烟，遇水易水解，在盐酸浓度小于6mol/L的情况下发生如下水解反应而分解成 GeO_2。

$$GeCl_4 + 2H_2O \rightleftharpoons GeO_2\downarrow + 4HCl$$

利用该特性可制取纯的 GeO_2。

当盐酸浓度大于6mol/L后，上述反应则向左进行而生成 $GeCl_4$，这是氯化蒸馏提纯锗的依据。

当盐酸浓度大于7mol/L时，$GeCl_4$ 在盐酸中的溶解度则随盐酸浓度的增加而减小，见表2-11所示。

表2-11 $GeCl_4$ 在盐酸中的溶解度

盐酸浓度/$g \cdot L^{-1}$	7	7.77	8.32	9.72	12.08	16.14
$GeCl_4$ 溶解度/$g \cdot L^{-1}$	37	85.36	60.83	17.84	1.83	0.88

$GeCl_4$ 与干燥的氨作用可生成 $GeCl_4 \cdot 6NH_3$。

当温度高于160℃时，$GeCl_4$ 可与 SO_3 作用生成 $Ge(SO_4)_2$，在温度高于400℃时，$GeCl_4$ 可与CaO或 SiO_2 等形成 nMeO · $m$$GeO_2$ 和 $MeCl_2$，如：

$$GeCl_4 + 4CaO = 2CaO \cdot GeO_2 + 2CaCl_2$$

加热 $GeCl_4$ 和金属锗可制得 $GeCl_2$，反应式为：

$$GeCl_4 + Ge = 2GeCl_2$$

在900℃的温度时，$GeCl_4$ 可被氢气还原成金属锗，反应式为：

$$GeCl_4 + 2H_2 = Ge + 4HCl$$

这一性质被利用于制作涂层或光电元件的锗膜。

$GeCl_4$ 能与六氢吡啶反应生成如下稳定的锗化合物。

$$GeCl_4 + 8C_5H_{10}NH = Ge(NC_5H_{10}) + 4C_5H_{10}NH \cdot HCl$$

$GeCl_4$ 不溶于浓硫酸，也不与浓硫酸发生反应，但氯化蒸馏 $GeCl_4$ 时，需加入硫酸，这是为了提高溶液的沸点与酸度。

$GeCl_4$ 可溶于乙醇、CS_2、苯、氯仿、煤油和乙醚等，$GeCl_4$ 能与亚硫酐很好混合，与液态磷化氢部分混合。

如前所述，$GeCl_4$ 的沸点为83.1℃，由于它与 $AsCl_3$ 的沸点130℃相近，因而在氯化蒸馏提纯锗时，为了不使 $AsCl_3$ 与 $GeCl_4$ 一起共同蒸馏，需加入氧化剂，如氯气等，把 As^{3+} 氧化为 As^{5+}，使其沸点有较大差距或是在有碱土金属氯化物参与的情况下，也可取得较好的蒸馏效果。

2.4.4 二氯化锗或氯化锗(Ⅱ)($GeCl_2$)

$GeCl_2$ 为白色晶态或棕色液态，是不稳定化合物，稍加热后就分解为 $GeCl_4$ 和金属锗。

$GeCl_2$ 能与水或湿的氧气作用而发生水解，其反应式为：

$$GeCl_2 + 2H_2O = Ge(OH)_2 + 2HCl$$

与干的氧气作用，生成 $GeCl_4$ 与 GeO_2，其反应式为：

$$2GeCl_2 + O_2 = GeCl_4 + GeO_2$$

与氯气作用而生成 $GeCl_4$，其反应式为：

$$GeCl_2 + Cl_2 = GeCl_4$$

与 H_2S 在室温下作用生成 GeS，其反应式为：

$$GeCl_2 + H_2S = GeS + 2HCl$$

$GeCl_2$ 易溶于浓盐酸并生成较稳定的 $HGeCl_3$，其反应式为：

$$GeCl_2 + HCl = HGeCl_3$$

2.4.5 二氯一氧化锗（$GeOCl_2$）

$GeOCl_2$ 为无色液体，加热时易分解为 GeO 与氯气。

$$GeOCl_2 = GeO + Cl_2$$

$GeOCl_2$ 在水中极易水解，反应式为：

$$GeOCl_2 + H_2O = Ge(OH)_2 + Cl_2$$

2.4.6 四溴化锗或溴化锗(Ⅳ)($GeBr_4$)

$GeBr_4$ 为无色液体。往锗中通入溴蒸气或用溴氢酸与 GeO_2 反应，都能制得 $GeBr_4$，后种方法较为有效，其制取 $GeBr_4$ 的产率可达 90% 以上。

$GeBr_4$ 是一种强烈挥发性的液体，在 26℃时蒸馏，可变成白色带黄的固体，在 0℃左右时可凝固成晶状浆物。$GeBr_4$ 具有过冷性能，冷却到 −18℃时也不冻结。

$GeBr_4$ 与浓硫酸无明显反应，与浓盐酸作用较强烈并放出溴，与浓硝酸强烈反应，放出氧化氮。

$GeBr_4$ 在水中会迅速水解而沉出 GeO_2，如向水中加入少量的 KOH，则水解反应进行得更加彻底。

$GeBr_4$ 溶于乙醇、CCl_4、苯和乙醚，在丙酮中缓慢分解并析出溴。

2.4.7 二溴化锗或溴化锗(Ⅱ)($GeBr_2$)

$GeBr_2$ 为无色晶体，当溶于酒精中时成为无色液体。$GeBr_2$ 可微溶于苯及其他碳氢化合物中。

加热 $GeBr_2$ 时，$GeBr_2$ 离解为 $GeBr_4$ 和金属锗。

2.4.8 四碘化锗或碘化锗(Ⅳ)(GeI_4)

GeI_4 为橙红色晶体，用 57% 的碘氢酸溶液与 GeO_2 反应可以制得 GeI_4，其产率可达 85%。在碘蒸气中加热锗金属也能制取 GeI_4。

GeI_4 在空气中较稳定，但如果加热时，发现它由鲜红色转变为巧克力棕色，则说明 GeI_4 已开始离解：

$$GeI_4 = GeI_2 + I_2$$

GeI_4 在遇水时缓慢水解，水解产物为 GeO_2。

GeI_4 能部分被氢气或乙炔所还原，在 25% 的硫酸溶液中，它能与锌作用析出锗烷，在 360℃时，GeI_4 可与金属锗反应生成 GeI_2。

GeI_4 不与浓硫酸作用，室温下在浓盐酸中溶解缓慢。

GeI_4 可溶于苯、CS_2 和甲醇中。

2.4.9 二碘化锗或碘化锗(Ⅱ)(GeI_2)

GeI_2 为橙红色或黄色固体。GeI_2 在空气中会氧化，当温度高于 210℃时，氧化剧烈，生成 GeO_2 和 GeI_4，在更高温度时，则快速离解而生成 GeI_4 和金属锗。

GeI_2 溶于浓的碘酸，微溶于 CCl_4 与氯仿，不溶于碳氢化合物。

2.4.10 三氯锗烷（$HGeCl_3$）

锗能生成 $HGeCl_3$、$HGeBr_3$、H_2GeCl_2、$HGeClBr_2$ 和 HGeClBr 等一系列卤锗酸，其中较有实际意义的是 $HGeCl_3$。

$HGeCl_3$ 为无色可流动液体，在空气中变暗。

当加热 $HGeCl_3$ 到 140℃时，它将离解为 $GeCl_2$ 与 HCl，继续升高温度，则离解为 $GeCl_4$ 和金属锗。

$HGeCl_3$ 和溴或碘反应时，其氢原子为溴或碘原子所取代，生成溴酸或碘酸。

当有催化剂，如 $AlCl_3$ 参与作用时，$HGeCl_3$ 可与 $GeCl_4$ 或 GeI_4 相互反应并生成相应的 $GeBrCl_3$ 或 $GeICl_3$ 化合物。

如在盐酸溶液中电解 $HGeCl_3$，则不会在阴极上析出金属锗，但却会在阳极上沉积 GeO_2。$HGeCl_3$ 溶于乙醚。

2.5 锗的氢化物

锗的氢化物为褐色的固态无定形物质。主要有 GeH_4、Ge_2H_6、Ge_3H_8、Ge_4H_{10} 及 Ge_5H_{12}等，可用 Ge_xH_{2+2x}表示。它们的主要理化性质见表 2-12，部分锗氢化物的蒸气压与温度的关系见图 2-12。

表 2-12 锗氢化物的主要理化性质

性质	GeH_4			Ge_2H_6			Ge_3H_8		
颜色	棕色固体、无色气体			无色液体			无色液体		
密度/g·cm^{-3}	1.52			1.98			2.20		
熔点/℃	-164.8 ~ -165.9			-109.0			-105.6		
沸点/℃	-88.1 ~ -89.1			29.0 ~ 31.5			110.5 ~ 110.8		
离解温度/℃	>36			>215			>200		
蒸气压/Pa	133.3	13330	101325	133.3	13330	101325	133.3	13330	101325
温度/℃	-163	-120.3	-88.9	-88.7	-20.3	31.5	-36.9	47.9	110.8

续表 2-12

性　质	Ge_4H_{10}	Ge_5H_{12}
颜　色	无色液体	无色液体
密度/g·cm^{-3}		
熔点/℃		
沸点/℃	176.9～177.0	234.0～235.0
离解温度/℃	>100	>100
蒸气压/Pa	$\lg p(\mathrm{mmHg}) = -1714.6/T + 6.692$	$\lg p(\mathrm{mmHg}) = -1805.8/T + 6.449$
温度/℃	3～47	7～47

单锗烷 GeH_4 可用四氯化锗和氢化铝锂反应生成，反应式为：

$$GeCl_4 + LiAlH_4 \longrightarrow GeH_4 + LiCl + AlCl_3$$

$$GeCl_4 + LiAlH_4 \longrightarrow GeCl_2 + H_2 + 2LiCl + 2AlH_3$$

$$GeCl_4 + AlH_3 \longrightarrow GeCl_2 + H_2 + AlHCl_2$$

上述反应单锗烷 GeH_4 的产出率仅为 10%～15%，低产出率的原因是除发生主反应外，还同时发生了副反应，生成了副产物二氧化锗并产出 85%～90% 的 H_2。

此外，还可用四氯化锗和锂的三-丁基铝氢化物作用 4～30h，制备单锗烷，此方法的单锗烷产出率为 70%～80%，反应式为：

$$GeCl_4 + 4Li(T\text{-}BuO)_3AlH \longrightarrow GeH_4 + 4LiCl + 4(T\text{-}BuO)_3Al$$

室温下，单锗烷 GeH_4 是气体，但将其加热到 278～330℃时则发生分解，其热分解等温曲线如图 2-13 所示。

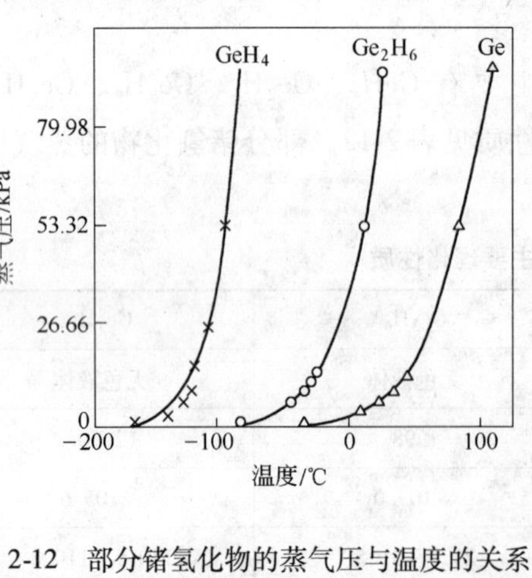

图 2-12　部分锗氢化物的蒸气压与温度的关系

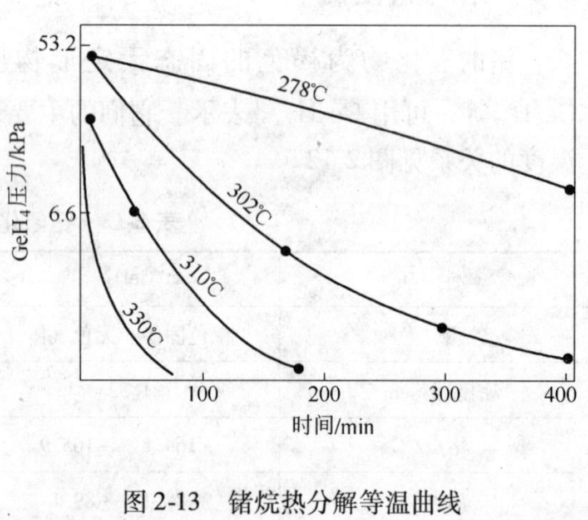

图 2-13　锗烷热分解等温曲线

单锗烷 GeH_4 的蒸气压在 −112℃时为 24kPa，单锗烷是锗的重要化合物，它在锗的低温外延和提纯中有一定应用价值。

锗与氢反应生成单锗烷的化合能接近 62.8kJ/mol。

加热锗的氢化物时，它们会逐渐分解为低价的氢化锗，直至生成金属锗和氢气。氢化锗部分热力学数据见表2-13。

表2-13 氢化锗的部分热力学数据

化合物	溶化的			沸腾的		
	温度/℃	ΔH /kJ·mol^{-1}	ΔS /J·(mol·K)$^{-1}$	温度/℃	ΔH /kJ·mol^{-1}	ΔS /J·(mol·K)$^{-1}$
GeH_4	-165.8	836.0	7.78	-88.5	14.86	82.47
Ge_2H_6	-109.0			30.0		
Ge_3H_8	-105.6			110.7	33.49	87.0
Ge_4H_{10}				117.0	40.39	89.79
Ge_5H_{12}				235.0	47.30	92.73

注：ΔH—化合物生成热焓变化；ΔS—化合物熵变。

锗的氢化物不稳定、易挥发，它不溶于一般的有机酸和无机酸，在稀的硝酸和过氧化氢中能很快氧化成二氧化锗。

将镁化锗加入到10%（质量分数）的盐酸溶液中，可制得各种锗烷的混合物，这些混合物由GeH_4（单锗烷）、Ge_2H_6（二锗烷）和Ge_3H_8（三锗烷）等组成。将这些混合物在较高真空度和温度不超过21℃时蒸馏，剩下的无色透明液体物质，可能是Ge_4H_{10}（四锗烷）和Ge_5H_{12}（五锗烷）。

在含锗的硫酸溶液中加入锌或镁，或者将锗镁合金溶解于盐酸溶液中，皆可制得氢化锗。

二锗烷的蒸气压随温度的变化关系见表2-14。

表2-14 二锗烷的蒸气压随温度的变化关系

温度/℃	-68.1	-63.0	-23.1	-10.2	0.0	6.7	12.9	18.8
压力/Pa	851.2	1130	11504	20309	31787	42613	53652	66965

二锗烷在温度超过215℃时分解。

三锗烷在温度超过295℃时分解。

四锗烷Ge_4H_{10}为无色流动液体，微溶于苯，在3~47℃温度区间的蒸气压与温度的变化可按下式计算：

$$\lg p(\text{kPa}) = -\frac{228}{T} + 0.890$$

当温度或略高于100℃时，四锗烷即分解成单锗烷和氢化物。

五锗烷Ge_5H_{12}是无色油状液体，它可在20℃下，高真空蒸馏制得。在温度7~47℃的区间内，五锗烷的蒸气压与温度的关系可按下式计算：

$$\lg p(\text{kPa}) = -\frac{264.2}{T} + 0.858$$

在100~300℃的范围内，五锗烷Ge_5H_{12}可发生歧化反应，生成单锗烷和聚锗烷，当温度高于350℃时，则生成锗和氢。

2.6　锗的硒、碲化合物

锗的硒、碲化合物主要有 GeSe、$GeSe_2$、GeTe 等。

GeSe 的离解能为 418 ± 62.7kJ/mol，升华热为 53.97kJ/mol；GeTe 的离解能为 334.7 ± 62.8kJ/mol，升华热为 191.6kJ/mol。

锗的硒化物用芒硝氧化时，可制得 GeO_2，GeSe、$GeSe_2$ 溶于碱和王水，锗的碲化合物也溶于王水。

在真空、压力为 0.0133Pa 的条件下加热锗的硒、碲化合物，GeSe 在 520 ~ 560℃、GeTe 在 600 ~ 640℃ 的温度条件下便发生显著挥发。

GeSe 在 415 ~ 596℃ 温度范围内的蒸气压与温度的关系可按下式计算：

$$\lg p(\mathrm{kPa}) = -1250.9/T + 1.34$$

GeTe 在 437 ~ 606℃ 温度范围内的蒸气压与温度的关系可按下式计算：

$$\lg p(\mathrm{kPa}) = -1340.73/T + 1.51$$

3 锗的战略地位和用途

3.1 锗的战略地位

锗在被发现以后的半个世纪内，始终未找到有什么重要的用途，直到第二次世界大战期间，由于军用雷达技术的发展需要，人们四处寻找适用于超短波的半导体材料，发现锗有着优良的半导体性能，才开始对锗进行应用研究。

1942 年，美国国防研究委员会倡导对锗在军事应用上进行研究，历经 6 年艰辛，终于研制出了世界上第一只锗晶体管。为了表彰这项影响深远的重大成就，肖克莱、巴丁和布拉顿获得了 1956 年度诺贝尔奖。

锗晶体管的诞生，实际上标志着电子技术革命的开始，为人类带来了电子学上的新纪元。锗晶体管的出现，大大拓宽了锗的应用范围。从这时开始，美国一方面正式把锗作为极重要的战略材料加以控制，另一方面则大力扩展生产规模，制造出大量的锗半导体器件。

第二次世界大战期间，锗的检波特性被发现后，即被英国军方用于雷达检波器和放大器，以增强防空预警和目标识别能力，大大改善了英国防空力量。在此之前，往往是夜袭敌机飞临头上时才手忙脚乱地打开探照灯搜索目标。目标还未找到，探照灯倒成了敌机打击目标。有了雷达装备后，使预警、目标识别和打击准备的工作形成一体，敌机一来就集中探照灯和高炮对付。自此之后，锗在半导体领域的应用成了热门。

锗在现代军事上的应用，最初是用于制造雷达的锗二极管，这是一种具有单向导电特性的两极器件，除去整流作用外，还具有检波、混频、开关和稳压功能，它消耗功率少，几乎没有热辐射，驱动快、体积小，可靠性高。由于这些优点，锗二极管获得了许多应用，特别适宜在要求寿命长、可靠性高的情况下使用，例如在电视机、计算机和微波技术中应用，不过，这种普通二极管没有放大作用。

日本科学家江崎于奈发明了隧道二极管，因此获得了 1973 年度诺贝尔奖。隧道二极管具有开关、振荡和放大作用。通信卫星上的微波放大器都采用锗隧道二极管，因为它结构简单、漏泄功耗小、线性好、可靠性高。锗晶体管在 20 世纪 50 ~60 年代获得了广泛应用，对提高和改善现代军事通信技术设备的性能，尤其对实现军事电子设备的小型化起到了十分重要的作用。然而到 20 世纪 70 年代，它受到了硅晶体管的挑战。因为锗晶体管的最高工作温度只有 85℃，而硅晶体管则可高达 200℃。所以硅晶体管日益排挤锗晶体管的位置，但锗晶体的载流子迁移率高于硅 2.5 倍，在高频和超高频范围，锗晶体管的性能就优于硅晶体管。在低频和中功率晶体管中，锗晶体管的低压性能良好，因此也适用于以电池为电源的装置中或要求不发热的微型电力装置中。

锗在红外光学系统的应用，是它在现代军事上最重要的应用之一。红外光学对锗的消耗量约占整个锗消耗量的 20% ~30%。当前各国军事技术专家都在为利用红外线技术改善装备性能展开激烈的竞争。

红外线是一种波长从 0.75～1000μm 之间的电磁频谱（可见光为 0.4～0.75μm）。红外技术就是研究利用红外线的一门技术，在军事上可用于探测、跟踪、成像、夜视制导、定位等各个方面。在红外技术中最关键的是如何制造出能透过红外线的光学材料，这种材料不仅具有极优良的光学性能，而且有一定的机械强度，便于加工成形。锗晶体就是最佳材料之一，第一，锗在 2.0～11.5μm 波长范围内透射率极高，这个范围包括红外系统最感兴趣的两个大气窗口，即 3～5μm 和 8～12μm 窗口；第二，锗不吸湿、不软化、不溶于水，没有毒性，其物理性质几乎达到“全优”；第三，锗有极好的光学性能、非常好的均匀性、高的折射率和反射率，具有极低的本能吸收；第四，比其他红外光学材料价格低。目前，已制成锗窗、锗棱镜、锗透镜用于红外系统，例如在军事上使用的热成像器件等。

进入 20 世纪 70 年代以后，锗在红外光学上的应用更日趋重要，生产和消费量也显著增加，推动这一领域急速发展的动力是美国军事技术的需求，不仅有美国的陆军、空军、海军，还有美国的火箭、导弹、宇航部门和战略情报部门。

美国每年消耗锗约 10t，主要用于制造红外监视系统，特别是用在前视红外系统中。前视红外技术或热成像技术是一种十分理想的应视技术。它能将目标自身辐射的红外线变成视频信号，并在电视屏上显示出可见的图像。由于这种技术完全采用被动的方式工作（即只接收目标自身的热辐射），具有很好的隐蔽性和抗干扰性。美国在 M16 步枪、坦克、飞机上等都普遍安装有这种前视红外线系统。此外，英国、德国的陆军装备上也普遍安装了这一系统。以德国为例，它在“豹式”坦克、“山猫”侦察车、“黄鼠狼”装甲运兵车三种兵器上就安装了前视红外系统 6700 多台。据美国陆军夜视实验室估计，锗在红外光学系统上的应用，目前世界年需要量约在 80t 以上，在该技术领域，美国一直处于世界领先地位。

为应对大规模战争和突发事件的需要，美国早在 1984 年，便宣布将锗列为国防储备（National Defense Stockpile，NDS）资源，储备目标 30t 锗单晶，1987 年调整为 146t 锗单晶。之后美国就进行大量进口，1990 年一年仅锗单晶就进口了 49.8t。虽然于 1991 年，美国国防储备目标下调为 68t，并由国会授权可以从现有国防储备中以每年 4t（后增加到 8t）的数量出售（该出售计划直到 2005 年），但其进口（美国从未出口过）和国内消费的锗单晶仍然保持在每年分别 10 多吨和 30t 左右，而且其国内的锗库存（未纳入国防储备的）也已经达到 2004 年度的 540t 之多。

同样，其他西方发达国家也在积极进行锗资源的战略储备。从美国地质调查局（USGS）的矿产年报资料中可以看到：日本是我国初级锗材料的第一大买主。日本每年仅进口的 GeO_2 材料就达到 40～50t，进口的锗单晶也达到 7t/a。此外，德、法、意、英等国对含锗的锌、铅、铜、煤等矿产原料也几乎完全依赖进口。

锗在核辐射探测器方面也获得了重要应用。目前世界大国的军队大量地装备着核动力和核武器。在核反应过程中，所发射的特征辐射，需要控制和监测，这就离不开核辐射探测器。目前使用最广的就是锗 γ 射线探测器。

1962 年，世界上第一台 γ 射线探测器研制成功，其探测材料就是选用锗。因为锗有极好的探测特性，具有很高的载流子迁移率，所以探测器的分辨率高。由于使用的锗是经过锂漂移工艺处理的，所以常称这种探测器为锗（锂）探测器。这种探测器虽然直径只有

4cm，体积只有 $50cm^3$ 大小，可售价却高达 3 万美元以上。由于在锗中锂原子在室温下会自发移动，这种探测器必须在低温下使用和保存，于是，20 世纪 70 年代以后，人们又开始研究高纯锗探测器，1977 年 11 月，美国贝尔实验室和桑迪亚实验室已使用高纯锗探测器观测银河系的 γ 射线，并测定出行星表面上许多元素的浓度。

锗在非晶态半导体材料方面也显示了极好的应用前景。所谓非晶态，又称玻璃态，即材料内部原子处于无定形或无序状态。科学家发现非晶态材料的半导体效应是 20 世纪 60 年代科学上的最重大发现之一。它主要用于存储开关，制造逻辑电路中的开关型器件，很适合计算机使用。锗非晶态半导体在现代军事上的应用价值极其可贵，它不仅有低廉的价格，能够实现军事装备的自动化、小型化，更重要的是它有抗核辐射的优异特性。

目前，国际上新式武器不断出现，美、西欧各国的陆、海、空三军迫于实战的需要，都在迅速更新装备，普遍采用以锗透镜为主要部件的前视红外系统。从步枪、坦克直到飞机、导弹，都装上了这种前视红外系统，由此可知，锗在现代军事上的应用价值正与日俱增。

我国在红外器件方面的应用也有很大进展。华北光电技术研究所已将锗玻璃用于远望号测量船、西昌卫星发射中心和测量站，光学电影经纬仪已用于洲际导弹发射和我国第一颗通讯卫星发射的追踪、搜索和弹道测量。北京建筑材料研究院用高纯二氧化锗制造红外锗玻璃，用做导弹的导流罩。

目前，锗资源已经成为一种极为重要的战略资源，我国的锗资源储量在世界上占有明显优势。目前，我国的锗产品，除满足国内需要外大量出口。美国每年进口的精炼锗总量的 40% ~42%（1999 年 5210kg，2000 年为 3290kg）是由中国提供，同时，我国每年出口到日本的氧化锗占日本氧化锗年进口量的 1/3 以上，这些都造成了我国锗资源的流失，考虑到锗的战略地位，我国对锗资源的开发和应用应引起足够的重视。

3.2 锗在电子工业领域中的应用

20 世纪 60 年代以前，锗作为重要的半导体材料被大量使用，随后由于硅材料的崛起，致使锗材料在半导体领域中的用量急剧下降，然而由于锗在红外、光纤、催化剂，医药、食品等领域应用的不断拓宽，锗仍然保持着一定的消耗量。图 3-1 所示为锗产品的产业链。

长期以来，锗主要用于制造半导体器件、光导纤维、红外光学元器件（军用）、太阳能电池（主要是卫星用）等。

在电子工业中，半导体领域大量使用锗。

自 1948 年制造出第一只锗晶体管至 20 世纪 60 年代末期，95% 以上的锗都用于制造半导体器件。

20 世纪 70 年代，半导体领域仍然是锗的最大消耗领域，但进入 20 世纪 80 年代，半导体耗锗大大下降。1984 年，发达国家在电子工业中的锗使用量只占其总消耗量的 5% 左右，就连锗消耗量最大的美国，近年来用于该领域的锗也仅占 7% 左右。

尽管在电子工业领域，锗的消耗比例还会减少，但由于锗器件具有其他器件所无法比拟的优越性，例如，锗管除了具有非常小的饱和电阻以外还具有几乎无热辐射、功耗极小等优点，在某些器件方面依然是其他材料所无法代替的，因而在该领域锗的消耗总量将不

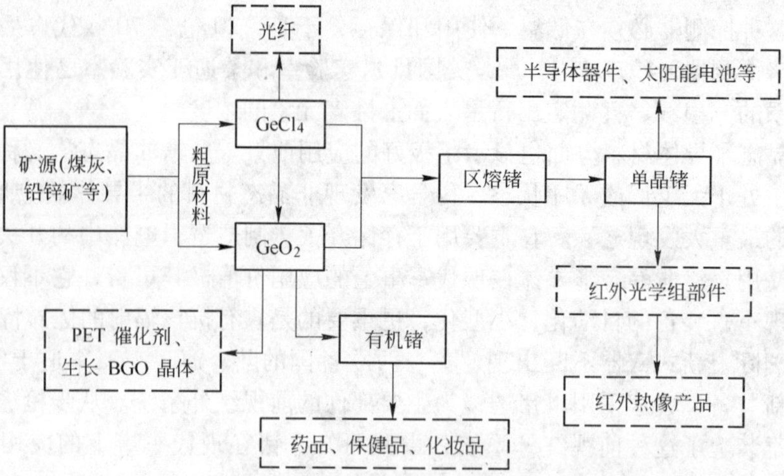

图 3-1　锗产品的产业链

会继续大量下降。

美国 GDP 公司通过锗管与硅管及其他器件的性能对比研究以及实际应用情况调查，得出结论："在大功率器件中，硅管无法击败锗晶体管。由于锗晶体管超群的 VGES 特性及小电流驱动特性，故对于使用干电池的仪器，锗管仍是最佳产品。"

制备整流及提升电压的二极管、混频、功率放大与直流交换三极管，光电池和热电效应元件，特别是高频与大功率器件等都非锗莫属。我国近几年锗、硅分器件产量见表 3-1。在半导体工业中，锗将还有一席之地，不会被硅全部代替。

表 3-1　我国近几年锗、硅分器件产量

名　称		单　位	1990 年	1991 年	1992 年	1993 年	1994 年	1995 年
二极管	锗	万只	19400	16859. 3	24362. 1	15780. 2	19647	14489. 3
	硅	万只	210000	360367. 8	373958. 2	476330. 6	710479. 2	810893. 9
三极管	锗	万只	1900	875. 3	2177. 1	1356. 6	526. 8	286. 9
	硅	万只	5300	58212. 1	73683. 3	108689. 5	192677. 5	238258. 1

3. 3　锗在红外光学领域中的应用

锗材料是制作红外器件最重要的原料，红外器件被广泛应用于军事、工农业生产中。红外技术是军事遥感科学和空间科学的重要手段。红外器件被普遍应用在红外侦察、红外通讯、红外夜视、红外雷达和炸弹、导弹的红外制导以及各种军事目标的搜索、探视、监视、跟踪等，尤其是红外热成像（利用物体本身自然辐射的红外光转变为可见图像）扩展了人们的视野。采用红外热成像技术，士兵可以在黑夜或烟雾中寻找目标，在黑夜中瞄准射击飞机、军舰、坦克等军事装置，红外热成像仪已成为不可缺少的现代军事装备之一。在民用工业中，红外器件被广泛用作各种红外系统的透镜、窗口、棱镜、滤光片、导流罩等，可用作导航与灾害报警、火车车轮测温、医疗检测、治病等。

锗重点转移到红外光学领域的应用始于20世纪80年代。由于锗的电子迁移率和空闪迁移率高于硅，饱和电阻和功耗非常小，几乎无热辐射，在高速开关电路方面的性能优于硅，并且锗的电阻率对温度变化特别敏感，当温度升高时锗电阻率下降，而温度下降时锗电阻率上升，因此，锗红外探测器可测出摄氏万分之五范围的温度变化。利用锗红外探测器，能观察到1km以外人体发出的红外线反射波。

由于锗具有高透过率和高折射系数的特性，可通过2~15μm红外线，并具有低温度系数、低色散，抗大气氧化、抗潮湿气体、抗化学腐蚀的功能，可制成高纯度、高强度又易于加工抛光的晶体或镜片，因此最适合作为红外窗口、三棱镜、滤光片和红外光学透镜材料而被广泛用于各种红外传感器（包括压力、磁力、温度和放射线探测）、红外高能化学激光器、热成像仪、夜间监视器和目标识别装置等。

在20世纪90年代的海湾战争中，美国就凭借各种各样先进的红外探测器和技术，不仅掌握了对伊作战的制空权、制海权和地面作战主动权，还发现了伊方地面伪装及沙漠和地下掩蔽的武器装备和人员，并给以有选择的打击。在海湾战争中，锗在红外光学的应用又一次大出风头。可以预料，未来锗在红外光学领域的应用趋势必将进一步扩大。

此外，将二氧化锗用作二氧化硅玻璃的添加剂，可使玻璃的折射率和红外透过率增大，红外透过率达70%~80%，利用此特性，可制备较大几何尺寸的含锗玻璃用于红外窗口、导流罩、广角透镜和显微镜等。

3.4 锗在光纤通讯领域中的应用

光纤通讯是信息时代的基础。光纤通讯具有容量大、频带宽、抗干扰、保密性和可靠性强、稳定性好、损耗低以及体积小、质量轻、成本低、中继距离长等优点，已成为世界各国重点发展的通信技术。

自1973年以来，为适应光纤生产的要求，在锗产品中开发出了光学级$GeCl_4$。生产石英（SiO_2）光纤的过程中掺入$GeCl_4$，它可转变为GeO_2，由于以锗代硅，使传输光向更长的波长（0.8~1.6μm）区扩展（对长距离通话极为有利），同时它还能将信号限制在纤芯之内，防止了信号损失，使光信号传输100km而不必放大，因此在长距离电话线路、数据传输线路及局部地区网络中被广泛采用。

1993年，美国提出了“信息高速公路”计划，1995年，欧盟各国也随之推行。信息高速公路计划预示着信息时代的到来，也意味着一场争夺信息控制权的不流血战争的开始。光纤通信作为重要的获取信息的渠道，正以前所未有的速度获得飞速发展。日本以发展单模光纤为主，其锗用量虽仅为多模光纤的1/5~1/6，但光纤的产量很大，已达到2000万km的量级。陆上和海洋光缆建设的高速发展，使许多国家加快了光纤到户建设，美国有6家公司计划投资数百亿美元建设光缆网，2000年光缆网已连接1500余万个家庭。德国已用光纤连通了120万用户，英国也有30万用户进入了光纤网。使用多模光纤，美国将为锗的生产厂家提供更为广阔的市场。

锗在光纤通信领域中，主要采取光纤掺杂和光电转换作用。由于光纤通信的工作波长应在红外区域，并且尤以长波为好，人们探索了多种长波光纤材料，但是性能优良（折射率、膨胀系数）的还是掺锗石英光纤。

在光纤预制棒中，按一定比例将$GeCl_4$掺入$SiCl_4$，在高温下分别氧化或水解成SiO_2

和 GeO_2。$GeCl_4$ 的消耗量因工艺技术水平而异，一般多模光纤消耗 $GeCl_4$ 量为10g/km，单模光纤消耗 $GeCl_4$ 量为2g/km 左右。其他超长波红外光纤材料在损耗系数等参数上与掺锗石英光纤相差很大，实用前景较为遥远。此外，较具有应用前景的是含锗的碲硒玻璃和含锗的重金属氧化物红外光纤，锗在光纤的应用上是其他长波光纤材料无法替代的，锗是具有战略性质的光信息材料。

20 世纪 80 年代末期，美国光纤产量达 600 万 km，5 年期间增长 12 倍。1995 年日本国内光导纤维的量约为 490 万 km，比 1994 年增加了 38%。

据国家有关部门和研究机构数据，“八五”末期，我国年产光纤量为 150 万 km，“九五”末期已达到 300 万 km。

光纤用四氯化锗的耗锗量占世界耗锗总量的 20% ~30%，据不完全统计，每年我国 $GeCl_4$ 的消耗量在 8 ~10t 左右，约 95% 的光纤用 $GeCl_4$ 依靠进口。

3.5　锗在化工、轻工领域的应用

聚酯生产过程中，催化剂作为最重要的添加物，对工艺过程、产品质量及后续加工的影响，是不容忽视的。

目前，国内 PET 生产厂家一般都采用锑制品（如三氧化二锑、醋酸锑、乙二醇锑等）作为催化剂。这些锑制品催化剂具有相当的活性，而且价廉易得，但是，这些催化剂所含的锑在进行催化反应后，都残留在 PET 制品或其容器内，被包装的物品（如内衣或 PET 瓶中的饮料和食品等）若与人体接触，其中的锑如被摄入人体后，一般很难排出，会在体内积累，对健康不利。

日本已禁止含锑化合物用于和食品接触的瓶用 PET 中，韩国已限定瓶用 PET 中的锑含量在 200×10^{-6}以下，这就促使有关 PET 催化剂生产厂商纷纷开发无锑催化剂，锗系催化剂应运而生。表 3-2 是日本 PET 瓶用 PET 树脂用量。

表 3-2　日本 PET 瓶用 PET 树脂用量

名　称		1988	1989	1990	1991	1992	1993	1994	1995	1995/1994/%
食用品	酱油调料/t	13969	13605	13526	14222	16946	18521	20816	23165	+11
	食用油/t	1647	1723	1849	1642	1899	2195	1689	1373	-19
	酒类/t	5828	5250	6233	5739	5766	7734	10133	9788	-3
	清凉饮料/t	51207	67321	80786	89383	97025	102764	126681	118831	-6
	小计/t	72651	87899	102384	110986	121636	131214	159319	153157	-4
非食用品	洗剂洗发/t	9167	10797	11166	11358	11515	11830	11801	14472	+23
	化妆品/t	1230	1278	1504	1451	2294	2495	2740	3354	+22
	医药等/t	1197	836	1629	1960	1662	1205	1963	1847	-6
	小计/t	11594	12911	14299	14769	15471	15530	16504	19673	+19
合计/t		84245	100810	116683	125755	137107	146744	175823	172830	-2
增长率/%		+8.3	+19.7	+15.7	+7.8	+9.0	+7.0	+19.8	-1.7	

英国 Meldform 锗公司于 20 世纪 90 年代研制出 GeO_2 粉末和其他用于 PET 生产的 Ge 系催化剂。2002 年，该公司对 Ge 系催化剂作了重大改进，即向标准的 Ge 催化剂中加入

不同配方的促进剂，使得新型 Ge 催化剂的活性提高，制得的 PET 色相更加得到改善。

Ge 系催化剂的特点是具有活性高，安全无毒、耐热耐压、对人体无害、透明度高且具有光泽、气密性好等优点，生产出的 PET 色相好，特别适用于生产薄膜和透明度要求较高的 PET。

目前，国内外在化工领域的耗锗量已达每年 20t 以上。

3.6　锗在食品领域中的应用

近年来发现，野生灵芝、野生山参中含锗量分别高达 $2000\times10^{-6}\%$ 和 $4000\times10^{-6}\%$。锗的生物活性和它在人体中所起的特殊医疗保健作用，引起了世界各国化学家、药理学家及营养学家的极大兴趣和关注，有机锗被冠以“人类疾病的克星”、“21 世纪救命锗”、“21 世纪生命的源泉”、“震动世界的新星”、“人类健康的卫士”、“人类的护肤神”等美名。

3.6.1　有机锗化合物的医疗、保健作用

3.6.1.1　抗癌作用

有机锗化合物具有抗癌性广、毒性小等优点，在防癌抗癌及其辅助化疗方面具有很好的发展前途。

Ⅰ和Ⅱ期临床研究表明，有机锗氧化物对胃癌、肺癌、子宫癌，乳腺癌、前列腺癌、多发性骨髓瘤等有一定疗效且副作用较小。对恶性淋巴瘤、卵巢癌、大肠癌、子宫颈癌、前列腺癌及黑色素瘤等有一定疗效，它能阻止癌细胞的蛋白质、DNA 和 RNA 的合成。

3.6.1.2　抗衰老作用

近年来研究表明，老年人的机体抗氧能力显著下降，超氧化物歧化酶活性较中青年人低，而脂质过氧化产物数量增加，生物膜中一些重要酶活性有所降低。自由基和脂质过氧化反应的终产物，如细胞毒性醛类在体内的堆积将导致组织细胞的不可逆损害，因此有机锗能阻断自由基和脂质过氧化连锁反应的进行和提高机体的抗氧化能力，有益于延缓衰老过程。

Ge-132 有助于提高老年人的 SOD 活性，减少脂质过氧化最终产物丙二醛的产生，因而具有一定的抗衰老作用。

3.6.1.3　免疫调节作用

动物实验和临床研究表明，Ge-132 能诱导产生干扰素，活化 NK 细胞以及增强巨噬细胞的吞噬功能，因此提高了机体的免疫调节作用，在消除突变细胞，防止发生癌变，提高机体免疫能力方面发挥了重要的作用。

3.6.1.4　携氧功能

有机锗含有多个锗氧键，因此氧化脱氢能力很强。当有机锗进入机体后，与血红蛋白结合，附于红细胞上，以保证细胞的有氧代谢。有机锗中的氧还能和体内代谢产物中的氢

结合排出体外，此外，有机锗还能够增加组织氧分压和供氧能力。

3.6.1.5　抗疟作用

实验研究表明，“螺锗”能抑制 H 标记的次黄嘌呤掺入疟原虫，对恶性疟原虫氯喹抗药株和敏感株都有抑制作用。“螺锗”除作为有前途的抗疟新药外，对了解疟原虫抗药性产生也有一定的意义。

3.6.1.6　其他

临床研究表明，有机锗化合物对脑血管疾病、高血压，老年骨质疏松症等疾病均有一定的预防和治疗作用，同时还具有抗病毒、抑菌、杀菌和消炎作用。

3.6.2　有机锗化合物的毒副作用

动物实验和临床研究表明，有机锗化合物均有一定的毒性，它们对肝、肾，淋巴及造血系统、中枢神经系统及骨髓等均有不同程度的毒副作用。只是在一定剂量和时限内，它们的毒性才是很低的。对于毒性很低的 Ge-132，服用常用剂量也会引起恶心、呕吐、腹泻、心脏损伤等，如果长期服用或大剂量服用时，也会导致肝，肾的损害及震颤等，即使是较符合生理形式的氨基酸锗化合物，如用量过大，也会引起腹泻等毒副作用。

综上所述，许多有机锗化合物都具有生物活性和药理作用，它具有抗癌性广、免疫调节、抗衰老等多种药理活性，药物毒性很低，是一类很有前途和潜力的医疗保健药物，但是，由于有机锗化合物的结构和理化性质不同，其生物学效应、药理活性、医疗保健作用也不尽相同，有关有机锗化合物的合成、生物活性、药理作用和毒副作用尚需进一步研究。

目前，在国外，尤其是日本，有机锗成为十分抢手的物品，广泛应用于食品、药品、化妆品和浴液中。美国也利用有机锗治疗癌症和白血病、预防病毒和细菌引起的各种疾病。国内，在上海曾发生过抢购有机锗热潮，我国的上海、常州和南京等地已开始生产有机锗产品，主要为有机锗胶囊、有机锗果汁和有机锗口服液等。

我国有机锗大多由无机锗经人工转化获得，科学家们正在研究定向培育含锗植物新品种，使这些含有机锗的植物直接供人类食用。

3.7　锗用于制备锗系合金

3.7.1　锗酸铋

锗酸铋是一个用量或市场正在增长的产品。锗酸铋是 GeO_2 与 Bi_2O_2 共熔所生成的复合氧化物（$Bi_4Ge_3O_{12}$），简称 BGO。

目前，国外已能生长直径大于 125mm、长 230mm 的 BGO 单晶和掺杂 NaI 与 $CdWO_4$ 等闪烁晶体。它们的主要优点是吸收高、密度大、余辉小并具有非吸湿性，近年来在医学领域的 CT 扫描，正电子层析摄影术及 X 射线成像等方面用量日增。此外，在核物理、高能物理、地球物理勘测、油井测量等方面也有广泛应用。

目前，BGO 晶体主要应用于高能物理和核医学成像（PET）装置，西欧核子研究中心

（CERN）建造的大型正负电子对撞机的L3电磁量能器中BGO晶体的用量高达12000根（每根1.5m）。在医学成像方面，BGO晶体已经占领了整个PET市场的50%以上。

1965年，Nitsche研制出了第一根锗酸铋BGO单晶，并研究了其光电性能。

1969年，Johnson等人首次制出了掺钕的BGO激光晶体，并报道了其相干发射。

1973年，Weber测量了BGO晶体的激发谱和发射谱，指出其可作为一种新型闪烁材料。

1975年，Nestor和Huang在研究BGO对α射线和γ射线响应时，发现BGO的闪烁能力与γ射线能量E呈线性关系，这一研究成果为BGO晶体作为闪烁体应用奠定了基础。

1977年，美国加州大学的Cho等人首次将BGO晶体应用于X射线断层扫描仪（XCT）。

1982年，Farukhi又将BGO晶体应用于正电子发射断层扫描仪（PET）。

至20世纪80年代中后期，科学家已经成功地将BGO晶体用于空间γ探测器、电子能谱仪、电磁量能器等仪器。

BGO晶体的巨大市场需求，促使世界各国的科学家们投入了大量的精力致力于该晶体的研究，目的在于提高BGO晶体的性能和拓宽其用途。锗酸铋闪烁体制成射线探测器对γ射线能量分辨好，线性范围宽，广泛应用于核科学研究和核工业各个领域，如核原料生产过程的监测、分析、核爆炸散落物及放射性环境污染的探测以及地质探矿和医疗卫生等，是防化兵和核科技工作者的“眼睛”，是近期大力发展的用于探测高能粒子和高能射线的一种重要材料。

上海硅酸盐研究所采用改进的铂金坩埚下降法生长技术成功地生长了高质量的大尺寸BGO晶体，实现了BGO晶体的产业化，在国际上获得了相当高的声誉。多年来，上海硅酸盐研究所向国际上多家高能物理研究机构提供了大量的BGO晶体，其中包括CERN的L3实验所用的12000根晶体，近几年来，上海硅酸盐所又向GE公司等PET制造商大量提供BGO晶体，创汇数亿美元。

虽然BGO晶体已经在高能物理、核物理、核医学等领域获得了较广泛的应用，但由于BGO晶体的光输出较低和衰减时间较长等缺点，限制了其在某些领域的用途，因此，人们纷纷通过掺杂改性研究来改善其性能，以拓宽应用领域。

3.7.2 硅锗（SiGe）晶体管

IBM公司采用硅锗（SiGe）工艺技术研制成功全球速度最快的新型高速晶体管，适应更广泛的应用领域。

SiGe晶体管传输频率达350GHz，速度比现有的器件快3倍。该晶体管的性能也超过了其他化合物半导体，如砷化镓（GaAs）和磷化铟（InP）等。

IBM公司开发的硅锗晶体管为一种“构建模块”，能用于开发新一级的通信芯片，工作频率超过150GHz。该器件能应用于更广泛的领域，如汽车雷达碰撞系统、高性能局域网等。

近年来，有几家IC制造商已进入了硅锗市场，如杰尔系统（Agere Systems）、Atmel、科胜讯（Conexant）、英飞凌（Infineon）、美信（Maxim）、摩托罗拉（Motorola）、SiGeSemiconductor、德州仪器（TI）等公司。据统计，SiGe市场销售额已由2001年的3.2

亿美元增长到2006年的约27亿美元。

硅锗合金可制成热电元件，用于军事领域。锗-硅应变超晶格是一种新型的Ⅳ族半导体超晶格材料，它在工艺上可以与成熟的硅集成工艺相容，在光电子器件，特别是光电探测器、红外探测器、异质结双极晶体管等方面有新的应用，简要介绍如下。

光纤通讯除了需要与之相匹配的长波激光器外，还需要有红外光电探测器，其工作波段为1.3μm和1.55μm。Si由于其光吸收限是1.1μm，同上述波段不匹配。适应于1.3μm窗口的半导体材料有Ge，GaInAs，InGaAsP等，但它们不能同Si器件集成在同一芯片上，只能将探测器与硅集成电路做在各自芯片上。另外，由于锗材料中电子和空穴电离率之比$\alpha_e/\alpha_n \approx 1$，所以锗光电探测器（APD）的噪声因子接近于理论极大值。如果在Si上生长Ge_xSi_{1-x}/Si超晶格，不仅能解决同Si集成匹配的问题，且由于Ge_xSi_{1-x}/Si超晶格中在x变化不太大的情况下，可以将其能隙调节在0.8~0.96eV，即相应于1.3μm和1.55μm两个窗口，此外，Si的α_e和α_n相差不大，做成的$Ge_xSi_{1-x}/SiAPD$有接近于理论的最小因子。

在n型Si衬底上生长一层非掺杂Si区和p型Si薄层，再生长Ge_xSi_{1-x}/Si（$x \geqslant 0.6$）非掺杂超晶格层，然后再生长一层p型Si层，这样就构成了低噪声的探测器。

Ge/Si超晶格的另一重要新的用途是8~12μm的长波超晶格探测器，此探测器目前主要是用$Hg_xCd_{1-x}Te$材料做成，但它无法与硅集成电路匹配。寻找另一种既能工作在此波段又能与硅器件集成的探测器材料是人们长期的愿望。

近几年发现，利用量子阱超晶格材料中的不同子带跃迁可以满足8~12μm红外探测器的要求，人们已利用AlGaAs/GaAs量子阱制造了这种探测器，但这与硅器件集成还有较大距离，如果能利用Ge/Si超晶格制成这种探测器，则它与Si的集成比较容易实现，这将是光电子技术的一次大跃进。

Turtou和Taros从理论上计算了$Ge_{0.5}Si_{0.5}/Si$和Ge/Si超晶格的子带光跃迁强度。计算结果表明，与GaAs量子阱相比，跃迁强度虽然也接近一个数量级，但其子带的态密度却大至少一个数量级，所以在技术上具有重要性的量子吸收系数（跃迁强度与态密度的乘积）比GaAs量子阱的要大。因而在理论上Ge/Si超晶格探测器比GaAs/AlGaAs量子阱红外探测器具有更好的性能。

在微电子器件方面，Ge/Si超晶格的最重要应用是异质结双极晶体管HBT。其原理是利用Ge_xSi_{1-x}/Si超晶格作为晶体管基区，而集电极和发射极分别用n-Si和p-Si，由于Ge_xSi_{1-x}/Si的能隙比Si低得多，与Si形成异质结，这样可以有效地提高发射极注入效率，而不必提高发射区的掺杂浓度，使发射结电容减小，而击穿电压增加，同时还可以提高基区的掺杂浓度而降低基区电阻，这种结构的Ge_xSi_{1-x}/Si具有极高的电流增益和速度。

利用Ge_xSi_{1-x}/Si超晶格制备超高速电子迁移晶格管HEMT是另一重要应用，在Ge/Si超晶格中进行调制掺杂，可以在Ge_xSi_{1-x}中产生二维空穴气，在Si层中产生二维电子气，由于调制掺杂使载流子与它们的母体杂质在空间上的分离以及应力导致的能带弯曲，减小了载流子的有效质量，使得迁移率增强，现已制成了$Ge_xSi_{1-x}/SiHEMT$和P-HEMT，从而有可能提高CMOS电路的集成度。

在集成光电子中，为了在硅芯片上制造Ge检波管，可以利用这种超晶格作为过渡层，使能隙逐渐缩小到Ge能隙。利用Ge_xSi_{1-x}/Si超晶格还可以制备基于共振隧穿效应的器件——量子效应器件。

锗和贵金属的化合物，如铂锗卤化物可作为石油精制方面的催化剂，即铂锗裂化催化剂。

锗的有机化合物可作为杀菌剂和抗肿瘤药物。少量的锗与金炼成合金（含金12%的锗共晶合金），可用于特殊精铸件，还可以在珠宝玉石工艺品生产中用作金焊料。

锗铟合金可用于电阻温度计。

锗铜合金可制成电阻压力计，在电子技术中作低温焊料。

锗合金还可用作牙科合金。

锗在超导、太阳能方面也有一定应用。

3.8　我国发展锗产业的意义

世界可开采的锗资源比较缺乏，而我国锗资源相对而言较丰富。

锗材料具备多方面的特殊性质，具有广泛而重要的用途，已成为一种极为重要的战略资源。随着我国信息化高技术产业的发展以及军事装备水平的不断提高，对锗材料的需求必然日趋增长，因此，发展我国的锗产业具有以下重要意义：

（1）发展锗产业是增强我国国际竞争力的需要。

发展锗产业对国家当前及长远的经济、科技、社会、军事的发展具有战略意义，是国家综合国力与战略力量的组成部分。

（2）发展锗产业是推动我国工业化、信息化的需要。

发展锗产业是实现以信息化带动工业化，利用后发优势，实现社会生产力跨越式发展目标的重要途径之一，对推进信息化进程、促进产业升级、推动技术创新、提高生产力技术水平、转变经济增长方式、提高人民生活质量具有不可替代的作用。

（3）发展锗产业是实现国防现代化的需要。

现代战争是综合国力的较量，也是高技术的较量。红外热成像技术利用物体本身自然辐射的红外光转变为可见图像，扩展了人们的视野。热成像仪已成为不可缺少的现代高技术军事装备，是衡量一个国家军事能力高低的标准。而大部分红外热成像系统所用红外光学材料都需要锗，可以说，锗是未来战争所必需的战略物资。锗产品是国防装备和国家通信保障系统的重要组成部分，发展锗产业是实现我国国防现代化的迫切需要。

（4）发展锗产业具有显著的社会效益和经济效益。

锗产品具有技术含量高、产品附加值高等特点，市场前景广阔，锗产业的发展还将带动相关产业发展，为社会创造劳动就业机会，为国民经济发展和国防建设作出突出贡献，发展锗产业具有显著的社会效益和经济效益。

4 锗资源

长期以来，人们一直认为分散元素不能形成具有独立工业开采价值的矿床。目前，工业用锗主要作为副产品富产于铁矿、铅锌矿以及煤矿中。近年来，我国在云南临沧和内蒙古乌兰图嘎相继发现两个产在煤层中的超大型锗矿床，有力地证明了分散元素并不“分散”，可以发生超常富集，形成工业矿床甚至超大型矿床。

4.1 锗的元素地球化学

4.1.1 锗的地球化学性质

锗位于元素周期表第四周期第Ⅳ族，原子系数为32，电子构型为$4s^2 4p^2$，相对原子质量为72.6，有五种稳定同位素，它们的相对丰度分别为^{70}Ge（20.55%）、^{72}Ge（27.37%）、^{73}Ge（7.67%）、^{74}Ge（36.74%）和^{76}Ge（7.67%）。在铁陨石、石铁陨石和地壳中，这些稳定同位素存在着明显的同位素分馏。除了自然同位素外，锗已知有9个人工短寿命的同位素，即^{65}Ge、^{66}Ge、^{67}Ge、^{68}Ge、^{69}Ge、^{71}Ge、^{75}Ge、^{77}Ge、^{78}Ge。锗同锡、铅一样，次外电子层共18个电子，为典型的铜型离子。它有4个价电子，容易失去价电子而形成稳定的Ge^{4+}。在还原条件下，锗易形成2价离子。Ge^{2+}与Sn^{2+}均是强还原剂，在自然条件下不易存在。锗的主要地球化学参数可见表4-1。

表4-1　锗的地球化学参数

项　目	数　据	项　目	数　据
元素符号	Ge	共价半径/m	1.22×10^{-10}
原子序数	32	离子半径(6配位)/m	$0.73(+2)\times10^{-10}$， $0.53(+4)\times10^{-10}$
相对原子质量	72.59	电离势/V	7.88
原子体积/$cm^3\cdot g^{-1}$	13.6	还原电位/V	-0.12
原子密度/$g\cdot cm^{-3}$	5.35	离子电位/V	7.55，2.74
熔点/℃	937.4	*EK*值	10.53(4+)
沸点/℃	2830	原始地幔丰度	$(1.13\sim1.31)\times10^{-6}$
电子构型	$4s^2 4p^2$	大陆地壳丰度	$(1.4\sim1.6)\times10^{-6}$
地球化学电价	4-，2+，4+	铁陨石丰度	$(25\sim14)\times10^{-6}$
原子半径(12配位)/m	1.225×10^{-10}	石铁陨石丰度	70.8×10^{-6}
电负性	2.0	大洋地壳丰度	$(1.4\sim1.5)\times10^{-6}$
铁陨石 $\delta^{70}Ge/^{73}Ge$/‰	-0.94 ~ -4.02	铁陨石 $\delta^{72}Ge/^{73}Ge$/‰	-0.36 ~ -1.33
石铁陨石 $\delta^{70}Ge/^{73}Ge$/‰	-2.70	石铁陨石 $\delta^{72}Ge/^{73}Ge$/‰	-0.61
地壳 $\delta^{70}Ge/^{73}Ge$/‰	-0.11 ~ 0.14	地壳 $\delta^{72}Ge/^{73}Ge$/‰	-0.40 ~ 0.508

在地质上，锗是一个令人困惑的元素。锗是典型的分散元素，从原始地幔（1.13×

10^{-6} ~ 1.31×10^{-6}）→大洋地壳（1.4×10^{-6} ~ 1.5×10^{-6}）→大陆地壳（1.4×10^{-6} ~ 1.6×10^{-6}），锗的丰度几乎没有明显的变化。由于地球化学环境的变化，锗还表现出明显的亲石、亲铁、亲铜（亲硫）和亲有机质的特性，诸如伟晶岩、低温硫化物、铁的氧化物和氢氧化物等不同矿物组合以及煤中均含锗。

由于锗和硅的原子半径和化学性质相似，这两个元素具有特征的是最外层电子结构、相近的原子或离子半径，锗在地壳中的地球化学行为最明显的趋势是替代矿物晶格中的硅。

在岩浆结晶分异过程中，锗与硅的分离程度很小，广泛分散在硅酸盐、黏土和碎屑沉积物中。多数情况下，大陆地壳岩石和矿物中含锗$(1\sim2)\times10^{-6}$，Ge/Si 原子比接近1×10^{-6}。

锗以类质同象方式进入各种硅酸盐中的能力是不一样的，在某一特定的火成岩或变质岩中，锗具有富集在岛状硅酸盐、帘状硅酸盐和层状硅酸盐的倾向，而在架状硅酸盐中含量降低。

锗较容易进入硅氧四面体聚合能力小的硅酸盐矿物的晶格中。

锗具有强烈富集在晚期的岩浆结晶分异物和其他结晶时存在大量挥发分的岩石（如伟晶岩、云英岩和矽卡岩）中。这些岩石中的黄玉、石榴子石和云母具有相当高的锗含量，可能与 Ge^{4+} 与 Al^{3+} 的类质同象有关。

锗在许多低温过程中的地球化学行为类似与硅的“重稳定同位素”。在地壳岩石的化学风化过程及锗被入海口和海洋中生物成因蛋白石吸收的过程中，锗的行为与硅类似，表现在淡水、海水和生物成因的蛋白石中的 Ge/Si 原子比约为 1×10^{-6}，与地壳值接近，在溶液中均以类似的氢氧配合物$[Ge(OH)_4]$和$[Si(OH)_4]$存在。

锗的亲硫性使其富集在某些硫化物中，特别是富集在沉积岩的富闪锌矿、富铜的硫化物矿床中。

在闪锌矿、硫砷铜矿、黝锡矿、硫银锡矿和锡黝铜矿中发现有较高含量的锗，所有的这些矿物，具有 4 价锗呈四面体的闪锌矿或纤锌矿衍生结构。

锗在硫化物中与在氧化物中有着不同的结晶化学性质，锗以 Ge^{4+} 类质同象进入闪锌矿晶格，并在其中发生富集，含量（质量分数）可达 $3000\times10^{-4}\%$，是锗在硫化物矿物中结晶化学最大的特点，但也有人认为 Ge 是以 CeS_2 形式进入闪锌矿内。由于化学性质的相似，有时大量的 Ge 替代硫化物中 4 价、四面体配位的 Sn，这种替换最多发生在硫银锡矿中，硫银锡矿的含锗量可以超过 1%。硫砷铜矿（$\cdot Cu_3AsS_4$）中常发现高含量的锗，可能是由于 Ge(Ⅳ)替代了 As(Ⅴ)。锗在硫化物中除以类质同象进入简单硫化物矿物晶格外，还形成 GeS_3^{2-} 及 GeS_4^{4-} 等形式的硫锗酸根类质同象，进入含锗硫盐类矿物。

锗除以分散状态进入许多矿物成分外，还可在极稀少的情况下，形成含量超过 1% 的锗独立矿物，见表 4-2。

表 4-2 锗的独立矿物

	矿 物	分 子 式	主要发现地
1. 硫化物	硫银锗矿(Argyrodite)	Ag_8GeS_6	Freiberg；玻利维亚；韩国
	灰锗矿(Briartite)	$Cu_2(Fe,Zn)GeS_4$	特苏墨布；扎伊尔
	锗石(Germanite)	$Cu_{11}Ge(Cu,Zn,Fe,Ge,W,Mo,As,V)_{4\sim6}S_{16}$	特苏墨布；扎伊尔
	硫铜锗矿(Renierite)	$Cu_{10}(Zn_{2-x},Cu_x)Ge_{2-x}As_xFe_4S_{16}$	特苏墨布；扎伊尔
	未命名	GeS_2	宾夕法尼亚 Forestville

续表 4-2

	矿物	分子式	主要发现地
2. 锗酸盐/氧化物	Argutite	GeO_2	法国 Pyrenees 闪锌矿
	铅铁锗矿（Bartelkeite）	$PbFeGe_3O_8$	特苏墨布深部氧化带
	锗磁铁矿（Brunogeierite）	Fe_2GeO_4	特苏墨布；Pyrenees
	Carboirite	$FeAl_2GeO_5(OH)_2$	法国 Pyrenees 闪锌矿
	锗铁黑云母（Ge-lepidomelane）	$(K,Na,H_3O)_2Fe_6(Ge_5Al_3)O_{20}(Cl_2(OH)_2)$	法国 Pyrenees 闪锌矿
	Otjisumetite	$PbGe_4O_9$	特苏墨布深部氧化带
3. 氢氧化物	Mangan-stottite	$MnGe(OH)_6$	特苏墨布深部氧化带
	羟锗铁石（Stottite）	$FeGe(OH)_6$	特苏墨布深部氧化带
4. 硫酸盐	羟锗铅矾(Itoite)	$Pb_3Ge(SO_4)_2O_2(OH)_2$	特苏墨布深部氧化带
	水锗铅矾(Fleischerite)	$Pb_3Ge(OH)_6(SO_4)_2 \cdot 3H_2O$	特苏墨布深部氧化带
	水锗钙矾(Schaureite)	$Ca_3Ge(OH)_2(SO_4)_2 \cdot 3H_2O$	特苏墨布深部氧化带

锗在硫化物中的富集还取决于硫的逸度和其他金属元素的活度。只有在低至中等硫逸度环境，Ge 才能进入 ZnS 中，并有可能替代 Zn 和 S。硫比较丰富时，锗并不直接在 ZnS 中替代，如果锗浓度足够高，锗将形成自己的硫化物。锗含量较低时，它将在四面体位置替代硫酸盐中的金属，这种替代最明显的是直接替代 As 和 Sn。

锗的行为也取决于 Cu、Ag 以及形成主要的含锗硫酸盐矿物（见表 4-2）元素的活度，因此，在低到中等硫逸度环境，锗将富集在闪锌矿中，在高硫逸度（或高 Cu、高 Ag）环境，锗将形成自己的硫化物矿物或进入硫酸盐中，有时，甚至在低至中等硫逸度情况下，高的 Cu 或 Ag 活度将促进含锗 Cu 或 Ag 硫化物的形成。

锗的亲铁性主要表现在铁—镍陨石中富含锗，锗在岩浆作用过程中富集在含铁相中以及某些沉积铁矿床中。锗在沉积铁矿和含铁硫化物矿床的氧化带中富集，可能与它们自溶液中沉降时铁的氢氧化物结合锗的能力有关。

铁矿床中的锗主要富集在针铁矿（可达 5310×10^{-6}）和赤铁矿（可达 7000×10^{-6}）中。锗以 8 次配位状态进入赤铁矿中置换 Fe^{3+}，其置换方式为 $2Fe^{3+} = Ge^{4+} + Fe^{2+}$，形成锗与铁的固溶体。针铁矿中 OH 失去一个质子，并且通过 $Fe^{3+} + H^{+} = Ge^{4+}$ 替换，锗以 8 次配位状态进入针铁矿中。

不同地质环境的磁铁矿中经常富集锗，可能反映在磁铁矿和锗磁铁矿（Fe_2GeO_4）之间存在固溶体。羟锗铁石 $FeGe(OH)_6$ 中 Ge^{4+}—OH 和 Fe^{2+}—OH 共同形成 8 次配位。

锗的有机亲和力或亲有机指数较高，国内外的许多煤层中均发现有锗的富集。Pokrovski 等的实验表明，在 25～90℃条件下，锗与邻苯二酚、柠檬酸和草酸等易形成稳定螯合物。

一般认为煤中的锗不形成独立矿物，而包含在煤的大分子组成中，但是，长期以来，对于煤中锗具体的有机结合形式则一直争论不休，通常认为有以下形式：

（1）以 O-Ge-O 和 O-Ge-C 形式键合；

（2）与煤中大分子的不同官能团通过 Ge—C 形式键合，或与腐殖酸螯合；

（3）呈单个的有机化合物形式存在；

（4）通过表面氧化还原反应和表面吸附形式存在于煤中有机质的表面。

4.1.2 天体和陨石中锗的丰度

根据球粒陨石的组成，锗的宇宙丰度估计为 1.71Ge 原子/10000Si 原子。普通球粒陨石中的锗含量相对均一，平均为 7.6×10^{-6}，10.6×10^{-6}。

1964 年，史玛（Shima）发现，锗轻微富集在阿比（Abee）顽火辉石球粒陨石（29.3×10^{-6}）和马瑞（Murry）碳质球粒陨石（17.3×10^{-6}）中。阿兰德（Allende）碳质球粒陨石中含锗 15×10^{-6}。

在石铁陨石中，相对于硅酸盐氧化物相，发现锗通常富集在金属相中。例如，布伦罕（Brenham）石铁陨石中，金属相中锗的含量为 56×10^{-6}，硅酸盐氧化物中含锗 0.85×10^{-6}，陨硫铁中含锗 17.3×10^{-6}。尽管含量有所变化（$<0.1\times10^{-6}\sim(n\times100)\times10^{-6}$），但锗一般富集在铁陨石中。根据铁陨石中锗和镍的含量，在 1975 年，斯科特（Scott）和佤松（Wasson）对铁陨石进行了分类，另外，铁镍陨石中的锗含量通常为（$n\times100$）$\times10^{-6}$。地球火成岩中明显贫锗，通常认为地球上的锗大多数残留在铁镍地核和地幔中。

4.1.3 不同地质体中锗的分布

不同地质体中锗的分布见表 4-3。从表 4-3 中可以看出，基性火成岩和花岗岩中的锗含量并没有明显差异。

表 4-3 不同地质体中的锗含量（质量分数）

名称		平均	范围	样品数/个
整个地球		13.8×10^{-6}		
地壳		1.4×10^{-6}	$(1.0\sim1.7)\times10^{-6}$	
火成岩	花岗岩和中酸性岩	1.5×10^{-6}	$(0.5\sim4.0)\times10^{-6}$	173
	基性岩	1.4×10^{-6}	$(0.7\sim3.1)\times10^{-6}$	114
	超基性岩	0.91×10^{-6}	$(0.55\sim1.6)\times10^{-6}$	20
沉积岩	长英质	1.4×10^{-6}	$(0.2\sim3.3)\times10^{-6}$	34
	碳酸岩	0.09×10^{-6}	$(0.03\sim0.17)\times10^{-6}$	6
变质岩	长英质	1.7×10^{-6}	$(0.08\sim8.0)\times10^{-6}$	57
深海沉积物	硅质软泥	1.7×10^{-6}	$(1.1\sim2.2)\times10^{-6}$	6
	钙质软泥	0.3×10^{-6}	$(0.0\sim1.4)\times10^{-6}$	7
	黏土	2.1×10^{-6}	$(1.4\sim2.8)\times10^{-6}$	41
	锰结核	2.5×10^{-6}	$(1.8\sim3.2)\times10^{-6}$	2
	大洋水	0.00005×10^{-9}		
	总锗	60×10^{-9}	$(50\sim70)\times10^{-9}$	11
	无机锗	7×10^{-9}	$(0\sim8)\times10^{-9}$	34
	甲基锗	39×10^{-9}	$(35\sim43)\times10^{-9}$	75

1954 年，高登施密特（Goldschmidt）注意到锗在一些霞石正长伟晶岩中富集，其 GeO_2 的含量为$(5\sim10)\times10^{-6}$。

锗也富集在花岗质伟晶岩、云英岩的某些矿物中，特别是黄玉，云母和锂辉石中。

由表4-3可见，硅质沉积岩和变质岩中的锗含量与火成岩中的锗含量比较接近。页岩有时轻微富集锗，特别是含有机质的页岩。沉积碳酸盐岩贫锗，平均只有 0.09×10^{-6}。在深海沉积物中，锗轻微富集在硅质黏土和锰结核中，钙质黏土和软泥中相对贫锗。

众所周知，对锗在煤中的富集，特别是在煤灰中的富集，已进行了广泛研究。无论是在不同地区还是在某特定的矿床中，锗含量的变化范围可达几个数量级。

美国华盛顿特区附近的褐煤中，锗含量达 0.2%，灰分中含锗 7.5%。查塔诺加（Chattanooga）页岩内的薄煤层中，锗含量为 760×10^{-6}，页岩本身含锗最高为 18×10^{-6}。煤中锗分布的大量研究表明，锗在煤中的分布主要有4个特点，即：

（1）煤中锗的含量与煤岩成分有密切的关系，镜煤是锗的最大载体，丝炭组分中含锗极低。锗在不同煤岩组分中含量变化序列是：镜煤 > 亮煤 > 暗煤 > 丝炭；

（2）锗在煤层顶、底部有富集现象，锗含量一般从煤层顶、低部向中间急剧降低。只有在煤层很薄时，整个煤层的顶、底板和中部才能都富含锗；

（3）同一煤层中，一般薄煤层比厚煤层含锗高，随煤层厚度的增加锗含量减少；

（4）一般情况下，煤中锗的含量与灰分成反比，与挥发分成正比。

锗在煤中的富集，长期以来被认为集中在有机组分中，只有很少量的锗分布在无机矿物相中。

许多学者都注意到锗在铁的氧化物中的富集现象。

1959 年，布鲁顿（Bruton）等发现英格兰坎布兰（Cumberland）的两种赤铁矿中，锗含量分别为 43×10^{-6} 和 83×10^{-6}。

1969 年，瓦科卢瑟夫（Vakhrushev）和谢苗诺夫（Semenov）发现火山—沉积成因磁铁矿—赤铁矿矿床中，32 件磁铁矿样品的平均含锗为 10.34×10^{-6}，矽卡岩矿床中，628 件磁铁矿样品平均含锗为 2.5×10^{-6}。

1973 年，贝克穆赫夫（Bekmukhametov）等也发现锗在火山—沉积成因的磁铁矿—赤铁矿矿床中的富集（$\leqslant70\times10^{-6}$），并与矽卡岩中铁的氧化物（锗含量 $n\times10^{-6}$）、热液脉型矿床中铁的氧化物（锗含量 $\leqslant20\times10^{-6}$）以及沉积褐铁矿（锗含量 $n\times10^{-6}$）进行了对比。

早在 1965 年，格里戈里耶夫（Grigoryev）和则科诺夫（Zekenov）就发现了上述特征，同时发现采自印度尼西亚巴努-乌湖（Banu-Wuhu）火山附近海底热泉的 Fe-Mn 氧化物—氢氧化物颗粒中含锗为$(11\sim15)\times10^{-6}$。

在美国犹他州西南华盛顿县的 Apex 矿区，原生的 Cu-Pb-Zn 硫化物矿石大部分被蚀变成褐铁矿、针铁矿、赤铁矿和蓝铜矿，锗在针铁矿（可达 5310×10^{-6}）和赤铁矿（可达 7000×10^{-6}）中发生超常富集。

中国江苏省江浦县万寿山铁矿中，锗赋存于赤铁矿中，锗含量为$(10\sim168)\times10^{-6}$，一般为 30×10^{-6}，可供利用的矿石平均含锗为 35×10^{-6}。

不同成因铁矿床中锗的克拉克值为：岩浆型 1.75×10^{-6}、岩浆期后型 1.50×10^{-6}、火山沉积型 16.5×10^{-6}、沉积型 1.5×10^{-6} 和风化型 2.0×10^{-6}。

目前，具有商业开发价值的锗主要来自碳酸岩和页岩为容矿岩石的闪锌矿矿床中，包括上密西西比河谷地区（闪锌矿中含锗可达 420×10^{-6}）和法国 Saint—Slaw 闪锌矿矿床（闪锌矿含锗可达 3000×10^{-6}）。对其他地区闪锌矿中锗含量的研究表明，低温、晚期形成的闪锌矿中具有较高的锗含量，例如，中国广西环江县北山铅锌硫铁矿中，平均含锗为 10×10^{-6}；中国凡口铅锌矿矿石中，最高含锗 58×10^{-6}，并且锗主要赋存在浅棕色闪锌矿中；中国云南会泽铅锌矿矿石中含锗 $(10 \sim 80) \times 10^{-6}$，锗主要赋存在闪锌矿中。

矿石中的闪锌矿主要有两种形式，即铁闪锌矿和（浅色）闪锌矿。铁闪锌矿含铁量较高，呈棕褐—黑色，半金属光泽，与毒砂、黄铜矿、斑铜矿共生。浅色闪锌矿呈浅棕—棕褐色，树脂光泽，与方铅矿、辉硫锑铅矿及辉硫砷铅矿等硫化物共生。浅色闪锌矿的形成温度明显低于铁闪锌矿，是锗的主要载体。

在扎伊尔科普什（Kipushi）的 Zn-Cu-Pb 硫化物矿床及纳米比亚特斯坦布（Tstaneb）的 Pb-Cu-Zn 硫化物矿床中，富锗矿带位于高纯度铜矿石内部。矿床中含有锗的硫化物矿物有硫铜锗矿、锗石和少量灰锗矿，这些矿物作为显微包裹体分散在许多深部矿物的内部。科普什矿床中硫铜锗矿的数量相当丰富，特斯坦布矿床的锗石储量为28t。

1983 年，Bischoff 等利用发射光谱方法分析了 9 件北纬21°东太平洋隆起带内热水沉积成因的硫化物、硫酸盐和硅的混合物中的锗含量，发现富闪锌矿和铅锌矿的样品中，锗含量为 $(96 \sim 270) \times 10^{-6}$，而其他样品则为 $1.5 \times 10^{-6} \sim 27 \times 10^{-6}$，这一结果意味着，锗有可能中度富集在富锌的黑矿型和其他海底热液衍生的块状硫化物矿床中。

4.2 锗矿物及锗矿床分类

4.2.1 锗矿物

锗与镉、镓、铟、硒、碲、铊和铼等均属分散元素，在自然界中主要呈分散状态分布于其他元素组成的矿物中，通常被视为多金属矿床的伴生组分，形成独立矿物的几率很低。

锗作为副产品主要来自两类矿床，即某些富含硫化物的 Pb、Zn、Cu、Ag、Au 矿床与某些煤矿。

然而，越来越多的证据表明，锗的地球化学性状远比传统认识的要活跃得多，它不仅能富集且能超常富集，在一定条件下同样可以形成独立的矿床或工业矿体，如内蒙古乌兰图嘎超大型锗矿床（Ge 金属储量 1600t）、云南临沧超大型锗矿床（Ge 金属储量 800t，最大品位可达 1470×10^{-6}），此外，还有西南非特素木布锗矿床（Ge 含量为 8.7%）、刚果卡丹加锗矿床、玻利维亚中南部锗矿床和英国伊尔科什盆地锗矿床等。

在自然界中基本无单质锗的产出，迄今发现的锗矿物有 26 种，见表 4-4。

表 4-4 锗矿物一览表

编号	名 称	分子式	备 注
1	锗石(Argutite)	GeO_2	A. M. 69. 3-4
2	硫银锗矿(Argyrodite)	Ag_8GeS_6	斜方,假等轴,与硫银锡矿成系列
3	未命名(Barquillite)	$Cu_2(Cd,Fe)GeS_4$	A. M. 84:1464

续表 4-4

编号	名 称	分子式	备 注
4	灰锗矿(Briartite)	$Cu_2(Fe,Zn)GeS_4$	四 方
5	锗磁铁矿(Brunogeierite)	$(Ge^{2+},Fe^{2+})Fe_2^{3+}O_4$	等 轴
6	羟锗铁铝石(Carboirite)	$Fe^{2+}Al_2GeO_3(OH)_2$	A. M. 69. 3-4
7	费水锗铅矾(Fleischerite)	$Pb_3Ge(SO_4)_2(OH)_6 \cdot 3H_2O$	六 方
8	硫铜锗矿(Germanite)	$Cu_3(Ge,Fe)(S,As)_4$	等 轴
9	锗硫矾砷铜矿(Germanocolusite)	$Cu_{26}(Ge,As)_6S_{32}$	等轴,硫钒锡铜矿的类质同象体
10	羟锗铅矾(Itoite)	$Pb_3Ge(SO_4)_2O_2(OH)_2$	斜 方
11	硅锗铅石(Mathewrogersite)	$Pb_7(Fe,Cu)GeAl_3Si_{12}O_{36}(OH,H_2O)_6$	Njb. Mh. 5. 1986
12	硫锗铅矿(Morozevicite)	$(Pb,Fe)_3(Ge,Fe)S_4$	等轴,与硫锗铁矿成系列
13	未命名(Otjisumetite)	$PbGe_4O_9$	三斜,A. M. 72:1026
14	硫锗铁矿(Polkovicite)	$(Fe,Pb)_3(Ge,Fe)S_4$	等轴,与硫锗铅矿成系列
15	硫锗铁铜矿(Renierite)	$Cu_3(Fe,Ge,Zn)(S,As)_4$	四方,假等轴
16	水锗钙矾(Schaureite)	$Ca_3Ge^{4+}(SO_4)_2(OH)_6 \cdot 3H_2O$	六 方
17	羟锗铁石(Stottite)	$Fe^{2+}Ge(OH)_6$	四 方
18	未命名(92-38 修正)	$Cu_{20}(Fe,Zn,Cu)_6Mn_2Ge_6S_{32}$	A. M. 80:632
19	未命名(92-39 修正)	$Cu_{20}(Fe,Cu,Zn)_6W_2Ge_6S_{32}$	A. M. 80:632
20	未命名(98-002)	$Ca_3Ge(OH)_6(SO_4)(CO_3) \cdot 12H_2O$	六方,属钙铝矾(ettringite)族
21	弗莱石	$Pb_2Ge^{2+}(OH)_4(SO_4) \cdot 4H_2O$	杨敏之,2000
22	未命名	$Cu_{11}Fe_4GeAsS_{16}$	A. M. 73:444
23	未命名	$Ca_3Ga_2(GeO_4)_3$	A. M. 73:933
24	未命名	$Ca_3Al_2[(Ge,Si)O_4]_3$	A. M. 73:933
25	未命名	$Fe(Ga,Sn,Fe)_4(Ga,Ge)_6O_{20}$	A. M. 73:933
26	未命名	$SnGeS_3$	A. M. 87:357

4.2.2 锗矿床分类

实际上，锗矿床可分为伴生锗矿床和独立锗矿床两大类。如矿床中，经常有锗独立矿物或富含锗的载体矿物（类质同象矿物或吸附体等）出现时，可作为独立锗矿床的特征。

独立锗矿床含锗规模较大，锗不再是副产品或综合回收的元素。

独立锗矿床可分为：

（1）铜-铅-锌-锗矿床，如玻利维亚中南部的锗矿床；

（2）砷-铜-锗矿床，如西南非特素木布矿床（含 Ge 8.7%）；

（3）锗-煤矿床，如中国内蒙古乌兰图嘎超大型锗矿床（Ge 金属储量为 1600t）；

伴生锗矿床有：

（1）含锗的铅锌硫化物矿床，如中国云南会泽铅锌矿床［主要矿体中锗含量达(25～

48）$\times 10^{-6}$］以及广东凡口铅锌矿床；

（2）含锗的沉积铁矿床和铝土矿床，如湖南宁乡铁矿；

（3）含锗有机岩（煤、油页岩、黑色页岩）矿床，如中国内蒙古五牧场区次火山热变质锗-煤矿床（锗最高可达450×10^{-6}，煤灰中可达1%）和俄罗斯东部滨海地区的锗-煤矿床，如金锗-煤矿床、巴甫洛夫锗-煤矿床、什科托夫锗-煤矿床等，为热液-沉积成因。

锗矿床类型与成矿特征见表4-5。

表4-5 锗矿床类型与成矿特征

大类	矿床类型	矿物组合	实 例
伴生锗矿床	锗-铅-锌（铜）矿床	含锗闪锌矿、方铅矿、黄铁矿	会泽、罗平、凡口铅锌矿床
	含锗沉积铁矿床或铝土矿床	赤铁矿、绿泥石、含锗赤铁矿	湖南宁乡锗铁矿床
	含锗有机岩（煤、油页岩、黑色页岩）矿床	含锗复合腐殖酸及锗有机化合物	内蒙古五牧场区锗-煤矿床、俄罗斯东部滨海地区锗-煤矿床
独立锗矿床	铜-铅-锌-锗矿床	硫银锗矿、白铁矿、黄铜矿、闪锌矿、方铅矿	玻利维亚中南部
	砷-铜-锗矿床	锗石、硫锗铁铜矿、斑铜矿、黄铜矿、砷锡铜矿、硫砷铜矿	西南非特素木布矿床，刚果卡丹加
	锗-煤矿床	含锗凝胶化煤、亮煤	内蒙古乌兰图嘎超大型锗矿床、云南临沧超大型锗矿床，英国伊尔科什盆地

锗石和硫铜锗矿曾经是锗的主要来源，但已无可利用矿床资源。目前工业上主要从铅—锌和铜的硫化矿中提取锗。

全世界已探明锗的储量为8600t，其中扎伊尔有200t。如果考虑到发电厂煤灰中的锗的回收，全球的远景储量可增加到几百万吨。

中、美、法、英、俄是锗的重要产地。我国的锗资源储量居世界之首，远景储量为9600t，云南会泽、贵州赫章、广东凡口等地的铅锌矿，云南临沧、吉林营城等地的煤是我国锗的主要来源。

根据我国对含锗工业矿床的评价，锗品位大于0.0008%的赤铁矿可作为锗矿开采；锗品位为0.001%的铅锌矿、锗品位为0.01%的锌精矿可综合回收利用；含锗品位为0.002%～0.1%的煤矿可综合回收利用，含锗品位达到0.1%时，可作为锗矿开采。表4-6为我国含锗工业矿床的分布及品位。

表4-6 我国含锗工业矿床的分布及品位（质量分数）

矿物类型	品位/%	利用状况	矿产地	矿产品锗的品位/%
硫化铅锌矿	0.0005～0.6	已用	广东凡口	0.0033
氧化铅锌矿	0.001～0.006	已用	贵州赫章	0.006
煤 矿	0.01～0.013	已用	云南临沧	0.0176
硫化铜矿	0.001～0.004		湖北吉龙山	0.004

4.3　煤中锗资源

煤层中含有多种稀有元素，其中，具有工业品位和开采价值的是含锗煤矿。目前发现的含锗煤矿主要有云南和内蒙古的褐煤，如胜利煤田的含锗煤矿，锗品位可达 200×10^{-6} 以上，内蒙古东部和云南大量的褐煤盆地中，锗资源潜力很大。

4.3.1　煤中锗的分布和含量

高登施米特（Goldsehmidt）于1930年首先发现煤中含有锗。1933年，他和皮特（Peters）检测到英国达勒姆矿区的烟煤煤灰中锗含量高达1.1%，这就使从煤灰中提炼锗成为可能。

20世纪50年代，英国、美国、澳大利亚、日本、苏联等各国开始重视对煤中含锗进行研究。我国也于20世纪50年代末到60年代初，开展了煤中含锗资源的调查，在1963～1965年的学术刊物上，开始研讨有关煤中锗的理论问题。

自然界中，所有煤中都含有锗，但绝大多数煤中的锗含量很低，只有在特殊的地质条件下，锗才有可能足够富集，达到可被回收利用的品位。

锗在煤层中的分布很不稳定，且不说锗含量在平面上的变化大，即使在一个矿区的不同煤层之间，在一个煤层的不同分层之间，在煤层内不同煤岩类型之间，锗含量的差异可达几十至几百倍。

一般认为：煤系地层底部的煤层往往富含锗；薄煤层中的含锗常多于厚煤层；在煤层内的顶部（有时还有底部）分层内含锗量较大；镜煤和光亮煤含锗量多于其他煤岩类型。因此，研究煤中含锗，要特别注意样品的代表性，切不可凭一两个样的分析数据作出判断，也不可不加分析地取平均值作为评价依据。

表4-7列出了我国主要煤田（矿区）煤中锗的含量。表4-8～表4-10列出了山东滕县煤田、云南东部部分矿区、鄂尔多斯盆地煤中锗的分析数据。它们分别反映了我国华北石炭-二叠纪、华南二叠纪以及我国西部侏罗纪煤中含锗的概况。

表4-7　中国主要煤田（矿区）煤中的锗

省，煤田（矿区，矿）	成煤时代（层位）	煤类	样品数	范围 $Ge/mg\cdot kg^{-1}$	算术平均值 $Ge/mg\cdot kg^{-1}$	几何平均值 $Ge/mg\cdot kg^{-1}$	资料来源
河北唐山荆各庄	C-P	QM	1	2.99			庄新国（1999）
山西平朔安太堡矿	C-P（太原组）	QM	8	0.49～0.78	0.61	0.56	庄新国（1998）
山东兖州矿区	C-P	QM-PM	26	0.44～11.52	5.9	4.9	刘桂建（1999）
山东济宁矿区	C-P	QM	30	1.69～9.11	5.1	4.5	刘桂建（1999）
山东滕县矿区	C-P（太原组）	QM	553	～80.0	6.1		李春阳（1991）
山东滕县矿区	C-P（山西组）	QM	293	～17.18	1.8		李春阳（1991）
山东柴星矿	P（山西组）	QM	1	1.6			李春阳（1994）
山东枣庄矿	C-P（太原组）	PM	1	1.5			李春阳（1994）

续表 4-7

省，煤田（矿区，矿）	成煤时代（层位）	煤类	样品数	范围 Ge/mg·kg^{-1}	算术平均值 Ge/mg·kg^{-1}	几何平均值 Ge/mg·kg^{-1}	资料来源
江苏徐州垞城矿	C-P（太原组）	QM	1	2.1			李春阳（1994）
江苏徐州垞城矿	P（山西组）	QM-WY	1	1.7			李春阳（1994）
安徽淮北煤田	P（山西组）	QM-WY	7	1.2~4.30	2.3	2.0	李春阳（1994）
安徽淮北煤田	P（石盒子组）	QM-WY	5	1.7~4.3	3.0	2.8	李春阳（1994）
贵州水城汪家寨矿	P_2（龙潭组）	QM-FM	3	0.47~4.75	1.27	0.76	曹荣树（1998）
贵州六盘水地区	P_2（龙潭组）	QM-WY	32		3.06		倪建宇（1998）
贵州水城11号煤层	P_2（龙潭组）	QM			2.54		倪建宇（1998）
贵州水城11号煤层	P_2（龙潭组）	PM			2.33		倪建宇（1998）
贵州水城11号煤层	P_2（龙潭组）	JM			7.66		倪建宇（1998）
贵州六枝和水城	P_2（龙潭组）	QM-WY	45	0.4~3.4	1.7		庄新国（1998）
云南东部部分矿区	P_2（宣威组）		1334	微~22.0	3.66		周义平（1985）
山西大同一矿	J_2（大同组）	RN	8	0.16~3.06	0.76		庄新国（1998）
内蒙古伊敏五牧场	J_2	HM-YM		~450.0	15.0		刘金钟（1992）
内蒙古锡林浩特	J_2—K_2	HM		135.0~820.0	244.0		袁三畏（1999）
鄂尔多斯盆地	J_2（延安组）				0.9	1.8	李河名（1993）
神府-东胜矿区	J_2（延安组）	CY	723	0.1~22.3	2.11		窦廷焕（1998）
内蒙古东胜	J_2（延安组）	CY	18	0.00~7.0	2.8	2.0	李河名（1993）
宁夏马家堆	J_2（延安组）	CY	6	1.00~11.4	3.47	2.46	李河名（1993）
甘肃华亭	J_2（延安组）	CY	3	0.37~4.43	2.15	1.40	李河名（1993）
陕西彬县	J_2（延安组）	CY	2	0.43~2.94	1.69		李河名（1993）
陕西店头	J_2（延安组）	CY	8	0.00~4.70	1.80	1.24	李河名（1993）
陕西榆横工区	J_2（延安组）	CY	11	0.00~15.00	5.90	5.42	李河名（1993）
辽宁阜新海州矿	K_2（阜新组）	CY	6	0.2~0.9	0.45		Querol（1997）
云南潞西	N	HM		20.0~800.0			周义平（1985）
云南沧源	N	HM			56.0		周义平（1985）
云南腾冲	N	HM		~1730.0			周义平（1985）
云南临沧	N	HM	13	<0.3~1470.0	565.8	199.6	庄汉平（1997）
云南临沧帮卖矿	N	HM	1	>3000			庄汉平（2000）
云南小龙潭矿	N	HM	3	0.33~1.36	0.85	0.67	庄汉平（2000）
广东茂名	E_2	HM		8.0~14.0			劳林娟（1994）

表 4-8　山东滕县煤田及临近井田煤中含锗

矿　区	地　层	煤　层	样品数	一般 Ge/mg·kg^{-1}	最大 Ge/mg·kg^{-1}	富集点数
滕县煤田	山西组	3上	135	1.48	14.70	1
		3下	158	1.99	17.18	4
		4	1		17.18	1
		6	36	9.96	22.62	15
		8	1		24.12	1
		9	10	8.16	18.03	5
	太原组	12下	133	2.90	17.00	5
		14	48	4.74	15.29	10
		15上	25	7.78	14.00	6
		16	163	5.75	23.34	13
		17	126	7.76	80.00	39
		18上	5	12.48	18.80	4
		18下	5	21.14	36.70	3
合　计			846	4.59	80.00	107
枣庄井田		17，18		17.5～19.5		
朱子埠井田		17		11.7		
官桥井田	太原组	15上		12.6～16.1		
巨野井田						
G-14孔		18下		13.34		
G-60孔		18下		12.88		

注：富集点 $w(\mathrm{Ge}) \geq 10\mathrm{mg/kg}$。

表 4-9　云南东部部分矿区煤中含锗

矿　区	样品数	Ge范围 /mg·kg^{-1}	Ge平均值 /mg·kg^{-1}	矿　区	样品数	Ge范围 /mg·kg^{-1}	Ge平均值 /mg·kg^{-1}
宝　山	36		30.0	后　所	121	1.0～8.0	4.0
马　场	20	2.0～6.0	4.0	煤炭湾	33	1.2～6.0	4.0
羊　场	7	2.0～5.0	3.5	徐家庄	193	0.4～11.0	3.0
赤那河	10	微～8.0	2.5	龙海沟	161	0.2～7.0	2.0
田　坝	92	0.2～5.5	3.0	小山坎	7	1.5～2.0	1.8
卡　居	19	2.0～10.0	5.5	云　山	45	0.3～3.0	1.8
罗　木	90	5.0～22.0	11.0	团　结	19	0.4～3.0	1.8
庆　云	225	0.3～8.0	2.8	恩　烘	9	0.8～3.5	1.8
老牛场	263	0.0～16.0	4.0	水草湾	20	0.6～3.5	1.9

表 4-10 鄂尔多斯盆地延安组第一段煤中含锗

位置	煤层	钻孔号/矿	Ge /mg·kg^{-1}	位置	煤层	钻孔号/矿	Ge /mg·kg^{-1}	位置	煤层	钻孔号/矿	Ge /mg·kg^{-1}	位置	煤层	钻孔号/矿	Ge /mg·kg^{-1}
东胜铜匠川	六煤组	470	0.00	东胜柳塔	五煤组	6405	1.50	陕西榆横工区	九煤层	YH102	8.00	陕西店头	二煤层	6	2.40
		244	0.63			1509	6.00			ZK104	3.80			52	0.20
		800	3.40			1507	4.20			ZK107	5.00			103	0.00
		97	0.15			1513	4.20			ZK204	0.00			15	3.30
		611	3.15			1511	3.50			ZK303	8.00			66	2.80
		29	3.70			404	2.10			ZK304	2.00			005	4.70
		99	1.20	宁夏马家堆	十五煤	102	2.20			ZK507	2.93			仓村矿	0.73
		797	0.17			灵煤45	11.4			ZK508	7.50			南川矿	0.30
		31	5.75			501	1.00			ZK509	5.30	甘肃华亭	十煤层	C	4.43
		61	0.00			512	2.00			ZK513	3.40			2602	0.37
东胜柳塔	五煤组	3111	6.00	陕西彬县	八煤层	902	2.10			ZK711	15.00			华亭矿	1.66
		3109	3.00			水帘乡	0.43								
		4700	1.00			彬县东	2.94								

云南第三纪褐煤盆地中分布有富锗煤，其中在云南临沧盆地发现特大型锗矿床，表4-11列出了庄汉平等1997年发表的一份该盆地样品分析结果。本书作者从云南临沧帮卖矿的一煤样中也检测到锗的特殊异常值，高达3000mg/kg。

表 4-11 云南临沧褐煤部分样品中含锗

样品号	样品埋深 /m	Ge 煤 /mg·kg^{-1}	Ge 炭质泥岩 /mg·kg^{-1}	样品号	样品埋深 /m	Ge 煤 /mg·kg^{-1}	Ge 炭质泥岩 /mg·kg^{-1}
S20	地表	302		Z8-8	127.37~127.77	1470	
S21	地表	19		Z8-9	128.14~128.64		974
S23	地表	<0.3		Z8-2	132.3~132.5	259	
S24	地表	398		Z8-10	137.31~137.83	780	
Z8-3	11.69~11.91		<0.3	Z8-12	141.42~142.06		524
Z8-4	36.86~37.14	12		Z9-10	208.34~208.54	951	
Z8-1	337.14~37.15		1.4	Z9-7	213.00~213.22	1081	
Z8-16	85.83~86.31		7.4	Z9-1	216.46~216.61	844	
Z8-5	86.31~86.94		3.3	Z9-3	217.35~217.50	703	
Z8-7	122.06~122.91		2.6	Z9-2	227.15~227.33	536	

据对3084个样品分析数据统计，我国多数煤中锗含量处于0.5~10.0mg/kg之间，平均4mg/kg，少数样品中的锗超过20mg/kg，如果锗含量达到$n\times100$mg/kg，则属异常高值。

参照国外煤中含锗的情况，自然界多数煤中的含锗量一般处于10mg/kg以内，平均值在5mg/kg左右。如果煤中含锗达到$n\times10$mg/kg~$n\times100$mg/kg，则属异常高值。

有的研究者认为，煤中锗含量超过 100mg/kg 才值得注意，而另一些研究者则把 20mg/kg 作为富锗煤的界限值。前苏联检测到世界上煤中锗含量的最高值是 6000mg/kg。

云南锗资源丰富，探明储量 1182t（未包含褐煤中伴生的锗资源储量），占全国探明储量的 32%，居全国第一。

据云南省煤田地质勘探资料分析，云南西部（澜沧江以西）晚第三系褐煤盆地具有良好的锗富集成矿条件，在临沧—勐海和腾冲—瑞丽两个条带上分布的近 40 个盆地中（见图 4-1），被确认具有工业回收锗价值的 4 处，锗资源量 1056t。另发现 9 处煤中锗含量大于 20×10^{-6} 的矿点，有待进一步的地质工作验证，其潜在的锗资源量估计在 2000 ~ 3000t。

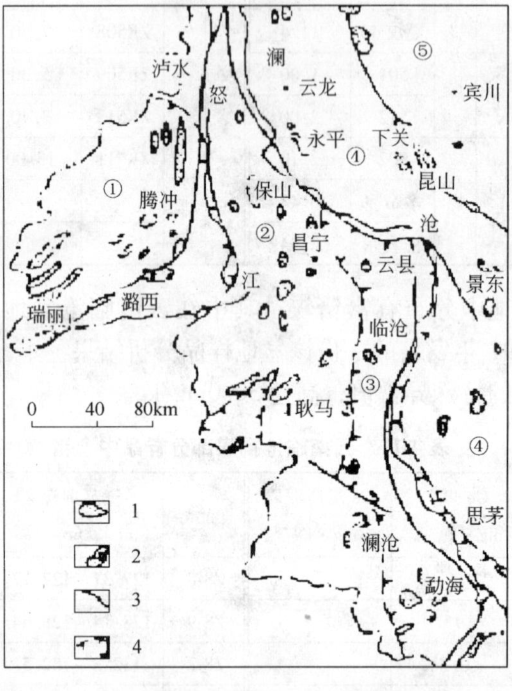

图 4-1　滇西第三系盆地富锗区远景示意图

①高黎贡山隆起带；②保山拗陷；③临沧隆起带；④兰坪—思茅拗陷；⑤苍山隆起带；
1—第三系含煤盆地；2—发现锗矿煤盆地；3—断层；
4—锗矿预测远景区（花岗岩、混合岩区）

4.3.2　滇西褐煤中的锗资源

4.3.2.1　滇西褐煤及锗资源分布特征

滇西褐煤分布范围主要指金沙江-哀牢山断裂以西地区。行政区含大理州、普洱市、怒江州部分地域及保山市、临沧市、德宏州、西双版纳州，面积约占云南省全省面积的五分之二。本区上第三系褐煤盆地面积从几平方公里到数百平方公里不等，但以小的盆地群为主，少数大盆地边缘局部地段也有较好的含煤情况。

据不完全统计，滇西新生代盆地达129个，盆地呈线状、串珠状或星散状分布，范围遍及滇西广大地区，其中又以西部比较密集，滇西北、滇西南分布比较零星。

就褐煤资源及煤田地质工作程度而言，滇西远不如滇东地区，滇西已不同程度开展过煤田地质工作的第三系含煤盆地有93个，探明褐煤（少量长焰煤）保有储量6.76亿吨，该区大都以薄煤层、中厚煤层为主，少数为巨厚煤层，储量一般在数十万吨到数百万吨不等，少量达数千万吨，超过1亿吨的仅有2个盆地（保山盆地、龙陵大坝盆地）。

由于过去人们一直认为锗不能形成具有单独工业开采价值的矿床，对褐煤中的锗资源地质工作未予以足够重视，只是在做煤田地质工作中附带了解，有的矿区甚至未做这方面的工作，云南省锗资源已上储量表的有12处，保有储量为1182t，约占全国储量的32%，居全国之首（全为铅锌、铜矿伴生锗），尽管煤中锗含量所占的比例较大，但均未上储量表。

滇西褐煤中富含锗的盆地主要分布在澜沧江以西的高黎贡山隆起带和临沧隆起带，大片花岗岩、混合岩、变质岩出露地区，并作为第三纪含煤盆地沉积基底的地区。现已知道具有工业开采价值的矿区有4个，即：临沧帮卖（大寨）、腊东（白塔）、沧源芒回、潞西等嘎。4个矿区锗资源量约为1056t（其中临沧锗矿床的探明储量约800t，已达到超大型矿床规模）。经踏勘采样但未作专门地质工作的矿点有3个，即：临沧盆地含锗$(150\sim250)\times10^{-6}$，腾冲瑞滇盆地含锗$(40\sim80)\times10^{-6}$，腾冲至梁河之间的某小盆地含锗$1200\times10^{-6}$，另外，煤田勘查少量样品含锗在$(10\sim20)\times10^{-6}$的有3个矿区。

在上述已知具有工业价值的4个矿区中，除帮卖盆地进行过锗的专门勘探工作外，其余3个矿区为煤田地质勘探工程稀疏圈定，并估算过褐煤中的锗储量。就目前所掌握褐煤中锗的储量资源，已超出云南省铅、锌、铜矿伴生锗资源储量总数。

煤中伴生锗资源远景看好，预计远景储量可达2000~3000t。

4.3.2.2 滇西褐煤中锗的成矿地质条件及富集规律

锗在世界上很多国家（如前苏联、美国、英国、印度和中国等）的煤层中均有分布，不少学者对含锗煤的特征、锗在煤中的分布以及煤中锗的成因进行过研究，结果表明，滇西地区煤中的锗矿与世界上其他地区的煤中锗矿化基本相似，无明显差异，滇西地区富锗褐煤盆地中锗的相对富集和成矿地质条件的特殊性表现在如下几个方面：

（1）从空间分布和锗品位特征看，盆地基底及其周边的花岗岩、混合变质岩是锗矿化的重要物质来源，尤以花岗岩为最好。据专家等对临沧帮卖盆地锗矿化的研究表明，第三系下煤含锗矿化主要发生在靠近基底花岗岩的早期沉积的N_1^2和N_1^3煤层中，而较晚期沉积的N_1^{4-5}和N_1^6地层中矿化规模较少。据已有资料，在中基性岩中含锗平均为1.5×10^{-6}，在酸性岩中平均为1.4×10^{-6}，研究区内母岩中锗含量也极不均匀，如等嘎富锗矿区基底花岗片麻岩含锗3.92×10^{-6}，绿泥石片岩含锗3.37×10^{-6}，粒变岩含锗1.4×10^{-6}，辉长岩含锗3.1×10^{-6}，帮卖富锗含煤盆地基底花岗岩含锗3.7×10^{-6}，古生界变质岩含锗1.5×10^{-6}，均具有比全球同类岩石平均克拉克值含锗高得多的背景值。

（2）锗的产出层主要位于靠近盆地基底夹有硅质岩和薄层灰岩的煤层中，如临沧帮卖盆地三个含煤段中靠近盆地基底的第一含煤段（N_1^2、N_1^3），为煤、碎屑岩与硅质岩和薄层灰岩互层，为锗的主要产出层位，锗储量约占矿床总储量的80%。矿体中锗的品位变化较大，一般为$(n\times100)\times10^{-6}$（$n$ 为 1~10），最高品位可超过 1000×10^{-6}，而在上部缺少硅质岩和灰岩的两个含煤段的煤层，基本无锗矿化，基于这一客观事实，一些学者提出了硅和锗地球化学循环的问题，并由此推测，在高锗背景值地区，锗的富集与热水沉积的硅质岩有关。

（3）煤和炭质泥岩是锗富集的有利载体，专家通过对临沧锗矿的研究，认为：锗在不同岩石中的矿化程度不同，而且与有机质关系密切。褐煤和炭质泥岩发生相同程度的矿化，矿化富集多数为 164 和 169，砂岩基本无锗矿化。1978 年，有研究表明，煤中锗含量并不取决于腐殖酸含量的多少。目前普遍认为，锗具有形成稳定有机化合物的强烈倾向，煤之所以能富集锗是因为其中有大量能将锗固定下来的有机质的存在。

（4）矿化煤层中锗在剖面上的分布有一定规律性，锗主要富集在煤层底板及底板附近，中部较少，接近顶板有时也会增高，这与锗源物供应丰度有关，只有当煤层很薄时，锗含量在剖面上的分布才是相对均匀的，煤层含锗量在剖面上的变化可达数十至数百倍，煤层底板，特别是炭质泥岩时含锗较高，有时甚至超过煤层，如潞西等嘎、沧源芒回、临沧腊东底板，含锗可达 165×10^{-6}。平面上富锗矿段往往位于煤盆地边缘地带，如帮卖锗富集在盆地的西缘一带，并与流入盆地古水网有关，等嘎Ⅲ井田三个具工业品位的矿带，是沿着古地形的沟谷地带富集的。

4.3.2.3　滇西地区褐煤中伴生锗资源远景评价

如前所述，滇西褐煤中现已发现锗资源有工业价值的矿区共有 4 个。帮卖（大寨）矿区进行过锗专门勘探，锗储量 600 余吨，现已回收；腊东（白塔）矿区，煤田勘探估算锗储量 132t，部分回收；芒回矿区，煤田勘探估算锗储量 257.7t，未回收，3 个矿区含锗储量约 990t；等嘎矿区，煤田勘探估算锗储量 67t，煤矿开采已有 30 余年历史，现资源已近枯竭。

国家规定，锗作为伴生矿床时边界品位为 20×10^{-6}，因此，一般锗含量在达到 10×10^{-6}以上时，就应认为是异常区，作为有希望线索的矿区应引起注意。

锗矿床规模可按其储量大小进行划分，即：储量小于 50t 的为小型矿床，储量在 50~200t 的为中型矿床，储量大于 200t 的为大型矿床。

据目前掌握的有关资料，滇西地区煤中含锗大于 50g/t 的矿区有 7 个。帮卖（特大型）经过锗的专门勘探，芒回（大型—特大型）经过煤田小部分勘探，帮腊（中型）大部分经煤田勘探，等嘎（中型）经煤田勘探，瑞滇仅作过踏勘采样，锗含量$(40\sim80)\times10^{-6}$，澜沧也仅作过踏勘采样，锗含量$(150\sim250)\times10^{-6}$，梁河县至腾冲县间某小盆地，锗含量 1200×10^{-6}。

含锗 20~50g/t 的有 2 个——上允、勐滨盆地，已经煤田地质勘探少量样品测试。

含锗 10~20g/t 的 1 个——永平盆地，已经煤田地质勘探。

据地质情况类比，有较大希望的煤盆地有 3 个——博尚（勐托）、临沧、腾冲芒棒盆地。

综上所述，滇西地区现有 4 个煤中含锗具有工业价值的盆地，除等嘎矿区资源已枯竭外，其余 3 个矿区储量约 990t，接近云南省铅、铅锌、铜矿伴生锗储量的总和。现发现的 9 个煤中伴生锗含量大于 20×10^{-6}的矿区（点）中，有的可扩大矿区外围，有的工作程度很差，有的含锗可能性很大，但未取得任何资料。

就滇西而言，煤中锗含量高，具备较好的锗成矿地质条件，但普遍评价工作程度差，可进一步开展地质工作，预计远景锗资源量达 2000 ~ 3000t。

4.3.3 内蒙古褐煤中的锗资源

内蒙古锡林郭勒盟的胜利煤田以丰富的煤炭资源而闻名，同时拥有价值更高的煤共生锗矿。经地质勘察确认，胜利煤田锗矿的平均品位为 244×10^{-6}，是中国目前发现的规模最大、开采技术条件最好的特大型煤共生锗矿床，有“锗谷”之称的美誉。

4.3.3.1 胜利煤田的地质概况

内蒙古胜利煤田位于大兴安岭西麓、二连盆地群东端乌尼特断裂拗陷，东西长约 45km，南北宽约 7.6km，面积 $342km^2$。煤田为一宽缓向斜，构造轴线总体为 NE—SW 向，地层平缓，起伏不大。

中生界下白垩统巴彦花群（K_1b）为一套厚逾千米的陆相含煤建造，沉积于新华夏系断陷盆地，由腾格尔组和赛汉塔拉组构成。

腾格尔组上部至赛汗塔拉组下部共含煤 15 层（组），赛汗塔拉组下部 6-1 号煤层为全煤田的主煤层，煤层厚 0.82 ~ 123.80m，平均 33.09m，煤炭储量占煤田总储量的 42%，煤层结构简单，仅在下部见有一薄层非稳定分布的炭质泥岩夹矸。煤层由半暗—暗淡型褐煤组成，煤岩组分多为暗煤，夹亮煤条带，富含丝炭和木质结构植物残体。

目前，圈定的锗矿范围属胜利煤田西南边部 $0.55km^2$ 内的 6-1 号煤层分布区域。该处 6-1 号煤层厚 0.82 ~ 16.66m，全层平均厚 9.88m，煤层中锗的品位为 $(135 \sim 820) \times 10^{-6}$，平均为 244×10^{-6}。

4.3.3.2 锗在胜利煤田和煤层中的分布

A 锗在胜利煤田中的分布

胜利煤田为中生代断陷盆地，含锗矿层为赛汗塔拉组下部 6-1 号局部煤层。通过分析所有煤层煤样锗品位的测试结果，表明其他煤层中锗的品位较小，其余钻孔 6-1 号煤层中锗品位也较低，均达不到工业品位。

锗品位较高的地段主要位于胜利煤田的西南端。6-1 号煤层上覆基岩岩性以各种粒级的砂岩、砾岩为主，泥岩和粉砂岩次之，下伏地层以灰黑色泥岩、粉砂岩为主，夹少量中、粗粒砂岩薄层，局部发育有 6-2 号煤层。

从锗矿所处的位置及含煤地层的岩性、岩相分析，富锗煤矿明显属于内陆盆地的边缘沉积。

B 锗在胜利煤田煤层中的分布

锗在煤层中的分布不均匀，锗品位沿煤层纵向有 6 种变化形式，可以在煤层的顶部、中部、底部同时或单个部位呈现高值，并分别与高挥发分、低灰分、高硫分对应。

80% 钻孔的锗品位在煤层中部出现高峰，有别于以往所报道的锗品位只在煤层顶部、底部相对富集的研究结论。在钻孔顶、底板的锗品位中，找不到煤层顶、底板的锗品位变化与煤层中锗品位变化的规律，说明成煤后锗通过扩散作用和渗透作用进入煤层的可能性极小。

总之，胜利煤田锗品位与挥发分正相关，与原煤灰分负相关，与洗煤灰分正相关，与洗煤硫分正相关，表明与有机质结合是锗的主要富集和赋存形式。研究区锗品位与原煤硫分和洗煤硫分均为正相关，全硫含量平均为1.61%，全区属中硫煤。

胜利煤田煤的灰分指数较低，$Fe_2O_3 + CaO + MgO$ 占优势。成因参数清楚地反映出锗的有利聚集条件是水动力较弱、地下水位较低，为强还原的停滞沼泽环境。

锗的富集地段为内陆盆地的边缘，锗品位沿煤层纵向分布不均，分别在煤层的顶部、中部、底部出现高峰。锗的聚集强度随沼泽微环境和锗源供应而发生时空变化。研究区锗品位大多在煤层中部出现高峰值，与以往报道的有关锗通过扩散和渗透作用进入煤层所具有的地质特点相去甚远。泥炭化阶段有机质的吸附作用是区内锗的主要聚集方式。

预计内蒙古乌兰图嘎超大型锗矿床的锗金属储量为1600t。

4.4 铅锌矿中锗资源

4.4.1 云南省会泽铅锌矿

近年来，在我国西南地区先后确定和发现了以锗、铊、镉、硒、碲等分散元素独立组成的矿床，验证了1994年涂光炽院士和欧阳自远院士提出的著名论断："分散元素不仅能发生富集，而且能超常富集，并可以独立成矿，而且，分散元素可以通过非独立矿物形式富集成独立矿床"。

云南会泽超大型铅锌锗矿床位于云南省东北部，行政区划属曲靖市会泽县矿山镇，地理坐标为东经103°43′—103°45′，北纬26°38′—26°40′，分布面积约10km²。该矿山是我国主要的铅锌锗生产基地之一，铅锌品位特高，(Pb + Zn) 多在25% ~35%，部分矿石 Pb + Zn 含量超过60%、伴生有价元素（Ag、Ge、Cd、In、Ga 等）多的特点，由矿山厂、麒麟厂、大水井大型铅锌矿床及银厂坡小型银铅锌矿床等组成，锗的储量可达数百吨。

会泽铅锌锗矿床，是川滇黔成矿三角区富锗铅锌矿床的典型代表，其主矿体中锗的富集系数可达6978，显示了分散元素在该区有独特的地球化学行为。会泽铅锌锗矿床中，锗可能的赋存形式有三种，即类质同象、独立矿物和吸附形式。有的研究者认为锗的赋存形式为类质同象，并作出以下推断：

(1) 锗主要赋存于方铅矿中，以类质同象的方式交换铅进入方铅矿的晶格中；

(2) 黄铁矿中的锗可能交换了铁，也可赋存于闪锌矿中，应是交换锌而进入晶格；

(3) 鉴于有机质对分散元素的超强吸附作用，不排除部分锗被有机质吸附的可能性。

综合所研究的区域、矿床地质特征及地球化学分析，认为锗与主金属元素的来源一致，都来自相对高锗背景值的泥盆上统和石炭中下统的碳酸盐地层中。其富集机制可能是：由于锗在表生溶液中具有较高的活动性，大多数原生含锗矿物在表生条件下都不稳定，易以 Ge^{4-} 形式被淋滤溶解而进入水体，因此大气降水在下渗的过程中不断淋滤岩层中的锗，当下渗到一定的深度或受到隔水层的阻挡，在地热梯度或岩浆热力的作用下，密度变轻，又向上部运移，循环热液不断淋滤岩层中的锗，当到了合适的容矿部位，溶液的物理化学性质发生大的变化，导致溶液卸载成矿。正是由于这种大范围的长期对流循环，使得会泽铅锌矿床能够富集如此多的锗元素。

值得指出的是，最接近地表的矿体，其锗含量大于其下部的矿体，锗含量可达 628×10^{-6}，为下部矿体含锗量的13～24倍。其原因可能是表生条件下活跃的锗易迁移到相对浅部的容矿部位，“近水楼台先得月”，且上部矿体的形成温度要低于下部矿体，相对低温条件下易于锗的富集，很可能还有生物参与了锗的富集，会泽铅锌矿床的成矿模式可概括为“大气降水淋滤—对流循环—富集成矿”。

4.4.2 贵州省赫章铅锌矿

贵州省赫章、威宁地区以及相毗邻的云南省昭通，蕴藏有伴生稀散金属锗、镓、铟和贵金属银的丰富的氧化铅锌矿资源。在地质部门探明的储量中，仅赫章、妈姑的两个产矿区尚可采矿石约含铅锌200kt，锗180t，镓100t，铟40t，银120t。有用矿物有：白铅矿、磷氯铅矿、铅丹、菱锌矿、异极矿、水锌矿和铁矾等。锗主要赋存于铁的氧化物、氢氧化物及铅锌氧化物中。

妈姑矿区的矿石，根据其物理性质和化学成分的不同，分为砂矿和黏土矿，两者所占比例约为55∶45，其化学成分可见表4-12。

表4-12 妈姑地区氧化铅锌矿化学成分（质量分数/%）

名称	Pb	Zn	SiO_2	FeO	CaO	Al_2O_3	MgO
砂矿	2.5～3.0	5～8	15～18	30～35	3～4	8～10	1～1.5
黏土矿	1.8～2.8	4～6	25～35	20～25	2～3	12～15	1～1.5
名称	Ge	Cd	Ca	In	Ag	F	Cl
砂矿	0.006～0.008	0.007～0.01	0.002～0.003	0.0015～0.002	0.003～0.004	0.04～0.05	0.007～0.01
黏土矿	0.004～0.006	0.006～0.008	0.002～0.003	0.001～0.002	0.003～0.004	0.03～0.04	0.005～0.008

4.4.3 广东省凡口铅锌矿

中金岭南公司的凡口铅锌矿是我国最大的地下开采矿山，也是我国特大型富含锗资源的工业伴生矿山之一。

4.4.3.1 凡口铅锌矿中锗的工艺矿物学特点

A 锗的分布特征及赋存状态

对凡口铅锌矿不同地段和深度的锗分布特征及赋存状态，有过不同程度的研究。1963年，韶关地质大队的《广东仁化凡口铅锌矿区水草坪矿床伴生分散元素地质勘探中间性报告》，给出了锗、镓的矿石组合样品、单矿物样品和精矿样品的化学分析结果。利用不同的分析、研究方法，阐明了锗的分布特征及赋存规律。

此后的30年里，有关锗元素分布特征及赋存规律的研究都大同小异，归结起来大致如下：锗主要赋存在黄铁铅锌矿石中的闪锌矿矿物中；锗在黄铁矿石中几乎不存在，在闪锌矿中占87.29%～92.81%；随着闪锌矿颜色的加深，锗含量升高，矿物中未发现锗的独立相。

B 上部及深部锗资源矿物组成对比

表4-13为凡口铅锌矿矿体上部原矿多元素分析，表4-14为深部矿体原矿多元素分析。试样选取时，综合考虑了深部矿体采矿生产中影响矿石组成的一些因素，具有一定的代表性。

表 4-13 凡口铅锌矿上部矿体原矿多元素分析

成分	SiO_2	CaO	Al_2O_3	Fe	F	S	Cu
质量分数/%	15.14	10.30	2.68	16.48	0.031	25.22	0.019
成分	As	P_2O_5	Pb	Cd	TiO_2	Zn	其他
质量分数/%	0.13	0.053	4.76	0.030	0.18	11.96	12.986
成分	Ag	Ge	Ga	Hg	—	—	—
含量/$g \cdot t^{-1}$	110.00	18.00	68.00	110.00	—	—	—

表 4-14 凡口铅锌矿深部矿体原矿多元素分析

成分	SiO_2	CaO	Al_2O_3	Fe	F	S	Cu
质量分数/%	11.06	2.44	10.26	24.06	0.078	29.94	0.054
成分	As	Sb	Pb	Cd	B	Zn	其他
质量分数/%	0.0086	0.033	4.45	0.0019	0.004	7.82	9.66
成分	Ag	Ge	Ga	Hg	—	—	—
含量/$g \cdot t^{-1}$	87.00	22.20	60.00	35.50	—	—	—

从表4-13和表4-14原矿多元素分析可以看出，上部与深部矿体的原矿相比，有害杂质元素除Cu略有增高外，F、As、Cd、Hg下降幅度较大，其他矿物变化不大，其中伴生元素锗、镓含量也比较接近。表4-15和表4-16为凡口铅锌矿上部和深部矿体矿石中锗和镓的分布。

表 4-15 凡口铅锌矿上部矿体矿石中锗和镓的分布

矿物	相对含量（质量分数）/%	Ge		Ga	
		品位/$g \cdot t^{-1}$	占有率/%	品位/$g \cdot t^{-1}$	占有率/%
方铅矿	8.10	4.00	0.91	8.00	1.67
闪锌矿	21.60	150.00	91.17	135.00	75.13
黄铁矿	39.50	4.00	4.45	15.00	15.27
脉石	30.80	4.00	3.47	10.00	7.93

注：该表部分数据摘自1985年北京矿冶研究总院“广东凡口铅锌矿深部矿体矿石物质组成研究”，由于矿样未经贫化，数值偏高。

表 4-16 凡口铅锌矿深部矿体矿石中锗和镓的分布

矿物	相对含量（质量分数）/%	Ge		Ga	
		品位/$g \cdot t^{-1}$	占有率/%	品位/$g \cdot t^{-1}$	占有率/%
方铅矿	5.00	1.00	0.1335	16.00	2.409
闪锌矿	12.30	284.00	93.246	190.00	70.37
黄铁矿①	48.70	3.00	3.8975	6.00	8.793
脉石②	34.00	3.00	2.7229	18.00	18.428

①包括毒砂、黄铜矿、黝铜矿、车轮矿等；

②包括石英、方解石、白云石、绢云母、金红石、硅灰石等。

从表4-15 和表4-16 中可以看出：凡口铅锌矿矿体深部锗、镓分布规律与上部相比，没有大的变化。锗主要分布在闪锌矿中，锗在方铅矿、黄铁矿、脉石的分布极少，与文献中“锗几乎全部赋存于闪锌矿中”的结论相吻合。

4.4.3.2 凡口铅锌矿锗资源地质储量情况

凡口铅锌矿经过几十年的发展，在“七五”末已形成日采选 4500t 的生产能力，矿山资源前景较好，上部资源的工业储量及深部（-320～-650m）探明远景工业储量达 3500 万 t 以上。1993 年开始为期 10 年的深部矿体开拓工程表明，矿山深部资源有增加的迹象，按现有生产能力，服务年限将超过 30 年。凡口铅锌矿共进行过 3 期地质勘探。

1956 年，706 地质队对凡口铅锌矿进行了首期地质调查，探明伴生锗金属储量 C1 + C2 级 1006t。

1976 年，932 地质队做了第二期勘探工作，探明伴生锗金属储量 D 级 287t。

1989～1991 年，凡口铅锌矿进行第三期勘探工作——狮岭深部地质勘探工作，勘探成果于 1994 年通过广东省矿产储量委员会批准。

矿山经过 30 多年的生产，至 2000 年底还保有锗、镓金属储量约 2100t 以上，锗、镓金属都伴生在黄铁铅锌矿石中。

2005 年，凡口铅锌矿深部矿体进入实质性的生产开采阶段，其中伴生在深部矿体黄铁铅锌矿石中的锗、镓金属是不容忽视的，据凡口铅锌矿地质科所作的储量地质报告，锗、镓金属储量分别为 427.8t 与 378.8t。企业将继续深化深部及外围地质勘探工作，矿山保有金属锗、镓储量还将增大。

5 锗冶金的基本原理

5.1 概述

为了使混合物实现分离，必须对它施加能量，形成一种推动力，而施加的能量只是一种外因，它必须通过内因起作用，被分离物的某种性质差异就是内因。一个最简单的例子就是蒸馏分离法，此时对分离体系供热，使它们的温度升高，如果 A、B 两组分在此温度下的蒸气压基本相同或者蒸气压很低，则用蒸馏法分离它们是不可能的，施加能量也只是徒劳而已。

科技工作者的任务就是要巧妙地选择、利用被分离物的某种性质差异，通过施加能量（变化条件）扩大这种差异，使它们得以分离。多种性质的差异与能量的结合，就形成了各种各样的分离方法，表 5-1 列出了可用于分离的性质及相关分离方法的一些例子。

表 5-1　可用于分离的性质及相关的分离方法

性质		分离方法
力学性质	密度	重力选矿法
	尺寸	筛分法、膜滤
电学性质：电荷		电泳法、电渗析、膜电解
磁学性质：磁性		磁力选矿法
热力学性质	溶解度	沉淀法、结晶法
	蒸气压	蒸馏法、精馏法
	吸附平衡	炭吸附法
	迁移速率	渗析法
	反应平衡	萃取法、离子交换法、色层法

表 5-1 只是举出了一些例子，事实上有些分离方法还同时利用了两种甚至两种以上的性质差异，但无论如何，结论是明确无误的，体系中的组分只有在它们存在某些可被利用的性质差异时，才能实现分离。实际上，从不同原料中提取锗的过程，就是将锗从其他物质中分离出来的过程。

锗矿物极分散地存在于多种矿物及岩石中，且含量不足以构成以锗为目的的直接从矿物中提取锗的工艺流程。锗的现代工业生产是以多种金属硫化矿冶炼主金属过程中产出的副产物、煤燃烧后的灰分、烟尘以及锗深加工过程中的废料为主要原料的。

锗在主金属的选矿和冶炼过程中被初步富集，但品位一般还在千分之一以下，还需进一步富集。当锗被富集到一定程度后，得到的产品通常称为锗精矿。锗精矿是经过复杂的提取冶金过程后获得的，是与其他主元素初步分离后的中间产物，这种精矿一般含锗品位只有 1% ~5%，最高为 20%，此外，该精矿中还含有其他大量的杂质元素，如含 Pb

15% ~20%，含 Zn 5% ~10%，含 As 1% ~5%，含 Fe 3% ~5%，含 Al_2O_3 6% ~8%，含 CaO 4% ~6%，含 MgO 2% ~4%，含 SiO_2 20% ~25%以及含微量的铜、锑、镓等。

从不同的原料中制备锗精矿的工艺，主要包括丹宁沉锗法、锌粉置换法、萃取法、再次挥发回收法。

虽然制备锗精矿的工艺有所不同，但后续的提锗工艺，现在国内外采用较多的仍然是经典的氯化法工艺。经典氯化法提锗工艺的流程见图 5-1，各主要工序的锗提取分离原理分别叙述如下。

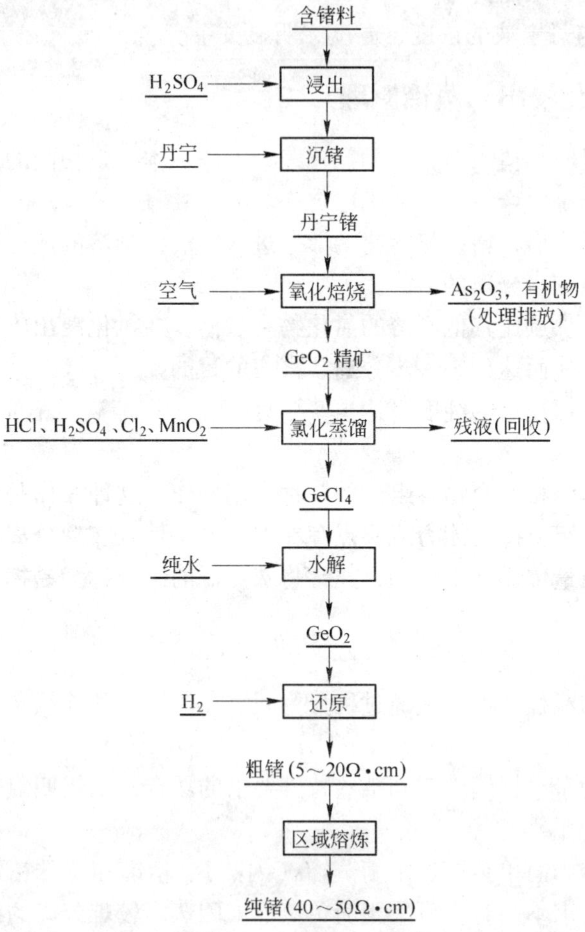

图 5-1 经典氯化法提锗流程

5.2 丹宁沉锗原理

用丹宁从含锗工业料液中沉淀锗是一种成熟的传统工艺，但是对在纯试剂下丹宁锗酸的物理化学性质及其沉淀机理的研究报道甚少。一般认为，丹宁沉锗的原理如下：

(1) 丹宁与锗的反应是通过丹宁分子中的官能团的羟基与锗进行四配位或六配位的络

合反应生成丹宁锗酸。在不同浓度下所表现出的沉淀反应机理不同，主要是由丹宁锗酸在不同浓度下的交联聚合反应的强弱不同而引起的。

（2）在低浓度（10g/L以下）时，丹宁和锗反应生成简单的丹宁锗酸分子，具有一般有机酸的性质，可与二、三价正离子反应生成丹宁锗酸复盐而沉淀。

（3）随着锗浓度增加，丹宁锗酸分子间发生交联聚合反应，未配对的羟基受其他配位体的影响而吸附 H^+ 使聚合体带正电荷，在低 pH 值时能够吸附 SO_4^{2-}、Cl^-、NO_3^- 等负离子而沉淀析出。

（4）锗浓度达到20g/L以上时，丹宁锗酸分子间发生交联聚合反应加强，带氢键的官能团增多，可吸附大量水而固化。

（5）上述反应与丹宁液的浓度、温度无明显关系。

5.3　锗精矿的氯化浸出与蒸馏原理

不论从何种原料回收锗，锗精矿的氯化蒸馏方法基本上是相同的。

氯化浸出与蒸馏是生产锗的重要工序之一。

锗精矿通过氯化浸出，锗以氯化物的形态进入溶液，难溶的成分留在氯化残渣中，这达到了锗与其他杂质初步分离的目的。

由于四氯化锗的沸点比其他可溶的氯化物沸点低，在氯化浸出的温度条件下，它很容易首先被蒸馏出来，从而达到进一步分离、富集的目的。

蒸馏出来的粗四氯化锗的纯度可达99%～99.9%，已能满足精馏提纯对粗四氯化锗质量的要求。

蒸馏是分离液体均相混合物各组分的一种常用操作，这种操作是将液体混合物部分气化，利用混合液中各组分挥发能力或沸点存在差异的特性以实现分离。这种分离操作是通过液相和气相间的质量传递来实现的，通常将沸点低的组分称为易挥发组分，沸点高的组分称为难挥发组分。

蒸馏过程可按不同的操作过程进行分类。

根据不同的操作流程，可将蒸馏过程分为间歇蒸馏过程和连续蒸馏过程，生产中多以后者为主。

间歇蒸馏主要用于小规模生产和某些特殊要求的场合，如粗四氯化锗的生产就采用间歇蒸馏。

按蒸馏源流可分为简单蒸馏、平衡蒸馏（闪蒸）、精馏和特殊精馏等。当一般较易分离的物系或对分离要求不高时，可采用简单蒸馏或闪蒸，较难分离的物系可用精馏。

高纯四氯化锗的生产采用的是精馏。

5.3.1　简单蒸馏原理

在工业生产中，若分离的物料组分之间的沸点差距较大，且分离的提纯程度要求不高，可采用简单蒸馏。

简单蒸馏采用的是一种单级蒸馏操作，常以间歇方式进行，下面略述其原理。

图5-2所示为简单蒸馏装置，组成为 x_1 的待分离溶液加到蒸馏釜1中逐渐进行气化，产生的蒸气不断引入冷凝-冷却器2中，冷却至一定温度，馏出液可按不同的组成范围导

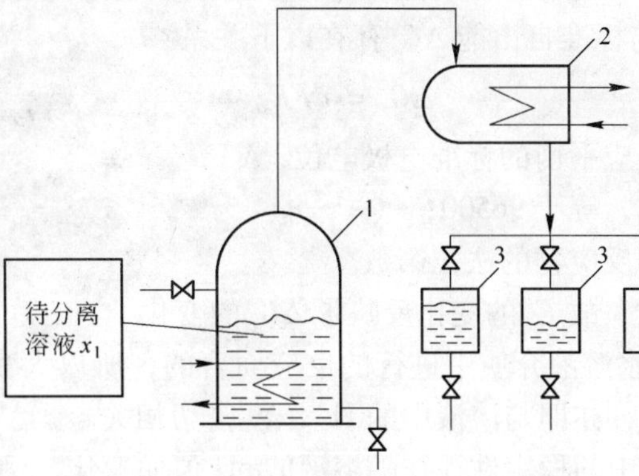

图 5-2 简单蒸馏装置
1—蒸馏釜；2—冷凝-冷却器；3—容器

入容器 3 中。

有时在蒸馏釜上安装一分凝器，如图 5-3 所示，蒸气在其中部分冷凝，使剩余蒸气中易挥发组分含量再提高，从而使馏出液中易挥发组分增多。由分凝器冷凝下的液体直接回流到釜 1 中，控制回流量可以改变馏出液的组成。

图 5-2 中，进入冷凝-冷却器的瞬间蒸气组成（即瞬间馏出液组成），与存留在釜中的液体，瞬间组成平衡，而进入图 5-3 冷凝-冷却器中的瞬间蒸气组成，因在分凝器中又进行了一次部分分离，则不与釜液瞬间组成平衡。

简单蒸馏虽可一定程度地分离组分，但分离程度不高。

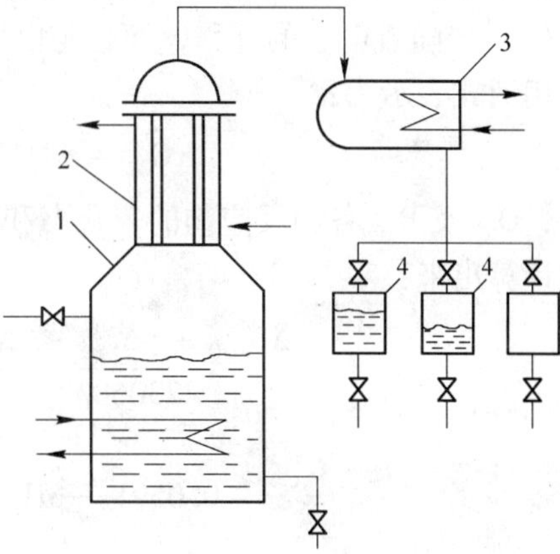

图 5-3 具有分离器的简单蒸馏装置
1—蒸馏釜；2—分凝器；
3—冷凝-冷却器；4—容器

5.3.2 锗精矿的氯化浸出原理

一般我们所指的氯化蒸馏，实质上是锗精矿中所有元素在盐酸介质中进行湿法冶金氯化和蒸馏相结合的过程，即进行盐酸溶液氯化浸出的同时，伴随着某些低沸点化合物的蒸馏分离过程。前者属化学过程，后者属物理过程。此处主要讨论锗精矿的氯化浸出过程，氯化物的蒸馏过程将在 $GeCl_4$ 精馏提纯中进行讨论。

5.3.2.1 浓盐酸氯化浸出的热力学

尽管在生产实践中，锗精矿的氯化浸出已得到了广泛应用，但对氯化浸出过程的热力学还研究不深。此处仅对与锗精矿中一些主要成分氯化浸出有关的热力学基本原理作简要介绍。

锗精矿的氯化浸出，如同其他矿物的湿法冶金过程一样，可借助于各元素的电极电位 E 与溶液中 pH 值（酸度）进行热力学分析。

电极电位 E 如同 $\Delta G^{\ominus}-T^{\ominus}$ 一样，可用来判断水溶液中氧化—还原反应的趋势。反映平衡时的标准电极电位 $E^{\ominus}$ 与标准自由能 $\Delta G^{\ominus}$ 存在以下关系：

$$\Delta G^{\ominus}=nFE^{\ominus}$$

式中　$E^{\ominus}$——氧化还原反应平衡的标准电极电位，V；

F——法拉第常数，等于 96500；

n——每摩尔分子反应物的法拉第数。

由于 F 和 n 均为常数，故 $E^{\ominus}$ 的变化反映了 $\Delta G^{\ominus}$ 的变化。

电位与 pH 值是对在水溶液介质中进行的反应而言的，所以大多数情况下，它与水溶液中的离解反应发生联系，亦即与溶液中的 H^+ 浓度密切相关。

许多氯化物在水溶液中的稳定性往往随溶液的 pH 值而变化，例如，$GeCl_4$ 在小于 4 当量的盐酸溶液中，不稳定而发生水解，导致氯化浸出率下降。

电位 E 与 pH 值，可以根据相同的原理，应用在不同温度下有关化合物的反应热力学数据求得，但有关这方面的数据十分欠缺。

在水溶液中进行氯化浸出的反应大体可归纳为 3 个类型：

（1）伴随着电子的迁移，而且与电极电位、pH 值变化有关的氧化-还原反应。这类反应可用通式表示为：

$$x\text{O}_{氧}+m\text{H}^{+}+ne \rightleftharpoons y\text{R}_{还}+z\text{H}_2\text{O}$$

式中，$\text{O}_{氧}$ 及 $\text{R}_{还}$ 各为反应物的氧化态和还原态。这类反应在 25℃ 时的电极电位可用下列公式计算出来：

$$E=\frac{\Delta G^{\ominus}_{\text{H}_2\text{O}}+y\Delta z^{\ominus}_{还}-x\Delta z^{\ominus}_{氧}}{23060n}-0.0591\frac{m}{n}\text{pH}-\frac{0.0591}{n}\lg\frac{a^{y}_{还}}{a^{x}_{氧}}$$

$$=E^{\ominus}-0.0591\frac{m}{n}\text{pH}-\frac{0.0591}{n}\lg\frac{a^{y}_{还}}{a^{x}_{氧}}$$

式中　x，y，z——均为各反应物组分的摩尔分子或摩尔离子数；

$a_{氧}$，$a_{还}$——分别为溶液中反应物氧化态和还原态的活度；

$\Delta z^{\ominus}$——反应组分的标准生成等电位，对离子而言为化学位 $u^{\ominus}$；

$E^{\ominus}$——反应平衡的标准电位，V。

三氧化二砷在盐酸溶液中的溶解为氧化浸出常见的例子，这类氧化浸出反应可表示为：

$$\text{AsO}_4^{3-}+4\text{H}^{+}+2\text{e}\rightleftharpoons \text{AsO}_2^{-}+2\text{H}_2\text{O}$$

（2）伴随着电子的迁移，而电极电位与 pH 值变化无关的氧化-还原反应，这类反应的通式有下列几种：

$$\text{Me}^{2+}+2\text{e}\rightleftharpoons \text{Me}$$

$$\text{Me}^{3+}+\text{e}\rightleftharpoons \text{Me}^{2+}$$

因为这些反应没有 H^+ 参与，所以它们电极电位的计算公式没有 pH 值项，分别为：

$$E_{(1)}=E^{\ominus}_{(1)}-\frac{0.0591}{2}\lg\frac{1}{a_{\text{Me}^{2+}}}$$

$$E_{(2)} = E^{\ominus}_{(2)} - 0.0591\lg\frac{a_{Me^{2+}}}{a_{Me^{3+}}}$$

式中，$E^{\ominus}$可由相应反应的离子与化合物的标准化电位与标准生成等压位数据计算得到。

含锗的Cu-Fe合金和加工后的金属锗切削返料的氯化浸出是这类反应的最典型例子，它们的反应分别为：

$$Ge + 4FeCl_3 \longrightarrow GeCl_4 + 4FeCl_2$$

$$Cu + 2FeCl_3 \longrightarrow CuCl_2 + 2FeCl_2$$

(3) 以中和-水解反应为代表的反应，其通式为：

$$xG + yH^+ \rightleftharpoons mI + nH_2O$$

锗精矿中除含锗外，还含有大量的CaO、MgO和Al_2O_3等，这些氧化物在盐酸介质中发生中和反应，生成可溶的卤化物和水：

$$CaO + 2HCl \rightleftharpoons CaCl_2 + H_2O$$

$$MgO + 2HCl \rightleftharpoons MgCl_2 + H_2O$$

$$Al_2O_3 + 6HCl \rightleftharpoons 2AlCl_3 + 3H_2O$$

中和水解反应的平衡常数K可用下式表示为：

$$\lg K = \frac{x\Delta z_G - m\Delta z_1 - n\Delta z_{H_2O}}{2.3RT}$$

式中，$2.3RT$在25℃时为5703J，由此，通过平衡常数可求得反应平衡时的a_{H^+}，从而能知道pH值与其他离子活度的关系。

5.3.2.2 浓盐酸氯化浸出的动力学

浓盐酸氯化浸出锗精矿的目的，是为了使锗精矿中的锗最大限度地溶解在盐酸溶液，而其他杂质不溶入，以实现选择性的溶解和强化溶解过程。

下面简述氯化浸出的动力学。

在氯化浸出过程中，由于锗精矿单位表面的迁移和锗精矿单位表面上进行的化学反应，均会引起浸出盐酸浓度的降低。在单位时间内，由前一种原因引起浸出剂浓度变化的速度称为扩散速度v_D，后一种称为化学反应速度v_C。一段时间后，扩散速度与化学反应速度相等，达到平衡状态。此时过程的宏观速度为：

$$v = v_C = v_D = -\frac{dC}{dt}$$

上述方程，称为溶解反应速度方程K。

扩散速度和反应速度可分别根据菲克定律和质量作用定律表示如下：

$$K_D(C - C_S) = K_K C_S^n$$

式中 K_D——扩散速度常数，$K_D = \dfrac{D}{\delta}$；

D——扩散系数，cm^2/s；

δ——扩散层的厚度，cm；

C——溶液中浸出剂的浓度，mol/L；

C_S——浸出剂在溶质（锗精矿）表面上的浓度，mol/L；

K_K——吸附-化学反应动力学阶段速度常数；

n——反应级数。

对大多数氯化浸出过程，反应速度服从于一级反应方程，此时 n 等于 1，因此上式变为：

$$C_S = \frac{K_D}{K_D + K_K}C$$

代入化学反应速度方程：

$$v_C = -\frac{dC}{dt} = K_K C_S^n$$

于是得到：

$$v_C = -\frac{dC}{dt} = \frac{K_K K_D}{K_D + K_K}C \tag{5-1}$$

当过程的速度受化学反应控制，即 $K_K \ll K_D$ 时，式 5-1 可近似地表示为：

$$v \approx K_K C \tag{5-2}$$

式 5-2 说明过程的速度取决于最慢的化学反应环节，即在动力学区域内进行的化学反应。

当过程速度受物质扩散控制，即 $K_K \gg K_D$ 时，式 5-2 可近似地表示为：

$$v \approx K_D C \tag{5-3}$$

式 5-3 说明过程的速度取决于最慢的扩散环节，即在扩散区域内进行的反应。

增加或降低反应速度常数的一个重要因素是温度，一般说来，升高温度反应速度加快，从速度公式看，升高温度对浸出剂的浓度影响不大，所以升高温度，反应速度表现在速度常数 K 增大，反之亦然。

在动力学区域内，氯化浸出速度与温度的关系可用下式表示：

$$K \approx K_K = K_0 e^{-E/RT}$$

式中　K_0——常数，相当于活化能 E 等于零时的反应常数；

E——反应活化能，J/mol；

R——气体常数值，取 8.314J/(mol · K)。

对在动力学区域内进行的大多数反应，反应活化能在 20920 ~ 83680J/mol 范围内。温度对反应速度的影响，常用反应速度的温度系数 $\frac{K_t + 10}{K_t}$ 来表示。

当反应在动力学区域内进行时，温度每升高 10℃，反应速度一般增大 2 ~ 4 倍，也就是说，反应速度的温度系数等于 2 ~ 4。

在扩散区域内，氯化浸出速度与温度的关系可用下式表示：

$$K = K_K = K_0' e^{-E'/RT}$$

式中　K_0'——常数；

E'——扩散活化能，J/mol。

扩散过程所需要的活化能较小，约为4184～12552J/mol。小的活化能值通常用来作为判断过程在扩散区进行的标志。扩散速度的温度系数$\frac{K_t + 10}{K_t}$一般小于1.5。

上述仅讨论了单位表面锗精矿的情况，显然，增大锗精矿表面积，改善扩散条件，如加快搅拌速率和采取强化化学反应措施等，都能加速氯化浸出过程的进行。

5.3.3　锗精矿的氯化浸出蒸馏原理

锗精矿中，除含有2%～10%的锗以外，还含有大量的SiO_2、Al_2O_3、MgO、Fe_2O_3、CaO、ZnO和CuO以及少量的砷、磷、锑、硼等氧化物。

当把锗精矿加入到9mol/L的盐酸溶液中时，锗精矿中的上述各组分便发生氯化浸出反应，生成相应的氯化物，利用这些氯化物的沸点差异，通过蒸馏可达到将这些氯化物分离的目的。

由于$GeCl_4$的沸点比其他大部分杂质氯化物的沸点低得多，因而通过蒸馏，$GeCl_4$能与大部分杂质分离，但硅、硼、砷的氯化物则与$GeCl_4$一起蒸馏出来。

在锗精矿的氯化浸出过程中，主要发生如下一些氯化反应，反应产物（氯化物）进入盐酸溶液。

$$GeO_2 + 4HCl \longrightarrow GeCl_4 + 2H_2O$$

$$GeS_2 + 4HCl \longrightarrow GeCl_4 + 2H_2S\uparrow$$

$$SiO_2 + 4HCl \longrightarrow SiCl_4 + 2H_2O$$

$$Al_2O_3 + 6HCl \longrightarrow 2AlCl_3 + 3H_2O$$

$$MgO + 2HCl \longrightarrow MgCl_2 + H_2O$$

$$Fe_2O_3 + 6HCl \longrightarrow 2FeCl_3 + 3H_2O$$

$$CaO + 2HCl \longrightarrow CaCl_2 + H_2O$$

$$PbO + 2HCl \longrightarrow PbCl_2 + H_2O$$

$$ZnO + 2HCl \longrightarrow ZnCl_2 + H_2O$$

$$B_2O_3 + 6HCl \longrightarrow 2BCl_3 + 2H_2O$$

$$P_2O_5 + 10HCl \longrightarrow 2PCl_3 + 5H_2O$$

$$Ga_2O_3 + 6HCl \longrightarrow 2GaCl_3 + 3H_2O$$

杂质钙、镁、铝、铁及重金属氯化物沸点很高，见表5-2，在蒸馏温度下，它们大部分保留在盐酸溶液中。

表 5-2　一些氯化物的沸点

沸点/℃ 氯化物	压力/kPa						熔点/℃
	0.133	1.33	5.32	13.3	53.2	101.08	
$FeCl_3$	194.0	235.5	256.8	272.5	298.0	319.0	304
$FeCl_2$		700	779	842	961	1026	
NaCl	865	1010	1131	1120	1379	1405	800
$MgCl_2$	778	930	1050	1142	1316	1418	712
$CaCl_3$	48.0	76.5	107.5	132	176.3	200	77
Cu_2Cl_2	546	702	838	960	1240	1490	432
$AlCl_3$	100	123.8	139.9	152.0	171.6	180.2	192.4
$PbCl_2$	547	648	725	784	893	954	501
$ZnCl_2$	428	508	516	610	689	732	365
$SnCl_3$	49.2	85.2	117.8	143.3	192.2	219.0	73.4
$SbCl_5$	22.7	61.8	91.0	114.1			28
BCl_3	-91.5	-66.9	-47.8	-32.9	-3.6	12.7	-107
PCl_5	55.5	83.2	102.5	117.0	147.2	162.0	
PCl_3	-51.6	-21.3	23	21.0	56.9	74.2	-118
$SiCl_4$	-63.0	-34.4	-12.1	5.4	38.4	56.8	-68.8
Si_2Cl_6	40	38.8	65.3	85.4	120.6	139.0	-1.2
Ge_2Cl_4	-45.0	-15.0	8.0	27.5	68.8	83.5	-49.5
$MnCl_2$	8	778	879	960	1108	1190	650
$SnCl_4$	-22.7	10.0	35.2	54.7	92.1	113.0	-3.0
$SnCl_2$	316	391	450	493	577	623	246.8

硅、硼的氯化物，其沸点低，在 $GeCl_4$ 蒸馏之前就优先蒸馏出来了，可通过分段截取馏分的方法将它们与 $GeCl_4$ 分离。

$AsCl_3$ 的沸点因与 $GeCl_4$ 接近，两者不易分开，需在氯化浸出时加入氧化剂 MnO_2 或通入氯气，把 $AsCl_3$ 氧化成高价的砷酸，即：

$$AsCl_3 + 4H_2O + Cl_2 \rightleftharpoons H_3AsO_4 + 5HCl$$

并同时发生磷的氧化反应生成 $POCl_3$：

$$PCl_3 + Cl_2 + H_2O \longrightarrow POCl_3 + 2H_2O$$

这些砷和磷的化合物沸点高，在蒸馏下保留在盐酸溶液中，从而达到与 $GeCl_4$ 初步分离的目的。

当氯化过程开始，温度从室温逐渐上升到 100℃左右，此时，$GeCl_4$ 的蒸出量很少，气相中 $GeCl_4$ 也未达到饱和，说明生成的 $GeCl_4$ 在盐酸中的浓度不大。

温度上升至 110～120℃，约半小时后，$GeCl_4$ 已基本蒸出，表明氯化浸出过程也基本完成。开始只发生氯化浸出过程，到 $GeCl_4$ 在气相中达到一定分压后，氯化浸出和蒸馏两个过程便同时进行。

蒸馏出的 $GeCl_4$ 通过冷凝器冷凝成液体收集在接受瓶内，少量未被冷凝的 $GeCl_4$ 气体，被 HCl 气体、氯气等尾气带走。为了回收这部分的 $GeCl_4$，让尾气通过装有 7mol/L 的盐酸吸收瓶，因为 $GeCl_4$ 在 7mol/L 的盐酸溶液中的溶解度最大。

$GeCl_4$ 在不同浓度的盐酸溶液中的溶解度见图 5-4。

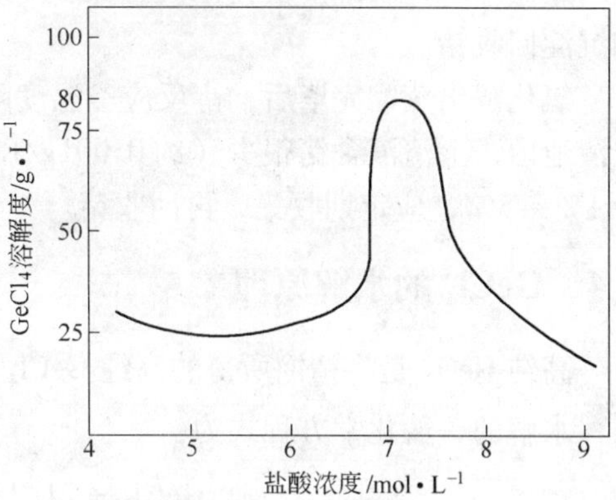

图 5-4 $GeCl_4$ 在不同浓度盐酸溶液中的溶解度

从 $GeCl_4$ 在不同浓度的盐酸溶液中的溶解度曲线图 5-4 可看出，在含 7mol/L 盐酸时，$GeCl_4$ 的溶解度有一个峰值。随着吸收过程的进行，蒸馏尾气所含大量冷凝的 HCl 气体溶解在吸收液中，盐酸浓度逐渐增加，有时达到 10～12mol/L，而使吸收液溶解 $GeCl_4$ 的能力减少。

当吸收液内溶解的 $GeCl_4$ 达到饱和时，$GeCl_4$ 便析出，分为两层。因 $GeCl_4$ 的密度比盐酸大而在下层，盐酸在上层，这对防止 $GeCl_4$ 的挥发，起到了保护作用。

氯化浸出蒸馏是在一个带夹套蒸气加热的耐酸搪瓷釜内进行的。

搪瓷釜的中央安有机械搅拌器，靠近搅拌器的旁边设有一个装料和加酸阀。

搪瓷釜上部蒸气出口处与一个球形玻璃冷凝器相连接，釜底有放料阀。

冷凝出口又连接有 $GeCl_4$ 接收瓶和几个串联的装有 7mol/L 盐酸的 $GeCl_4$ 吸收瓶。

比利时的奥伦厂在吸收瓶内安有搅拌装置，在瓶内就进行 $GeCl_4$ 的萃取初步提纯，冷却系采用 -10℃的循环冰盐水冷却。

锗精矿与工业盐酸的液固比为 3∶1，盐酸从高位槽酸罐内的控制阀门通过液体流量计加入到釜内，锗精矿用密闭料斗徐徐加入，同时加入少量的工业硫酸，以保证浸出液含有一定数量的 H^+。这是因为大量杂质在氯化浸出中要消耗大量的盐酸而降低浸出液的酸度，影响锗的氯化率。

在加入锗精矿的同时，还应添加少量的氯化剂 MnO_2 或通入氯气。

当加热到 100～110℃时，釜内的物料与盐酸溶剂和氯气（或氧化锰粉）氧化剂剧烈地发生氯化浸出反应。大量的、易挥发的氯化氢气体，氯气、四氯化锗和少量的三氯化砷、四氯化硅、三氯化硼等一起蒸馏出来，通过蒸气排气口进入到球形玻璃冷凝器，冷凝成四氯化锗及少量的三氯化砷、四氯化硅、三氯化硼以及微量的重金属氯化物。

大量含氯的恒沸点盐酸流入到四氯化锗接收瓶内，未被冷凝的氯化氢气体及少量的四氯化锗蒸气通过串联的装有 7mol/L 的盐酸溶液吸收瓶，将四氯化锗蒸气吸收溶解，同时部分氯化氢气体也被吸收，因此会导致吸收瓶内的盐酸溶液升高。

四氯化锗不溶于 12mol/L 浓度的盐酸，因此，当吸收瓶内的盐酸浓度达到 12mol/L 左右时，四氯化锗将析出。由于四氯化锗与盐酸的比重不同，此时，吸收瓶内分为界面清晰的两层溶液，上层为盐酸溶液，下层为四氯化锗溶液。

通过吸收瓶未被吸收的氯化氢气体、氯气等，仍然含有少量的四氯化锗蒸气，从吸收瓶出来后进入到苏打溶液淋洗塔。四氯化锗蒸汽和氯化氢气体，吸收到淋洗液内。淋洗液是闭路循环的，当淋洗液锗浓度富集到一定程度后（Ge 约为 1g/L），打入到沉淀槽内中和沉淀回收锗。

氯化浸出蒸馏完毕后，待反应釜温度降至室温，打开排料阀将废液、废渣放入衬胶的澄清池内，上清液含锗很少（约 0.001g/L），从溢流口排放，氯化残渣含锗较高，含锗约为 1% ~5%，应定期收集，再回收锗。

5.4　$GeCl_4$ 的水解原理

高纯 GeO_2 是将精馏所得的高纯 $GeCl_4$ 加入到 10MΩ 以上的去离子水中水解而生成的。

水解的一般化学方程式为：

$$GeCl_4 + 2H_2O = GeO_2 + 4HCl$$

或表示为：

$$GeCl_4 + (x+2)H_2O = GeO_2 \cdot xH_2O + 4HCl$$

水解生成的 GeO_2 不同于Ⅳ族的高价氧化物，它具有较高的溶解度（0.004mol/L 水），所以 $GeCl_4$ 的水解产物是一种可溶性的结晶氧化物。

在 $GeCl_4$ 水解过程中，$GeCl_4$ 与浓盐酸之间建立了平衡关系。

实际上，$GeCl_4$ 不溶于浓盐酸，而在稀盐酸中则随盐酸浓度的增加，溶解度不断增大，当盐酸浓度达 6 ~7 当量时，$GeCl_4$ 的溶解度最大，为 0.5mol/L。若减小盐酸的浓度，$GeCl_4$ 便会发生水解反应，产生 GeO_2 沉淀，因此水解反应的必须条件之一，就是水解后溶液中的盐酸浓度应小于 5mol/L，另外，只有 $GeCl_4 : H_2O \leqslant 0.03$ 时才能达到所需的水解反应，当超过 0.04 时，就会残留有未反应的 $GeCl_4$。

当 $GeCl_4$ 水解，溶液中盐酸的浓度大于 5mol/L 时，会导致 GeO_2 的溶解度增加，使母液中锗的含量达到 0.6 ~1.0mol/L，氯离子达到 0.08mol/L，这主要是水解液中盐酸的浓度较高时，$GeCl_4$ 水解不完全引起的。通过计算，可知 GeO_2 溶解所生成的络合物分子式为：$H[Ge(OH)_xCl_{5-x}]$ 或 $H_2[Ge_2(OH)_xCl_{5-x}]$，x 在 3 ~4 之间，这就解释了 GeO_2 溶解度增加的原因。

在正常条件下，$GeCl_4$ 的水解速度缓慢。当水解比为 $GeCl_4 : H_2O \geqslant (1 \sim 1.5) : 6$ 时，水解反应实际上是在弱酸中进行的，锗生成了微弱离解的偏锗酸 H_2GeO_3，其绝大多数以分子—胶体状态存在。

当以极缓慢的速度将 $GeCl_4$ 加入到去离子水中，而达到 $GeCl_4 : H_2O < 2.44 \times 10^{-3}$ 时（采用净化空气通过鼓泡法携带 $GeCl_4$ 加入到纯水中），溶液中的含锗量与 GeO_2 的溶解度值相近。

当 $GeCl_4$ 继续被净化空气带到水溶液中达到饱和时，开始析出针状的 GeO_2 沉淀，并成为针状聚合物，其水解机理由下面的生成过程决定。

当 $GeCl_4$ 进入到纯水中，第一瞬间发生局部反应：

$$GeCl_4 + 3H_2O = H_2GeO_3 + 4HCl$$

试验证明，锗在稀盐酸溶液中的比电阻与盐酸的浓度有关而与锗的浓度无关，在溶液达到饱和之后，偏锗酸离解，形成 GeO_2 结晶沉淀：

$$H_2GeO_3 \longrightarrow GeO_2 + 3H_2O$$

对这一反应，在 $GeCl_4$ 水解之后，由于含锗的溶液和 6mol/L 的盐酸是不稳定的，所以反应仍在继续进行，水解后几小时才生成 GeO_2 沉淀，要完全水解需要几个星期。

在快速加入 $GeCl_4$ 的情况下，由于水解过程来不及完全反应，因而形成了包含有 $GeCl_4$ 液滴的坚硬的 GeO_2 外壳大颗粒，使 $GeCl_4$ 与水的接触面积减小，减缓了反应的进行。这种坚硬的 GeO_2 外壳不易被 $GeCl_4$ 浸透，随着水解过程的进行，外壳向 $GeCl_4$ 液滴内部扩展，外壳厚度进一步增加，这样生成的 GeO_2，其密度几乎为 $GeCl_4$ 密度的两倍。

在 $GeCl_4$ 与水的相互作用终止之后，生成空心球状的 GeO_2 聚合体。由于水对 GeO_2 外壳的渗透力较大，待壳内 $GeCl_4$ 液滴被渗入的水分解完全后，球内还剩下有 HCl 气体，这种球状聚合体的体积达到 3 ~ 5mm，有时漂浮在水解母液表面。

大部分 GeO_2 空心球体，伴随水解过程破裂成许多碎小的 GeO_2 颗粒，与此同时，还伴随有气体 HCl 在水解母液中的溶解。

快速水解过程是处在非平衡浓度的盐酸介质中进行的，最终水解产物 GeO_2 是依次经过几个中间产物继续分解获得的：

$$GeCl_4 + 3H_2O \longrightarrow H_2[Ge(OH)_3Cl_3] \longrightarrow H[(OH)_4Cl] \longrightarrow H_2GeO_3 \longrightarrow GeO_2$$

慢速和快速两种水解过程所获得的 GeO_2，虽然水解机理不同，但 X 射线衍射分析表明，其结构都是六角晶形 GeO_2，这是因为这种 GeO_2 最终都是从偏锗酸溶液中结晶出来的。

水解条件直接影响着 $GeCl_4$ 的水解程度，这些水解条件主要包括水解温度、水解比、水解时间以及搅拌速度等。

温度对水解反应有很大的影响，因为 $GeCl_4$ 的水解反应为放热反应：

$$GeCl_4 + 2H_2O \rightleftharpoons GeO_2 + 4HCl + 112.9kJ$$

所以，降低水解温度可加速水解过程的进行，但降低水解温度，提高了达到平衡状态的速度，促使反应继续向右进行，这样便会形成细小的晶核，使结晶中心数量及反应表面积增大，于是结晶过程加速，水解度提高。

在水解温度较高时，对晶体长大和聚集有利，但形成大量结晶中心的几率大大减小，从而使水解过程变慢，这一点也已在低温和高温水解条件下所获得的 GeO_2 的粒度和重量不同而得到证明。

如果水解比过大或过小，即盐酸浓度为 6.15mol/L 或 3.5mol/L 时，即使在较低的水解温度下，水解度相对较低。在相同的高温下水解时，4.9mol/L 盐酸浓度的水解度比 3.5mol/L 和 6.15mol/L 浓度的高，以水解液含 4.9 ~ 5.1mol/L 浓度的盐酸为最好，在这种条件下水解度达到最大。

限制水解过程的是扩散因素，搅拌加速了扩散，所以水解过程开始的水解度取决于 $GeCl_4$ 与水的混合条件以及水解后期 GeO_2 的结晶情况。在这两个阶段中，搅拌使溶液组分的平衡加快并改善放热条件以及打碎 $GeCl_4$ 液滴，而使其增加与水的接触面积，这些综合效果都会使水解度增加。

总之，降低水解温度、控制合适的水解比和水解时间，并在不断搅拌的情况下，就可以取得 $GeCl_4$ 好的水解效果。

5.5　GeO_2 的还原原理

经过化学提纯后获得的高纯二氧化锗，用氢还原则制得金属锗粉，将锗粉熔化并定向结晶除杂，可对锗进行初步物理提纯。

金属锗是 GeO_2 经氢或碳的两段还原制得的，金属锗的制备属于气-固相反应。

氢还原 GeO_2 的反应式为：

$$GeO_2 + H_2 \Longrightarrow GeO + H_2O$$

$$GeO + H_2 \Longrightarrow Ge + H_2O$$

$$\overline{\quad\quad\quad\quad\quad\quad\quad\quad\quad\quad}$$

$$GeO_2 + 2H_2 \Longrightarrow Ge + 2H_2O$$

碳还原 GeO_2 的反应式为：

$$GeO_2 + C \Longrightarrow GeO + CO$$

$$GeO + C \Longrightarrow Ge + CO$$

$$\overline{\quad\quad\quad\quad\quad\quad\quad\quad\quad\quad}$$

$$GeO_2 + 2C \Longrightarrow Ge + 2CO$$

$$GeO + CO \Longrightarrow Ge + CO_2$$

$$GeO_2 + 2CO \Longrightarrow Ge + 2CO_2$$

在锗的工业生产中，很少采用碳还原，这是因为，碳本身除了不易提纯而造成对锗的污染外，还有许多副反应产生，例如：

$$GeO_2 + C \longrightarrow GeO(\text{气}) + CO_2$$

$$GeO_2 + CO \longrightarrow GeO(\text{固}) + CO_2$$

$$GeO(\text{固}) \longrightarrow GeO(\text{气})$$

这些副反应导致了 GeO 的挥发损失，使锗的实收率下降。

由于高纯氢气容易制得，因此 GeO_2 的氢还原法在工业上有较大的实用意义。

氢还原 GeO_2 的温度一般为 500～650℃，最终还原反应为：

$$GeO_2(\text{固}) + 2H_2(\text{气}) \Longrightarrow Ge(\text{固}) + 2H_2O(\text{气})$$

$$\Delta G_T = 13750 - 15.60T$$

当温度超过 600℃时，反应的自由焓变为负值，氢还原 GeO_2 为金属锗的过程开始急剧进行。如果还原反应的氢气量供给不足，还原条件又未作相应改变，在温度超过 700℃时，锗会以 GeO 形态挥发，而造成锗的损失。

5.6　锗的区域提纯原理

用化学方法提纯的锗，其纯度达不到制造半导体器件时，对锗所要求的纯度，需借助于物理提纯（区域提纯）方法。

区域提纯方法是锗物理冶金提纯的关键工艺之一，采用区域提纯方法能成功地实现对锗的深度提纯。

区域提纯方法是根据固溶体合金定向凝固时溶质的再分布原理，使水平试样左端与右端，一个溶质贫化，一个溶质富聚。

实践表明，材料经反复的区域提纯，可使半部溶质（杂质）含量极大地降低。区域提纯技术已应用于半导体、金属、有机物和无机物等，提纯效果达到相当高水平。

简要地讲，区域提纯就是利用了在液相与固相中，杂质溶解度不同的原理，当在一定长度的金属锭上建立起一个狭窄的熔区，并逐步从一端以确定的速度移向另一端时，易溶于液相熔区内的杂质随着熔区的运动被富集到锭的尾端，这样，切去锭的尾端后，就达到了提纯金属的目的。

一般用分配系数 K，即杂质在两相平衡状态下不同浓度的比值来表示杂质在两相中的不同溶解度。根据杂质在材料中的分配系数，可判定提纯的难易，当 $K>1$ 时，说明杂质在固相中增加，提纯的结果是杂质富集在锭的尖端，当 $K<1$ 时，杂质富集在尾端，K 值愈小或愈大，愈容易提纯，$K=1$ 时，则不能提纯。

锗的区域提纯一般分为单熔区多次区域提纯和多熔区多次区域提纯。

单熔区多次区域提纯，就是在一根长度为 L、熔区宽度为 l 的锗锭上，让熔区徐徐通过全锭。单熔区提纯在制备高纯锗中得到了实际的应用，这种提纯需重复多次，才能达到所要求的纯度。

多熔区多次区域提纯，就是设计几组相隔一定间隔的高频感应加热圈，对锗锭同时加热时，建立几个熔区。在一个熔区通过之后，熔体随之结晶，随后又开始建立第二个熔区，这样一次通过后达到了若干次区域提纯作用。

熔区工艺技术条件是根据试验结果和理论确定的，为了消除熔区中出现的补偿现象，达到高效率的纯化，应满足以下各项要求。

（1）锭长 L 与熔区宽度 l 之比要大。即要求锭的长度 L 大，熔区宽度 l 小。相应的熔区次数（通过全锭的）一般为 $1.5L/l$。

（2）为了避免杂质在晶界上析出，影响分凝，最好以单晶形式提纯。这在锭的头端放入一个单晶籽晶并配合适宜的温度梯度就可以做到。

（3）杂质分配系数随结晶速度变化，一般随结晶速度增加而增大，因此应尽可能选择小的区熔速度。

（4）利用杂质本身具有一定的蒸气压力，使其在真空熔区中进行适当的蒸发而除去，但这种措施只有在设备及容器处理洁净的状况下才能收到预期效果。

（5）为了消除一些杂质在固体中的高速度扩散，应强制冷却两熔区之间的固体，使之保持尽可能低的温度。

（6）锗材料表面往往要经过腐蚀清洗和装炉，这或多或少地要受到污染，为了减少这种污染，锗材料的体积与表面积之比要尽量大。对圆形断面的锗材料，这个比例为 $\frac{1}{2}r$（r 为锭的圆切面的半径）。

（7）要使锗锭熔区的固-液交界面温度保持恒定和不变的结晶速度。提纯锗锭也不应过粗，因为在大的断面上由于导热不良，在锭的中央易形成热阻。

（8）在连续熔区中要保持恒定的熔区宽度。如果熔区温度梯度合适而热导率均匀，则熔区的大小不变。

（9）保持熔区移动速度不变，而且是匀速的连续通过全锭。

5.7　单晶锗的生长原理

单晶材料是与半导体、压电、光电、声光、热电、红外遥感等技术密切相关的功能材料，受到极大重视。锗单晶是由一个晶核生长成的具有宏观尺寸的晶体材料。常见单晶的制取方法主要有两种：即垂直提拉法和尖端形核法。

垂直提拉法是加热装置内的坩埚。坩埚上部有一可缓慢旋转上升的籽晶，在旋转提拉过程中使籽晶和其下端的熔体获得过冷，熔体直接在籽晶下端生长来制取单晶。此法根据需要还可控制单晶的结晶学位向。

尖端形核法是将装有熔体的圆形尖底坩埚缓慢向冷却区下降，底部尖端处液体首先过冷而形核。因尖端体积很小，形核数量有限，控制得好时只形成一个晶核，随坩埚下降，此晶核不断长大制得单晶。

锗单晶生长机理常用二维层状生长机理来描述，即将生长过程分为两步：第一步成核，即在熔体中形成微小晶粒的晶核；第二步是晶核长大。当结晶前沿只有很薄一层熔体低于熔点而处于过冷状态，其余部分均高于熔点时，这样一层很薄的过冷熔体中的生长，是一种二维表面成核再朝向侧向的生长。

在拉制单晶中，晶体生长前沿进行着二维成核过程。锗晶体中如果有位错生长，则形成二维晶核所需的功减小，要求的过冷度不大，所以生长界面的平面部分一般不明显，这时的生长界面接近等温面。如果锗晶体是无位错生长，那么形成二维晶核所需的功大，要求的过冷度也大，则生长界面的平面部分比较明显。

由于面密度最大的晶面，生长速度最慢，在晶体生长时容易显露出来，所以生长界面的平面部分是锗原子密排面，即｛111｝面族，也就是小平面。

对于不同形状的生长面，二维成核有不同的情况。对凸界面，二维晶核在晶面中心部分；对凹界面，则在边缘部分；对于双曲面，则二维晶核既在中心部分也在边缘部分形成。影响单晶生长的因素主要有生长界面的形状、坩埚的位置、拉速、晶转速、坩埚转速、晶体与坩埚直径比等。

6 煤中锗的提取

锗的现代工业生产是以多种金属硫化矿、铅锌矿及锌精矿冶炼副产品、煤燃烧烟尘、半导体锗加工废料及生产光纤过程中产生的废料为主要原料。本章主要介绍从煤中提取锗的方法。

根据煤的特性和从煤中提取锗的工艺特点，煤中提取锗的方法可概括为水冶法、火冶法和萃取法三大类，此外，朱云等采用生物浸出方法对褐煤提锗进行了研究，雷霆等开发出了干馏褐煤提锗并制备半焦的新工艺。

6.1 水冶法提取煤中锗

水冶法从原煤中直接提取锗，是把原煤破碎到一定的粒度，在盐酸浓度不小于7mol/L的溶液中直接浸出蒸馏，提取煤中的锗。其典型的工艺流程如图 6-1 所示。

该方法工艺流程简单，原煤中锗的回收率较高，一般可达 90% 以上，但该法盐酸用量太大，工业生产成本太高，要实现经济的工业应用，还需进行一定的实验研究。

据有关资料表明，煤中锗主要与有机质形成牢固的化学结合，形成腐殖酸络合物及锗有机化合物，如果可能用洗煤的方法除去煤中大部分的矸石，那么水冶法直接从原煤中浸出锗的成本就可以大大降低。目前我国在这方面的研究报道较少。

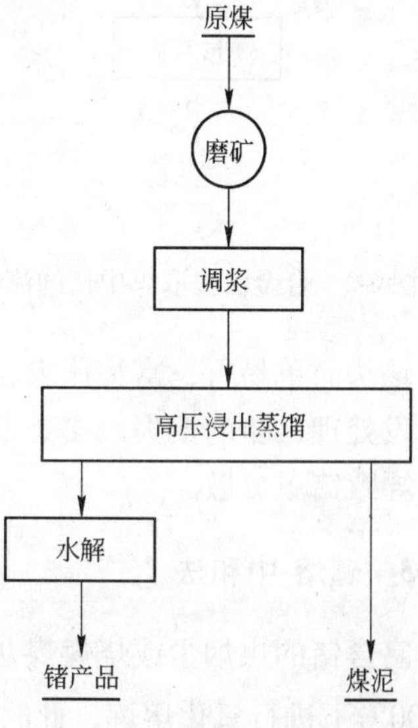

图 6-1　水冶法提取煤中锗的工艺流程

6.2 火冶法提取煤中锗

火冶法提取煤中锗，是将煤燃烧后，从煤的燃烧产物中提取锗。目前，我国也主要是以燃烧煤的副产物，如燃煤电厂的煤烟尘、煤灰、焦油及焦化厂的废氨水等为主要的锗生产原料之一。从燃烧煤的副产物中回收锗，主要有如下几种方法。

6.2.1 合金法

该法主要利用锗的亲铜或亲铁性进行还原熔炼，使锗进入铜铁合金而达到富集，然后再从铜铁合金中回收锗。其典型工艺流程如图 6-2 所示。

合金法工艺简易，对处理含灰分较多的煤尤为有利，以煤中锗含量计，锗的回收率接近 50%。

6.2.2　再次挥锗法

煤燃烧后，锗在煤尘或煤灰中的富集量约10倍，含锗可达0.1%～0.3%，这种含锗原料不宜直接用来提锗，须经过制团后，放入鼓风炉或竖炉内进行再挥发，从所得的富含锗的二次烟尘中回收锗。这种方法称为再次挥锗法，其典型工艺流程如图6-3所示。

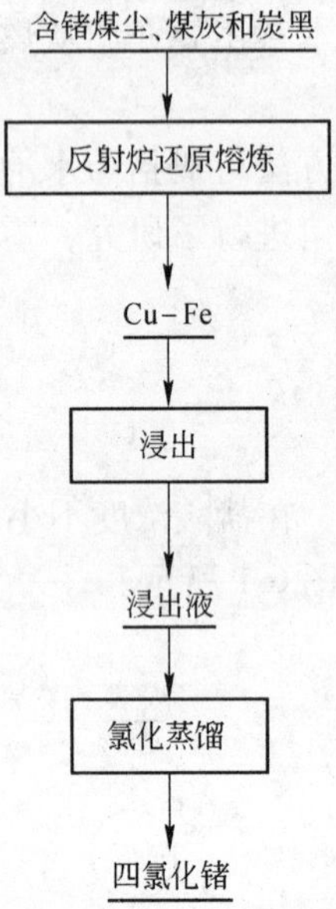

图6-2　合金法提取煤中锗的流程

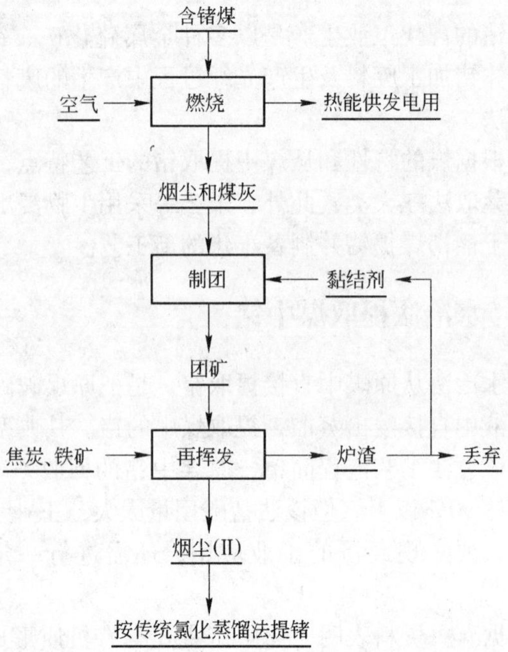

图6-3　再次挥锗法提取煤中锗的流程

该法简单易行，富集比大，可快速获得锗精矿或锗，但此法的缺点是需经过两次火冶法挥发处理，锗的损失较多，总回收率不会高于70%～80%，能耗也较大，且易还原出铁，导致锗更分散。

6.2.3　碱熔-中和法

富含锗的煤烟尘或烧煤煤灰宜采用碱熔-中和法处理，即将物料配以NaOII或Na_2CO_3，在900℃下进行氧化熔炼，此时物料中的锗转变为锗酸盐：

$$Na_2CO_3 + GeO_2 = Na_2GeO_3 + CO_2$$

熔炼产物用热水浸出，产物中的锗、Al_2O_3和SiO_2转入碱浸液，之后利用各物质水解的pH值差异，先用盐酸中和至含0.2mol/L残碱的情况下，使SiO_2与Al_2O_3沉淀而除去，然后进一步用盐酸中和到pH值为5，使锗以$GeO_2 \cdot nH_2O$的形态沉淀，此后将此沉淀配入盐酸与硫酸进行氯化蒸馏提锗。

该法采用多次中和工艺，酸碱耗费大，液固分离操作较多，锗的回收率约为煤中含锗的75%～83%。

6.2.4 加氢氟酸浸出法

以上各种处理方法，煤中锗的回收率都不高，这是因为煤的燃烧是一高温氧化过程，此时除部分锗转变为 GeO 挥发入烟尘外，大部分锗以锗酸盐和 GeO_2-SiO_2 的固溶体形态而转入煤灰中。燃烧煤所得到的煤烟尘或煤灰直接进行传统的氯化蒸馏提锗时，其中的锗酸盐或 GeO_2-SiO_2 的固溶体难以被酸溶出。用 4 ~ 6mol/L 的盐酸，只能溶解上述产物中 25% ~60% 的锗，如用硫酸溶解，则溶解的锗量更少，一般低于 25% ~40%。

在酸浸时加入氟的化合物，能促使锗酸盐及 GeO_2-SiO_2 的固溶体分解，分解的锗转变为锗氟络合物而进入酸浸液，因此，有人据此原理提出加氢氟酸浸出法，该法能强化浸出高温煤燃烧后煤灰中的锗及类似物料中的锗，浸出率极高，流程简短，但该法存在着设备防腐蚀及废液需经除氟后方可返回利用的问题。

6.3 萃取法提取煤中锗

萃取法是 20 世纪 70 ~80 年代发展起来的方法。随着有机合成技术的发展，出现了许多可供选择的有机萃取剂，这种方法适合处理贫矿、复杂矿和从低浓度的溶液中提取有用成分，对于提取锗较为适合。此方法具有平衡速度快、选择性强、分离和富集效果好、处理容量大、试剂消耗少等优点。

针对水冶法和火冶法从煤中提取锗成本高，回收率低等问题，近几年来，国内外对采用溶剂萃取法提取煤中锗的研究较多，在这方面的进展也较大。

6.3.1 萃取原理

萃取法的实质是利用物质在水相和有机相中溶解分配的差异，而使所需提取的物质富集于某种相中的方法。在含有提取物质的水溶液中加入有机溶剂（即萃取剂），有机溶剂和水溶液因密度不同而分层，通常是有机相位于水相之上。

根据热力学平衡原理，在两个平衡的液相内溶解某一物质达到平衡时，该物质在两液相中的浓度之比为一常数，此规律称为分配定律，用数学式可表达为：

$$K_D = a_{i(or)}/a_{i(aq)}$$

式中 K_D——分配系数；

$a_{i(or)}$——溶质 i 在有机相中的活度；

$a_{i(aq)}$——溶质 i 在水相中的活度。

由上式可以看出，当分配系数等于 1 时，所要提取的物质在两相中的分配相等，通过萃取不能富集所要提取的物质；当分配系数大于 1 时，通过萃取可以在有机相中富集所要提取的物质，分配系数越是大于 1，所要提取物质在有机相中的富集程度就越大，萃取效果就越好；当分配系数小于 1 时，通过反萃，可以在水相中富集所要提取的物质，分配系数越是小于 1，所要提取的物质在水相中的富集程度就越高，反萃效果就越好。

6.3.2 萃取工艺

萃取工艺主要包括萃取、洗涤、反萃取（简称反萃）3 个主要工序，其原则流程如图

6-4 所示。

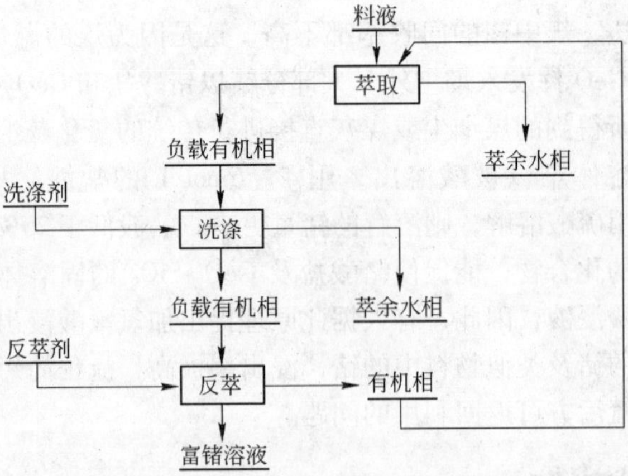

图 6-4　萃取工艺原则流程

萃取：将含锗的水溶液与有机相（萃取剂）充分接触，使锗与萃取剂作用生成萃合物，进入有机相。萃取分层后的有机相称为负载有机相，水相称为萃取余液。

洗涤：用水或某种溶液与负载有机相充分接触，使进入有机相的杂质回到水相。洗涤要选择只洗去负载有机相中的杂质，而不使萃取物分离出来的水溶液。此作业视情况而定。

反萃：用适当的水溶液与负载有机相充分接触，使进入有机相的萃合物重新转入水相。所用的水溶液称为反萃剂，得到的水相为富锗溶液。

6.3.3　萃取体系

6.3.3.1　萃取剂

目前，国内外常用的锗萃取剂大致可分为三类：

第一类为肟类和喹啉类萃取剂，大多数为国外产品，要求酸度高，价格昂贵；

第二类为胺类萃取剂，此类萃取剂属于阴离子萃取剂，国内有 N235、但必须加入络合剂，萃取锗已有实验研究，但还没有工业实践；

第三类为氧肟类（也称为异烃肟酸）萃取剂。

所用萃取剂种类繁多，有四氯化碳、煤油、甲基异丁基酮、α-羟肟（Lix-63）、二乙醚、胺类萃取剂、单烷基磷酸萃取剂（P204）加协萃剂 YW100，8-羟基喹啉萃取剂（Kelex-100）等。其中尤以 8-羟基喹啉萃取剂（Kelex-100）、α-羟肟（Lix-63）萃取剂萃锗的效果好，但这两种萃取剂使用条件苛刻，且国内原料缺少，需要进口，这就要求我国科技工作者根据我国自己的国情，研究适合我国国情的高效萃取剂。有资料报道，我国现已合成新型高效螯合萃取剂（二酰异羟肟酸），萃取效果较好。

6.3.3.2　稀释剂

稀释剂是能溶解萃取剂的有机试剂，是一种惰性溶剂，一般不参与萃取反应。其作用是改变有机相萃取的浓度，调节萃取能力，改善萃取剂的性能，降低有机相的黏度，提高萃合物在有机相中的溶解度。

常用的稀释剂有：煤油、苯、甲苯、乙二苯、四氯化碳、氯仿等，因煤油价格低，且对各种萃取剂均有较大溶解能力，所以应用最广。煤油在使用前应进行磺化处理，除去煤油中的不饱和烃。

6.3.3.3 萃取剂体系的选择

在选择萃取剂体系时应注意如下各方面：

（1）萃取剂的选择性要好；

（2）反萃容易；

（3）与水的密度差大，黏度小，表面张力大，使其容易与水分离；

（4）化学稳定性好，在萃取和反萃过程中不发生水解；

（5）不与水相生成稳定的乳化物；

（6）萃取剂及锗的萃合物在稀释剂中的溶解性好，混合时有良好的聚结性；

（7）萃取平衡速度快；

（8）使用与储存安全，无毒或毒性小，不易燃，挥发性小；

（9）价格适当。

6.3.3.4 萃取设备

萃取设备应同时具备使有机相和水相充分混合和充分分离的功能。

传统的萃取设备有箱式混合-澄清槽。

近年来，发展了塔式萃取器和环隙式离心萃取器等多种先进的萃取设备。

6.4 微生物浸出法提取褐煤中的锗

昆明理工大学的朱云等人开展了对微生物浸出煤中锗的研究，所用的煤为云南含锗煤。介绍如下。

微生物最早用于煤炭脱硫，例如，我国中科院微生物研究所、中国矿业大学等采用自朱子埠煤矿分离出的氧化亚铁硫杆菌，在8~12天时间内将枣庄煤样总硫脱除53.0%，随后用于煤的液化。我国大连理工大学利用变色多孔菌和假丝酵母对东北和内蒙古的褐煤进行了降解试验。

关于腐殖质的生物降解，在20世纪70年代，拉特（Latter）就研究过用青霉素把腐殖酸分解为碳，随后，斯塔姆（Stumm）和莫甘（Morgan）等的研究发现了许多菌类都能分解腐殖酸。最近的研究发现，除了霉菌以外，球菌和杆菌也能分解腐殖酸，它们的复合分解作用比单独的某种菌更强。试验研究表明，煤中的腐殖酸分解后，锗就能从煤中浸出到溶液中。

煤中的锗主要存在于煤中均匀分布的有机物——腐殖质中，97.3%以上的锗为有机配合物。煤中的腐殖质（humus）是一类大分子有机物（分子量300~30000）。它含有酚羟基、羧基和内脂族羟基。在微生物作用下，大分子有机锗被破坏，形成小分子结合的锗或易溶的游离锗（锗酸根和锗离子），能被酸、碱所溶解，把浸出液与煤分离就能浸取煤中的锗。

微生物浸出法提取褐煤中的锗所采取的技术路线为：

褐煤→ 破碎 → 微生物降解 → 解吸浸出 →含锗溶液

6.4.1 试验原料

试验原料主要包括煤、试剂（包括培养微生物的试剂）和微生物。

6.4.1.1 煤和试剂

试验所用煤为两种云南含锗褐煤，其化学成分见表6-1。褐煤被破碎到0.147 ~ 7mm多种粒级，1号样的挥发分为44.02%，固定碳和总碳量分别为43.55%和66.02%；2号样的挥发分为36.23%，固定碳和总碳量分别为24.20%和44.36%。1号样的发热值为16797.88kJ/kg，2号样的发热值为10677.21kJ/kg。

表6-1 含锗褐煤的化学成分 （质量分数/%）

成 分	C	O	H	S	灰 分	Ge
1号	66.02	5.21	2.17	1.34	19.33	0.0312
2号	44.36	2.62	0.87	3.62	37.82	0.0221

微生物浸出煤中锗试验所用的试剂主要是分析纯的氢氧化钠、乙酸、盐酸、草酸和硫酸。

6.4.1.2 微生物

能够分解煤中有机锗络合物的微生物，属于异养型微生物（化能型），共有三种，即：细菌、放线菌和霉菌，它们的作用各不相同。初期以放线菌的作用为主，反应介质为中性；后期以霉菌和细菌的作用为主，反应介质为酸性。

A 细菌

细菌的基本形态主要有球菌、杆菌和螺旋菌三大类，此外还有星状和四方形细菌等。在众多的细菌种类中，找到了两种菌，一种为球菌（Spherules），另一种为杆菌（Corynebacterium），它们能够分解煤中的有机锗络合物。

B 放线菌

放线菌和细菌均属原核微生物，放线菌是一类呈丝状、主要以孢子繁殖的原核微生物。有一种放线菌（Actinomycetes），能够分解煤中的有机锗络合物。

C 霉菌

霉菌（Mold，Mould）是丝状真菌的通俗名称。霉菌分布极广，土壤、水域、空气、动植物体内外……，到处都有它们的踪迹，对人类起着有益或有害的作用。霉菌菌体均由分支或不分支的菌丝（Hypha）构成，许多菌丝交织在一起，称为菌丝体（Mycelium）。菌丝直径2 ~ 10μm，比一般杆菌和放线菌菌丝宽几倍到几十倍。霉菌能使纤维制品腐烂，使橡胶老化、脆裂。霉菌作为分解者，在自然界中使淀粉、纤维素等复杂的大分子化合物变成葡萄糖等一般微生物都能利用的物质。

霉菌对降解和转化复杂结构的碳氢化合物和长链碳氢化合物有较大的作用。不过，霉菌代谢这些碳氢化合物通常是不彻底的，需由细菌接着作用，代谢物才能完全被矿化。用于浸出褐煤中锗的霉菌主要有水霉菌。

6.4.2 微生物的培养筛选与染色鉴别

6.4.2.1 微生物的培养

微生物浸出的第一个环节是微生物的培养，微生物的培养需用一定的培养基，微生物生长于固体培养基上。微生物来源于肉眼可见的称为菌落（Colony）的微生物群体的一个或少数几个细胞。各种微生物在一定条件下形成的菌落特征具有一定的稳定性和专一性，这是衡量菌种纯度、辨认和鉴定菌种的重要依据，也是微生物筛选、纯化的主要手段。

培养基是微生物发酵的物质基础，设计培养基应充分考虑微生物对营养类型的不同要求。异养微生物合成能力较弱，因此在培养它们的培养基中，除无机物外，还需加入少数的几种有机物，以满足它们的生长要求。

培养细菌、放线菌和霉菌微生物的主要培养基有：牛肉膏蛋白胨培养基（培养细菌）；高氏一号培养基（培养放线菌）；查氏培养基（培养霉菌）。根据要培养或分离的微生物，还需采用特殊的培养基。

设计培养基还要考虑各种营养物的比例要适当，培养基的物理化学条件要合适。即便满足了微生物所需的营养要素，但如果各种营养配比的量不适当，微生物还是长不好。在各种营养要素配比中，以碳氮比（C/N）最为重要，培养基中的pH值、渗透压、氧化还原电位等对微生物的生长影响很大。

各种微生物对pH值的要求不同。能够分解煤中锗有机络合物的放线菌生长所需的pH值在中性至微碱性之间（pH值为7~9）。细菌和霉菌所需的pH值则在偏酸性范围（pH值为3.5~6）。在培养微生物过程中，由于营养物的利用与代谢物的积累往往导致培养基的pH值改变，因此，为了使pH值保持在一定的范围内，必须考虑在培养基中加入缓冲剂或碳酸盐。

浸出煤中锗的微生物的培养主要在液体培养基中进行。

细菌在液体培养基中生长，使培养基混浊，混浊情况因细菌对O_2的要求不同而不同，即：兼性厌氧菌-培养液均匀混浊；需氧菌-培养液仅上部混浊；厌氧菌-培养液仅下部混浊。

浸出煤中锗的细菌是需氧菌。

在液体培养基内静置培养放线菌，会在容器内壁液面处形成斑状或膜状培养物，它们或沉降于底部，未使培养基混浊。若是震荡培养，则往往形成由短的菌丝体所构成的球状颗粒。

浸出煤中锗的放线菌也是需氧的。

在液体培养基中，霉菌往往长在液面，培养基不混浊。

浸出煤中锗的霉菌也是需氧的。

A　细菌的培养

细菌个体小，结构较为简单，以二等分裂繁殖。球菌的分裂方式与其细胞的排列密切相关。杆菌和螺旋菌在分裂前先延长菌体，然后垂直于长轴分裂。分裂后两个子细胞大小基本相等，称为同型分裂。在适宜的生长条件下，细菌形态一般在其幼龄阶段呈现出特定形态，正常而整齐，但若培养条件发生变化或其处于老龄培养阶段，则常出现异常形态。其形态受培养基成分、浓度、培养温度、培养时间等环境条件的影响。

培养基成分常为：牛肉膏 5g，蛋白胨 10g，NaCl 5g，水 1000mL，硫酸和腐殖酸钠调整 pH 值为 5.8 ~6.0。

B　放线菌的培养

放线菌的细胞呈丝状分支，由菌丝（Hyphae）组成菌丝体（Mycelium）。菌丝宽度与普通杆菌差不多（小于 1μm）。

在营养生长阶段，菌丝内无膈，为单细胞。细胞内有为数众多的核质体，因其紧密、坚实，用针不易挑取。长孢子后，菌落表面呈粉末状。

原放线菌属（Proactinomyces），可在培养基上形成典型的菌丝体，其特点是在培养 15h ~4d 内，菌丝产生横膈膜，分支的菌丝突然全部断裂成杆状、球状或带状的杆状体。

培养基成分为：可溶性淀粉 20g，K_2HPO_4 0.5g，NaCl 0.5g，$MgSO_4 \cdot 7H_2O$ 0.5g，KNO_3 1g，$FeSO_4 \cdot 7H_2O$ 0.01g，水 1000mL，腐殖酸钠调整 pH 值为 7.8 ~8.0。

C　水霉菌的培养

水霉菌属无性孢子繁殖，由菌丝直接形成，其分支孢子梗顶端膨大，有顶囊，水霉菌的孢子穗形如扫帚。

培养基成分为：马铃薯 20g；葡萄糖 2g；琼脂 1.5 ~2g；水 100mL。或用未经发酵、未加酒花的新鲜麦芽汁，加水稀释到 10 ~15 波林度后使用。

也可采用如下成分：$NaNO_3$ 3g，K_2HPO_4 1g，KCl 0.5g，$MgSO_4 \cdot 7H_2O$ 0.5g，$FeSO_4 \cdot 7H_2O$ 0.01g，蔗糖 30g，水 1000mL，用酸调整 pH 值为 4.8 ~5.0。

6.4.2.2　微生物的筛选（纯种）

通常说的生长是指生物个体由小到大的增长，繁殖是指生物个体数目的增加。研究微生物生长繁殖的规律，对于利用与控制微生物有十分重要的意义，要研究它们的规律，首先要有纯种。

自然界中的微生物是混杂在一起的，因此，要研究其中的某一种微生物，首先必须把它从混杂的群体中分离出来。从单个细胞或同种细胞群繁殖所获得的后代称为纯种微生物，其培养过程称为纯培养。微生物纯种分离方法有：

A　平板画线分离法

将含菌样品在固体培养基表面作有规则的画线，菌样经过多次从点到线的稀释，最后经培养得到纯种单菌落。

B　稀释涂皿分离法

样品经适当稀释后，取稀释液均匀地涂布在培养皿的琼脂平板表面，培养后挑取单菌落。生产实践中，有时为节约设备、减少工作量，使用接种环代替移液管进行稀释，或者直接将微量的土样弹在平板表面。

C 单孢子或单细胞分离法

在显微镜下使用单孢子分离器，挑取单孢子或单细胞进行培养。也可以采用特制的毛细管在载玻片的琼脂涂层上选取单孢子并切割下来，然后移到合适的培养基上进行培养。

D 菌丝尖端切割法

该法适用于长菌丝的霉菌，使用无菌解剖刀切割菌落边缘的菌丝尖端，并移种到合适的培养基上培养出新菌落。

E 利用选择性培养基分离法

各种微生物对不同的化学试剂、染料、抗生素等具有不同的抵抗能力，利用这些特性可配制适合某种微生物而限制其他微生物生长的选择性培养基，用它来培养微生物以获得纯种。另外，还可以将样品预处理，消除不希望分离的微生物，例如，加温杀死营养菌体而保留芽孢，过滤去除丝状菌体而保留单孢子。

6.4.2.3 微生物的染色鉴别

细菌个体微小，且较透明，必须借助染色法使菌体着色，显示出细菌的一般形态结构及特殊结构，在显微镜下用油镜进行观察。根据细菌个体形态观察的不同要求，可将染色法分为三种类型，即：简单染色法、鉴别染色法和特殊染色法。

简单染色法是最基本的染色方法。由于细菌在中性环境中一般带负电荷，故通常采用一种碱性染料如美蓝、碱性复红、结晶紫、孔雀绿、番红等进行染色。这类染料解离后，染料离子带正电荷，可使细菌着色，常规的试验研究多数采用简单染色法。

细菌学中，鉴别染色法广泛使用的重要方法为革兰氏染色法，通过革兰氏染色法，可将细菌鉴别为革兰氏阳性菌（G^+）和革兰氏阴性菌（G^-）两大类。

革兰氏染色法主要利用了细菌的细胞壁组成和结构不同的性质。

革兰氏阳性菌的细胞壁肽聚糖层厚，交联而成的肽聚糖网状结构致密，经乙醇处理后发生脱水作用，使孔径缩小，通透性降低，结晶紫与碘形成的大分子复合物保留在细胞内而不被脱色，结果使细胞呈现紫色。

革兰氏阴性菌的肽聚糖层薄，网状结构交联少，而且类脂含量较高，经乙醇处理后，类脂被溶解，细胞壁孔径变大，通透性增加，结晶紫与碘的复合物被溶出细胞壁，因而细胞被脱色，再经番红复染后细胞呈红色。

试验表明，用于浸出褐煤中锗的微生物都是革兰氏阳性菌（G^+），故试验研究中通常采用美蓝染色。

6.4.3 微生物浸出褐煤中锗的热力学

6.4.3.1 微生物浸取煤中锗的反应

如前所述，煤中的锗主要存在于煤中均匀分布的有机物——腐殖质中。多数研究者认为，锗替代了腐殖质的羟基氢。锗的有机络合物占锗总含量的97.3%。

煤中的腐殖质（humus）是一类大分子有机物（相对分子质量300~30000），对它的确切结构与成分目前尚未能确定，但其含有酚羟基和羧基，有脂族羟基。

一般将腐殖质分为三组分，即：腐殖酸（Humic acid），是腐殖质中先溶入稀碱而后在酸中沉淀的部分；褐菌酸（Fulvic acid），是经碱液提取后在酸中不沉淀的部分；胡敏素（Humin），是不溶于碱也不溶于酸的腐殖质组分。

根据上述定义，对云南几个地区的煤样首先进行碱溶（[NaOH] = 300g/L）、然后采用酸中和。结果表明：煤中的锗，1% ~2% 与褐菌酸结合，10% ~12% 与腐殖酸结合，86% ~89% 与胡敏素结合。总计 96.7% 的锗与腐殖质结合。

要提取褐煤中的锗，首先就要分解煤中均匀分布的锗有机络合物。

6.4.3.2 微生物的作用

20 世纪 80 年代，有利用真菌和细菌使煤炭液化的报道。美国和前西德曾进行了微生物降解无烟煤的研究，指出次生烟煤可能也适于微生物的降解。

目前，已筛选出几十种可用于煤生物降解的微生物，其中主要包括变色多孔菌（Polyporus versicolor）、卧孔菌属（Poria）、青霉菌（Penicillium sp.）、曲霉菌（Aspergillus sp.）和假丝酵母（Candida ML_{13}）等。通过生物液化产生的液体，为一种水溶性的混合物。

大连理工大学利用变色多孔菌和假丝酵母对我国东北和内蒙古的褐煤进行了降解试验，借鉴美国的分析经验，采用红外光谱和核磁共振对溶出物进行了分析，显示出分子内大量增加了含氧含氮官能团，并有羧酸盐及有机酸铵盐等存在，为煤溶解物的进一步利用提供了一定依据。

煤和褐煤的微生物液化启发了微生物浸出煤中锗的研究。此外，纯培养的假单胞菌、大肠杆菌及土壤中混合菌都能使锗络合物转化成简单离子。以标准平板计数法测定锗及其经微生物转化后的产物对细菌存活的影响，表明锗对微生物无明显毒性。

6.4.3.3 微生物分解锗有机络合物的反应

在云南含锗褐煤中，前述的三种微生物都能够浸出煤中的锗。在微生物作用下，大分子有机锗被破坏，形成小分子结合的锗或易溶的游离锗（锗酸根和锗离子），它们能被酸、碱所溶解。

根据试验，锗腐殖质络合物在微生物作用下发生如下反应：

$$\mathrm{Ge(Humus)_{固}} + 2\mathrm{H_2SO_{4液}} \xrightarrow{\text{微生物}} \mathrm{Ge(SO_4)_{2液}} + 2\mathrm{H_2O_{液}}$$

反应生成的产物能溶于水，把浸出液与煤分离后，可从溶液中提取锗。

试验测定了在微生物作用下，锗腐殖质络合物分解、破坏反应的一些基础数据，见表 6-2，这些数据可进一步确定上述反应的发生。

表 6-2 微生物作用下锗腐殖质络合物分解、破坏反应的数据

时间/d	1	2	3	4	5	6	7	8
溶液的 pH 值	7	6.5	6.5	6.0	5.0	4.5	4.0	3.0
煤中的氧含量 w/%	5.21	5.02	4.67	4.12	3.68	3.13	2.82	2.63
溶液中的锗浓度/$\mathrm{mg \cdot L^{-1}}$	0	1	3	5	8	10	11	13

经分析，反应生成的产物中只含 C、Ge 和 O 三种元素，从而推断溶液中的锗主要以锗酸（$H_nGeO_x^{4-2x-n}$）形式存在，在水溶液中有如下平衡：

$$HGe_5O_{11}^- = HGe_2O_5^- = Ge_2O_5^{2-} = HGeO_3^-$$

pH 值为 2.5　pH 值为 6　pH 值为 9.4　pH 值为 11

这些生成物都能溶于稀的硫酸、盐酸、乙酸和苛性碱中。

6.4.3.4 微生物浸出反应热和煤对锗的吸附热

用稀硫酸溶液在微生物的作用下从煤中直接浸出锗，经过 8 天后，锗的浸出率达 62%，但还有约 38% 的锗吸附在煤中，延长浸出时间，浸出率也不再提高。

研究表明，煤中 92% 的有机锗络合物已被分解为简单化合物，但煤的内孔对锗有吸附作用，故使锗的浸出率未能继续提高。

为了掌握微生物分解有机锗络合物的化学反应和微生物分解后煤对锗的吸附规律，进行了试验。试验用绝热体系（图 6-5），测定了微生物分解后煤对锗的吸附热。体系的绝热性用温度补偿法修正，用氧弹量热计测定微生物分解有机锗络合物的反应热，例如，当微生物浸出后，煤的发热值为 16012.33kJ/kg，而原煤的发热值为 16797.88kJ/kg，二者之差再减去吸附热，则可认为是微生物分解有机锗络合物的反应热。试验结果见表 6-3。

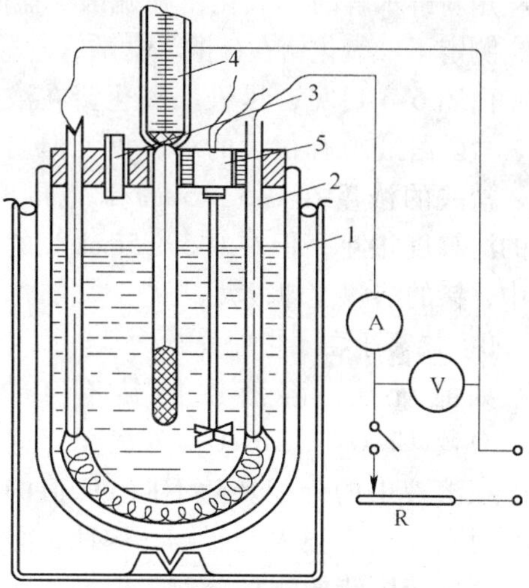

图 6-5　测定热效应的设备

1—杜瓦瓶；2—加热器；3—加样；4—贝克曼温度计；5—搅拌装置

表 6-3　有机锗络合物的反应热和微生物分解后煤对锗的吸附热（25℃）

体系 \ 热 $\Delta H^{\ominus}$	$GeCl_4$ 溶液	$Ge(SO_4)_2$ 溶液	Na_2GeO_3 溶液
分解热/$kJ \cdot mol^{-1}$	594.822	761.47	328.06
吸附热/$kJ \cdot mol^{-1}$	53.116	24.01	32.47

由表 6-3 可见，分解反应和吸附反应都为放热过程，分解反应热比吸附热大。

分解反应热仅为煤的发热值的 4.5%，即微生物浸出锗改变煤的发热值很小。

在 $GeCl_4$ 溶液、$Ge(SO_4)_2$ 溶液和 Na_2GeO_3 溶液中，分解反应热最大的是硫酸锗溶液，即微生物在硫酸溶液中获得的能量最多。

吸附过程总是按自由能减小和熵减小的方向进行，由

$$\Delta H^{\ominus} = \Delta G^{\ominus} - T\Delta S^{\ominus}$$

可知，吸附是放热反应。

吸附热越大，吸附作用越强烈。

从吸附热来看，在 $GeCl_4$ 溶液、$Ge(SO_4)_2$ 溶液和 Na_2GeO_3 溶液中，吸附作用最弱的是硫酸锗溶液，即：硫酸是从煤中浸出锗的最好试剂。

6.4.3.5　锗在水溶液中的物种分布

A　锗化合物在水中的溶解度

微生物浸出煤中锗，就是把煤中的锗变为可溶于水的化合物。研究二氧化锗在硫酸、盐酸、乙酸和水中的溶解情况，对弄清微生物浸出煤中的锗以什么形式进入水溶液极为重要。

用新鲜水解的二氧化锗在硫酸、盐酸、乙酸和水中溶解达到平衡，分析锗含量的方法，测定了二氧化锗在硫酸、盐酸、乙酸和水中的溶解度，如图 6-6 所示。

由图 6-6 可见，尽管二氧化锗在浓硫酸、盐酸溶液中有很大的溶解度，但当硫酸、盐酸的浓度在 0.5 ~ 5mol/L 范围时，锗的溶解度很小，但在 0.5 ~ 5mol/L 的乙酸中，锗的溶解度却很大。

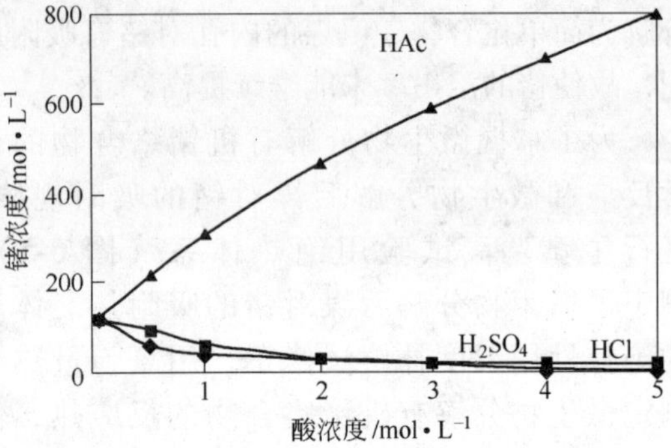

图 6-6　二氧化锗在硫酸、盐酸、乙酸和水中的溶解度

B　锗离子在水中的分布

如前所述，溶液中的锗有 Ge^{4+}、$HGe_5O_{11}^-$、$Ge_2O_5^{2-}$、$HGeO_3^-$ 等离子。这些离子在溶液中的分配及随不同 pH 值的变化，对提取锗有很大的影响，因此，必须研究浸出液中锗的物种分配。根据离子同时平衡原理，计算出各种条件下水溶液中各物种的平衡浓度。

在水溶液中，$H_nGeO_x^{4-2x-n}$ 存在着以下平衡：

$$5Ge^{4+} + 11H_2O \Longrightarrow HGe_5O_{11}^- + 21H^+$$

$$2HGe_5O_{11}^- + 3H_2O \Longrightarrow 5Ge_2O_5^{2-} + 8H^+$$

$$Ge_2O_5^{2-} + H_2O \Longrightarrow 2HGeO_3^-$$

$$Ge_2O_5^{2-} + H^+ \Longrightarrow HGe_5O_{11}^-$$

根据文献，可求出上述各反应式的平衡常数分别为：1.2×10^{13}，2.3×10^4，3×10^{-9} 和 1.9×10^3。

按照“含多种金属多种配位体的溶液模型”，根据上述反应式以及质量平衡原理，并用计算软件 Matlab6.1 在计算机上计算，可求出不同条件下各物种的平衡浓度。

在总锗离子浓度为 100mg/L 的水溶液中，以各离子在溶液中所占的百分率对 pH 值作图，见图 6-7。由图中可见，在酸、碱浓度很低时，锗主要以 $HGe_2O_5^-$、$Ge_2O_5^{2-}$ 的形态存在。

6.4.3.6 锗在煤与溶液中的平衡

研究锗在煤和不同性质水溶液中的平衡，这是为选择浸出煤中锗的试剂提供依据。

试验用不含锗的煤与含锗的溶液和含锗的煤与不含锗的溶液长时间平衡后，分析溶液中的锗浓度变化来测定锗在煤和不同性质的水溶液中的平衡常数。

由于微生物浸出煤时，产生羧基，因此，也配制了乙酸锗和草酸锗的溶液，测定煤在这两种溶液中的吸附平衡常数。测定数据见表6-4。

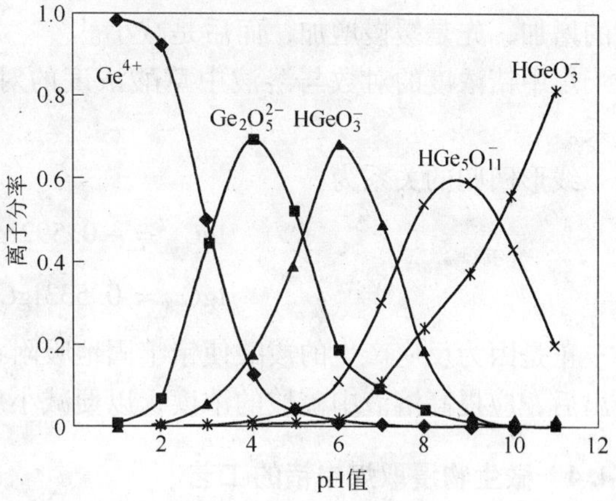

图6-7 各离子在总锗浓度为100mg/L溶液中的平衡分布

在含锗 0.001mol/L 的平衡溶液中，平衡常数定义为：

$$K = \text{煤中含锗量(g/kg)} / \text{溶液中含锗量(g/kg)}$$

表6-4 锗在不同溶液中吸附的平衡常数（25℃）

平衡常数 K / 条件	平衡溶液，[Ge] = 0.001mol/L				
	$Ge(SO_4)_2$	$GeCl_4$	Na_2GeO_4	$Ge(C_2O_4)_2$	$Ge(CH_3COO)_4$
未经微生物作用的煤	71.1	71.23	54.81	21.67	17.33
经微生物作用的煤	11.2	22.43	28.62	23.24	21.52

由表6-4中可见，对于 $GeCl_4$ 溶液、$Ge(SO_4)_2$ 溶液和 Na_2GeO_3 溶液，未经微生物作用过的煤吸附锗的平衡常数比经微生物作用过的大，而对于乙酸和草酸溶液，则相反，但平衡常数较小。从锗在煤和不同性质水溶液中的平衡常数看，硫酸也是最好的浸出剂。

进一步的研究表明，锗在煤和水溶液中的平衡常数与水中溶剂（酸）的浓度有关。试验测定了煤中锗的浓度与水中溶剂浓度的关系，如图6-8所示。

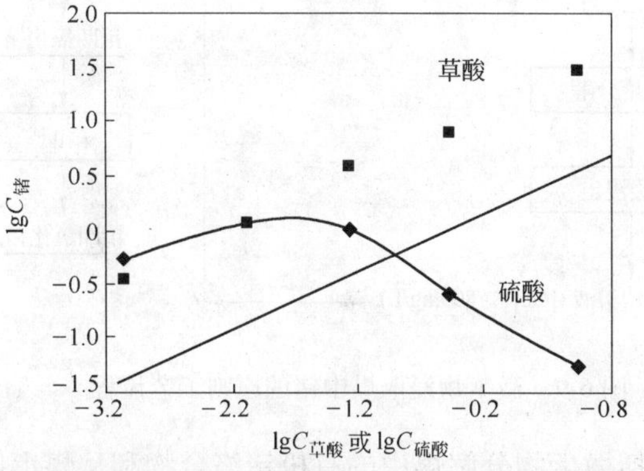

图6-8 煤中锗的浓度与水中溶剂浓度的关系

$C_{锗}$—煤中锗的浓度，mol/g；$C_{草酸}$，$C_{硫酸}$—分别为溶液中草酸和硫酸的浓度，mol/m³

由图 6-8 中可见，煤中锗浓度随着溶液中草酸浓度的增加而增加，随着溶液中硫酸浓度的增加，先是缓慢增加，而后是减小。

煤中锗浓度的对数与溶液中草酸浓度的对数呈直线关系，与一定硫酸浓度后呈直线关系。

线形回归的关系为：

$$\lg C_{锗} = -0.592\lg C_{硫酸} - 0.241$$

$$\lg C_{锗} = 0.533\lg C_{草酸} + 1.193$$

正是因为反应产生的羧酸使锗牢固地吸附在煤中，因此，要提高锗的浸出率，微生物浸出后，应提高溶液中硫酸的浓度，以便减小反应生成的有机酸危害。

6.4.4　微生物浸取煤中锗的工艺

6.4.4.1　工艺流程概述

微生物浸取煤中锗的工艺，首先是把褐煤进行破碎，放入“生物槽”中由微生物进行作用。

分解锗的有机络合物为简单化合物，在微生物作用下，大分子有机锗被破坏，形成小分子结合的锗或易溶的游离锗（锗酸根和锗离子），它们能被酸、碱所溶解。

用酸、碱溶解煤中的锗，把浸出液与煤分离就能提取煤中的锗，然而，经过微生物分解后的煤具有空隙，其比表面比原煤增大 40 多倍，易吸附溶液中的小分子锗化合物。为了获得较高的锗浸出率，必须把吸附在煤内孔表面上的简单锗化合物解吸下来，因此该过程与一般的有色金属浸出不一样，称为解吸浸出。

解吸浸出有两种形式：一种是微生物分解煤中的锗络合物和解吸分别在两个设备内进行；另一种是微生物分解煤中的锗络合物和解吸在一个设备内进行。研究者采用了前者方式，采用的工艺流程如图 6-9 所示。

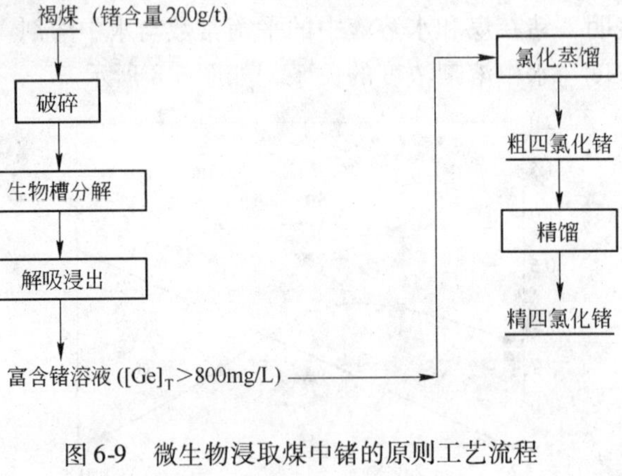

图 6-9　微生物浸取煤中锗的原则工艺流程

微生物浸取煤中锗包括微生物分解煤中的有机锗络合物和从煤上解吸锗的两个过程。

微生物分解煤中锗络合物在“生物槽”中进行，解吸浸出在回流柱中进行，如图 6-10 所示。当底部的水加热蒸发后，通过煤层，把热量传递给煤，冷凝为液体，把煤中的锗浸出进入溶液，落入底层液体中。上升的水蒸气不含锗，而下滴的液体都含锗，这样最终会把煤上吸附的锗较完全地浸出。

微生物浸出煤的试剂用化学纯的氢氧化钠、氨水和硫酸。微生物由云南省临沧市的煤矿中采集而得，包括水霉菌、球菌和放线菌等。用平板分离法获得纯菌种，以便用于浸出试验，经过分离纯化后得到的水霉菌对煤中的锗有机络合物的分解作用较强。

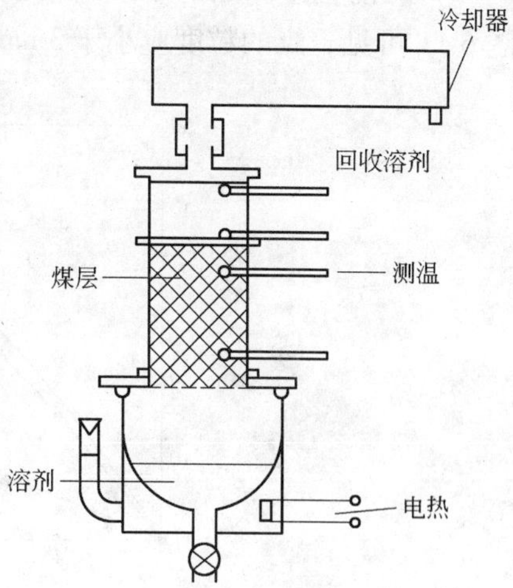

图 6-10 解吸浸出设备示意图

6.4.4.2 主要试验结果

A 微生物分解有机锗络合物的工艺参数

影响微生物把大分子有机锗分解成小分子锗化合物的因素很多，工艺过程试验主要考虑了微生物的选择、煤的粒度、温度与时间等对分解有机锗络合物的影响，着重研究了细菌浸出条件与浸出率的关系，以便确定适宜的工艺参数。

微生物可以破坏煤中的含氧基团，改变锗与煤的结合方式。

分解过程中观察到：(1) 反应过程中溶液的 pH 值从 7 降至 3；(2) 含锗煤在无微生物存在时，用通常的酸或碱很难溶解煤中的锗，而在有微生物存在的情况下，溶液中的锗浓度随时间增高；(3) 浸出水溶液中，菌的数目在增加。

如前所述，能破坏煤中锗有机络合物的微生物，常见的有水霉菌、球菌和放线菌几种。试验中，分离出了水霉菌、球菌和放线菌的纯种，测定了这三种菌对煤中锗有机络合合物分解的效果，见表 6-5。从表中可见，在相同的条件下，以水霉菌的分解效果最好。试验中还发现，水霉菌的数量比球菌和放线菌要高得多，最高时可达到每毫升 2×10^9 个。

表 6-5 菌种对锗浸出率的影响

菌 种	水霉菌	球 菌	放线菌
锗浸出率/%	58.20	50.12	43.33

注：浸出条件为 $[H_2SO_4]=0.001mol/L$，温度 35℃，时间为 10 天。

除了菌种以外，浸出剂、煤的粒度、温度、浸出时间等是影响微生物分解煤中锗络合物的主要因素。试验研究了这些因素对锗浸出率的影响。

(1) 浸出剂。试验用盐酸、硫酸、乙酸、氨水、氢氧化钠等浸出剂，进行了微生物分解锗有机络合物的研究。在浸出温度皆为 35℃、浸出剂浓度为 0.001mol/L、浸出时间为 8 天时，浸出结果见表 6-6。从表中可知，在硫酸介质中，微生物分解锗有机络合物浸出煤中锗的浸出率最高。

表 6-6 浸出剂对浸出率的影响

浸出剂	盐 酸	硫 酸	乙 酸	氨 水	氢氧化钠
浸出率/%	33.11	58.20	53.64	51.33	26.67

（2）煤的粒度。煤的粒度对浸出率的影响如图 6-11 所示。煤的粒度小，浸出率高，由图 6-11 可见，煤的粒度应小于 3mm。

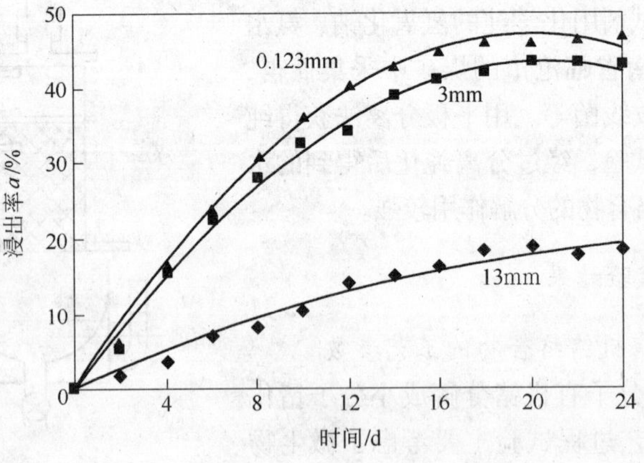

图 6-11　煤的粒度对锗浸出速率的影响

（3）温度和浸出时间。温度和浸出时间对浸出率的影响如图 6-12 所示。温度高有利于浸出速度和浸出率的提高，但过高的温度会杀死微生物，故温度通常选择在 35 ~ 40℃之间。

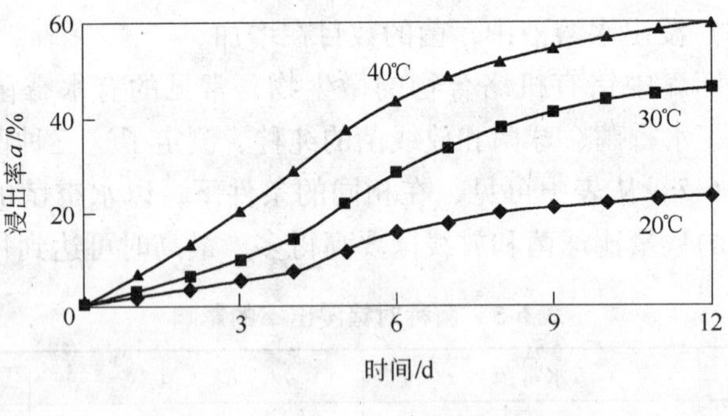

图 6-12　温度和浸出时间对浸出率的影响

随着浸出时间的延长，浸出率提高，但超过一定时间后浸出率就不再提高了。试验表明，浸出时间达 8d 后，浸出率已基本趋于平衡。

通过以上试验，可确定微生物作用下，分解煤中锗络合物的适宜条件为：硫酸调 pH 值为 3 ~ 4，温度 35℃，时间 8d，此时，锗的浸出率能达 58.2%。

B　微生物分解有机锗络合物后从煤中解吸锗的工艺参数

如前所述，用稀硫酸溶液在微生物的作用下从煤中直接浸出锗，经过 8d 后，锗的浸出率达 58.2%，还有约 42% 的锗被吸附在煤上。

研究表明，微生物作用下锗腐殖质络合物分解过程中，煤中的有机锗络合物已经分解为简单化合物，同时煤中的微孔也得到了极大的发展（比表面积达 130m²/g）。气孔率增大了，煤对锗的吸附作用增强了，使锗的浸出率未能达到 90% 以上。

工艺试验研究了从煤中解吸锗的工艺参数，确定了适宜的工艺条件。

为了提高锗的浸出率，就要从煤中把锗解吸下来。

试验表明，未经过微生物浸出的煤对锗的吸附为化学吸附，吸附为不可逆过程；经过微生物浸出的煤对锗的吸附为物理吸附，吸附为可逆过程。影响从微生物分解后的煤中解吸锗的因素有温度、溶液的 pH 值、溶液中组分的浓度、煤的性质等。

(1) 微生物分解后的煤吸附锗时，在很宽的 pH 值范围内，吸附性能并不受 pH 值的明显影响，用改变酸的浓度来改善从煤中解吸锗的方法不经济；

(2) 微生物分解后的煤对锗的吸附能力可用吸附平衡常数 K 来衡量。K 定义为：每千克煤中吸附锗的毫克数与每升溶液中锗的毫克数的比值。K 随温度升高而下降，如图 6-13 所示。可见，要解吸煤中的锗，温度必须高于 100℃。

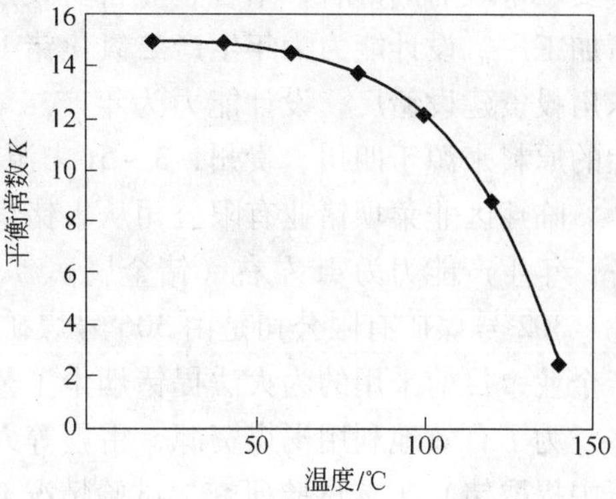

图 6-13　温度对煤吸附锗的影响

6.5　干馏法提取煤中锗

6.5.1　含锗褐煤资源利用现状

我国已探明的含锗褐煤资源主要存在于云南省的临沧市和内蒙古自治区的锡林郭勒盟地区，两地的含锗褐煤已不同程度地开采。下面主要介绍云南省临沧市含锗褐煤资源的利用情况。

云南省临沧市的含锗褐煤，1958 年开始开发利用，分别采掘露头部位，挖掘出的褐煤露天堆烧，收集含锗煤灰作为提取锗的原料。

1971～1979 年，采用既原始又粗放，且回收率很低的露天堆烧方法，收集锗富集物烟尘，年生产烟尘含锗金属在 1000kg 以下。

临沧市含锗褐煤资源较大规模的开发，始于 20 世纪 70～80 年代，由国营矿山开采。

1980 年，进行了重大技术改造，采用火电厂锅炉烧煤，热能发电，煤在还原气氛中燃烧，锗被还原为氧化锗挥发进入烟尘；部分用链条炉燃烧褐煤，热能不利用，目的是使炉温适当，条件易于控制，以便褐煤中的锗能充分挥发，并被收集于收尘设备中，得到富集。

收集的烟尘分为布袋尘和旋风尘，布袋尘含锗品位可达 1% 以上，旋风尘品位低一些，锅炉中残存的煤灰含锗为 0.000x%～0.00x%，多年堆存待处理。高品位布袋尘送氯化浸出—蒸馏；旋风尘送往湿法进一步富集锗后，再送氯化浸出—蒸馏。

近十多年来，由于国家政策在地方中小型企业的“国退民进”，导致在临沧市私挖乱采、无证开采的现象严重，造成地表塌陷的情况时有发生。不少私有企业都从事开采褐煤，生产含锗烟尘，由于处理含锗烟尘的回收率低，临沧市政府规定所生产的锗烟尘，只能售给云南鑫园锗业有限公司，由该公司统一进行锗的进一步加工。

目前，临沧市有 3 家具有一定生产和开采能力的锗企业，分别是云南鑫园锗业有限公司、临翔区韭菜坝锗业有限公司、临翔区302煤矿有限公司，3家企业年生产锗金属量超过20t、占临沧市锗金属生产总量的95%以上，此外，还有2家锗烟尘生产小型企业。

云南鑫园锗业有限公司的锗金属生产能力15t左右。2004年10月，该公司按照临沧市委、市政府的部署，结合企业自身发展的需要，在临沧工业园区投资5000余万元建设锗加工厂，设计能力为年生产二氧化锗18t，区熔锗锭12t，单晶锗8t。此外，该公司还在东川投资建设锗厂，设计能力为年产二氧化锗20～30t，区熔锗锭20t，单晶锗8t。10t以上的原料来源于四川、贵州，3～5t来源于散户。

临翔区韭菜坝锗业有限公司从事锗煤的开采与火法提锗。目前已具有部分湿法提锗设备，年生产能力为4t左右（锗金属）。

302号煤矿有限公司是由306号煤矿（锗煤矿）和302煤矿整合而成的一个锗开采生产企业，目前采用的为火法提锗烟尘工艺，年生产能力为5t左右（锗金属）。

为了有效地利用褐煤资源，雷霆等人完成了临沧市含锗褐煤制备半焦和提锗（含煤矸石中提取锗）工艺试验研究，试验情况介绍如下。

6.5.2　含锗褐煤锗挥发试验

6.5.2.1　试料基本性质

临沧市不同矿点褐煤的理化性质分析值见表6-7。

表6-7　临沧市不同矿类褐煤的理化性质分析（质量分数）

原　样	水分 /%	灰分 /%	挥发分 /%	固定碳 /%	发热值 /MJ · kg⁻¹	锗含量 /g · t⁻¹
M-3（临沧306号）	9.76	35.43	46.06	34.83	19.02	230
M-4（临沧302号）	9.77	30.83	41.85	40.22	21.57	230
M-5（临沧韭菜坝）	25.08	39.99	47.84	31.30	14.15	480

从表6-7中可以看出，几种褐煤的锗含量都较高，而固定碳含量较低。

6.5.2.2　试验设备和方法

根据表6-7，临沧市各地褐煤的工业分析值，试验选用M-3（临沧306号）含锗褐煤为锗挥发试验试样。

试验在外加热电炉内进行，将试料装入有通风口的不锈钢容器内，每次试验固定加料量为5kg。

将电炉升温至一定温度后，保持电炉恒温，让试料“焖烧”挥发，保温一定时间后，切断电源，让电炉冷却至室温，取出“焖烧”残余物并称重，分析其中锗含量，由此可计算出含锗褐煤中锗的挥发率。

6.5.2.3　试验结果和讨论

表6-8是不同温度、时间下“焖烧”残余物的产率、其中的锗含量及据此计算的锗挥发结果。

表 6-8　含锗褐煤锗挥发试验结果

试样编号	温度/℃	时间/h	焖烧残余物产率/%	焖烧残余物锗含量/g·t^{-1}	锗挥发率/%	收集产物
M-3-1	600	2.5	66.7	300	13.04	水、焦油、沥青
M-3-2	600	5.0	70.0	260	20.87	水、焦油、沥青
M-3-3	600	10.0	66.7	360		水、焦油、沥青
M-3-4	800	2.5	62.7	140	61.85	水、焦油、沥青
M-3-5	800	5.0	64.0	83	76.90	水、焦油、沥青
M-3-6	800	10.0	59.4	130	74.20	水、焦油、沥青
M-3-7	1000	1.0	62.7	85	76.84	水、焦油、沥青
M-3-8	1000	2.5	62.7	63	82.83	水、焦油、沥青
M-3-9	1000	5.0	61.3	69	81.60	水、焦油、沥青
M-3-10	1000	10.0	60.0	62	86.13	水、焦油、沥青

结果表明；温度达到600℃时，锗逐渐挥发。在相同保温时间下，随温度升高挥发量加大；相同温度下，随保温时间延长，挥发量也加大。图6-14是不同温度下，“焖烧”时间与褐煤中锗挥发的关系曲线。从图6-14及表6-8中可以看出，在1000℃，“焖烧”2h以上时，褐煤中锗的挥发率已达80%以上。

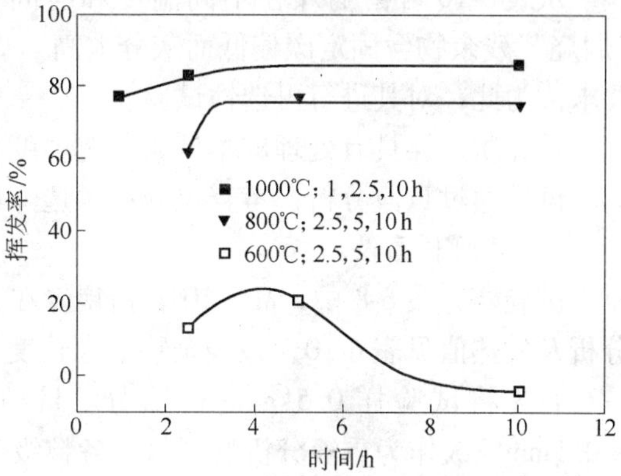

图 6-14　不同温度下，“焖烧”时间与褐煤中锗挥发的关系曲线

试验中保持恒定升温速度，并收集不同温度点的挥发产物，结果表明：300℃以前主要脱去的是褐煤中水分（晶外水和晶内水），300~600℃时，脱出的主要是焦油和残余水的混合物；分不同温度段收集水分、焦油和水混合物、尾气、焦油沥青混合物，发现在焦油和水的混合物、尾气、焦油沥青混合物中均含锗。

表6-9是含锗褐煤锗挥发验证试验结果。从表6-9中可以看出，1000℃时，“焖烧”一定时间后，褐煤中锗的挥发率较高，在85%以上，数值稳定，试验重现性好。

表 6-9　含锗褐煤锗挥发验证试验结果

试样编号	温度/℃	时间/h	原样质量/g	原样含锗量/g·t^{-1}	残余物质量/g	残余物锗含量/g·t^{-1}	锗挥发率/%	残余物产率/%
M-y-1	1000	2.5	6000	365	3580	89	85.45	59.67
M-y-2	1000	2.5	4500	365	2680	89	85.47	59.56

表6-10为部分试验条件下所得焖烧残余物的工业分析及热值，从表中数据可以看出，与褐煤试料相比，焖烧后的残余物固定碳含量提高，发热值变化不大。

表6-10 褐煤在不同温度和时间焖烧后残余物的工业分析及热值

原 样	工艺条件	水分质量分数/%	灰分质量分数/%	挥发分质量分数/%	固定碳质量分数/%	发热值/MJ·kg⁻¹
M-3-1	600℃, 2.5h	0.68	51.37	16.97	50.47	19.36
M-3-2	600℃, 5.0h	4.19	39.32	11.29	53.81	19.92
M-3-3	600℃, 10.0h	4.46	44.30	10.77	49.7	18.29
M-3-4	800℃, 2.5h	0.46	44.65	3.66	53.33	18.81
M-3-5	800℃, 5.0h	1.26	47.25	3.98	50.65	17.28
M-3-6	800℃, 10.0h	0.49	45.14	3.57	52.9	18.64
M-3-7	1000℃, 1.0h	1.36	56.25	4.42	51.26	17.53
M-3-8	1000℃, 2.5h	0.85	43.29	2.75	55.16	19.00
M-3-9	1000℃, 5.0h	0.93	48.61	2.42	50.14	17.33
M-3-10	1000℃, 10.0h	0.88	44.59	1.74	54.45	19.18
M-3原样	原 煤	9.76	35.43	46.06	34.83	19.02

6.5.2.4 含锗褐煤制备半焦试验

从表6-10含锗褐煤在不同温度和时间挥发锗后，残余物的工业分析及热值看，该“焖烧”残余物含固定碳偏低而灰分太高，如将其作为半焦使用，则质量较差，不能满足要求，为此，对其进行可选性试验。

重介质选煤具有处理成本低、分选精度高的特点。

试验通过重液分析，考查重介质预选降低灰分和提高固定碳含量的可能性。

A 试验样品及筛析

试验样为表6-8中，M-3-10含锗褐煤在1000℃、焖烧挥发锗10h后的残余物，其工业分析及发热值见表6-10，该残余物最大粒度约为13mm，粉煤（细粒级）含量偏高。

首先将试验样0.5kg进行筛分。目前，重介质分选的粒度下限为0.5mm，故将+0.5mm粒级作为重液分析的试料。各粒级分别取样、加工、分析，筛析结果见表6-11。

表6-11 试验样粒度筛析结果

粒级/mm	产率/%	分析项目				
		水分质量分数/%	灰分质量分数/%	挥发分质量分数/%	固定碳质量分数/%	弹筒发热量/MJ·kg⁻¹
13~8.0	16.93	—	—	—	—	—
8.0~3.0	40.68	—	—	—	—	—
3.0~0.50	27.00	—	—	—	—	—
-0.50	15.39	1.96	70.57	3.21	28.49	9.78
试验样	100.00	0.88	44.59	1.74	54.45	19.18

试验样粒度筛析结果表明，样品+3.0mm以上所占的产率较低（仅为57.61%），-0.50mm粒级所占的产率稍高（达15.39%）；且-0.50mm粒级质量极差（灰分达70.57%、固定碳仅为28.49%、发热量也仅有9.78MJ/kg）。

B 重介质洗选试验

对样品+0.50mm粒级进行重介质预选可选性试验，即重液分析试验。

在一系列探索试验的基础上，分离密度确定为1.2、1.3和1.4。对+0.50mm各粒级分别按上述分离密度进行重液分析，重液分析所得各密度级的产品分别取样、加工送分析，并计算结果。重液分析试验的原则流程见图6-15。各粒级试验结果见表6-12。

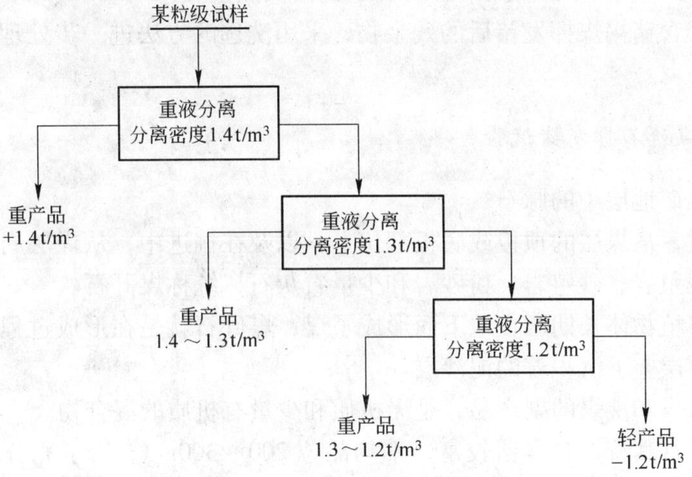

图6-15 重液分析试验的原则流程

表6-12 +0.50mm各粒级重液分析试验结果（质量分数）

粒级/mm	密度级	产率/%	分析项目				
			水分/%	灰分/%	挥发分/%	固定碳/%	弹筒发热量/MJ·kg⁻¹
13～8.0	−1.2	3.00	1.35	11.76	1.74	86.71	29.37
	1.3～1.2	5.84	2.64	24.25	2.29	74.02	24.46
	1.4～1.3	2.10	3.65	13.63	1.88	84.75	28.69
	+1.4	5.99	2.11	95.37	6.2	0.26	0.12
	合　计	16.93	—	—	—	—	—
8.0～3.0	−1.2	7.55	1.28	9.07	1.93	89.16	30.03
	1.3～1.2	8.89	1.44	12.55	1.74	85.93	28.66
	1.4～1.3	8.97	1.78	15.28	2.07	82.97	27.72
	+1.4	15.27	1.66	66.03	11.66	30.01	10.46
	合　计	40.68	—	—	—	—	—
3.0～0.5	−1.4	6.99	1.44	10.58	1.4	88.16	29.66
	+1.4	20.01	0.54	62.62	4.86	35.57	12.33
	合　计	27.00	—	—	—	—	—
−0.5		15.39	1.96	70.57	3.21	28.49	9.78
原　样		100.0	0.88	44.59	1.74	54.45	19.18

试验结果表明，试样在不同密度级的重液中有明显的分离效果：

(1) 对于+0.5mm粒级，密度级为$1.4t/m^3$时，分离效果极为明显，密度级为$-1.4t/m^3$时，轻产品的灰分明显降低，固定碳含量、弹筒发热量明显提高；

（2）对于 +3.0mm 粒级，密度级为 1.4t/m³ 时，可以得到产率 36.35%、灰分 14.38%、挥发分 1.96%、固定碳 83.96%、弹筒发热量 28.10MJ/kg 的半焦；

（3）对于 +0.5mm 粒级，密度级为 1.4t/m³ 时，可以得到产率 43.34%、灰分 13.77%、挥发分 1.87%、固定碳 84.64%、弹筒发热量 28.35MJ/kg 的半焦；

由此可见，含锗褐煤挥发锗后的残余物，采用洗选的方法进一步处理后可制得高质量的半焦产品。

6.5.2.5　煤矸石挥发锗试验

煤矸石是煤矿地层中的脉石。

开采煤炭时，从煤层的顶板或底板部位上，以及在掘进中，从煤层周围挖掘和爆破出来的炭殖岩、泥殖岩、砂殖岩、粉砂岩和少量石灰石，统称煤矸石。

地壳变迁将植物体长期压在地下而形成了煤，煤矸石就是在形成过程中，由于沉积速度不一样，在煤层上下沉积着的泥沙层。

煤矸石是采煤和洗煤的副产品，是无机质和少量有机质的混合物。

临沧煤矸石有其特点：含锗较富，平均品位 200 ~ 300g/t。为了充分利用资源，对煤矸石回收锗的工艺研究是很有必要的。经多次探索试验，最终确定了煤矸石回收锗的高温挥发工艺，并对其高温挥发条件进行了优化，完成了综合条件试验。

A　试验材料和方法

试验样品：试验样品采自云南省临沧市，为呈黑色或灰黑色的固体块状煤矸石，经粉碎、磨矿、缩分取样。其样品化学成分分析结果见表 6-13。

表 6-13　临沧煤矸石的化学成分

成　分	SiO_2	Al_2O_3	Fe_2O_3	CaO	MgO	Na_2O	K_2O	C	$Ge/g \cdot t^{-1}$
质量分数/%	30 ~ 60	15 ~ 40	2 ~ 10	1 ~ 4	1 ~ 3	1 ~ 2	1 ~ 2	20 ~ 30	90 ~ 100

临沧煤矸石的矿物成分以黏土矿物和石英为主，除了石英和长石外，常见矿物为高岭土、蒙脱石、伊利石、云母和绿泥石类。

B　试验方法

称取一定粒度的煤矸石样品与一般煤炭样品混匀，放入蒸发皿中摊平，用同样大小的蒸发皿盖上，皿嘴相对，以便气体逸出。

将蒸发皿放入马弗炉内，在一定温度下焙烧一定时间后，缓慢冷却至室温。

C　试验结果和讨论

a　锗结构分析试验

锗具有亲石、亲铁、亲硫和亲有机物的多种理化性质。在自然界中，锗与硅有广泛的类质同象置换关系。锗较易进入聚合能力最小的硅氧四面体的硅酸盐矿物晶格中。

许多煤层中发现有锗的富集，是锗亲有机质的一个典型例子。

锗在煤中主要以三种结构形式存在，即水溶态及可交换态、腐殖质结合态等有机态、晶格或单矿物状态。

煤矸石中锗结构分析对于选择试验方案极为重要，因此，进行了煤矸石中锗结构分析试验。

试验方法：取相同重量的煤矸石和含锗褐煤样品，用同样的方法进行分析，对分析结果进行比较。

表6-14是锗在煤矸石和褐煤中的各种结构含量分析结果。从表中可看出，锗在煤矸石中的结构和在褐煤中的结构有较大差异。煤矸石中，绝大部分锗（99.45%）以晶格或单矿物态存在，有机锗不到总量的1%，而含锗褐煤中，有机锗占17.32%，晶格或单矿物态锗占82.39%。

表6-14　锗在煤矸石和褐煤中以各种结构含量分析　（%）

试样名称	水溶态及可交换态	有机态	晶格或单矿物态
褐　煤	0.286	17.32	82.39
煤矸石	0.12	0.43	99.45

b　煤矸石中锗挥发条件试验

粒度对锗挥发率的影响：

选择 -0.043mm、-0.062mm、-0.074mm、-0.28mm、-1mm、-5mm 6个粒度的煤矸石样品各50g，分别与50g粒度为-2mm的无锗煤粉混匀，各自进行挥发试验，其他试验条件为：挥发温度1250℃，挥发时间10h、煤炭配比1/2，试验结果如图6-16所示。

从图6-16中可看出，将-0.28mm的煤矸石粒度磨细为-0.074mm时，锗的挥发率陡然提高，从25%上升为83.97%，净升58.97%，随后，煤矸石粒度越细，锗的挥发率则上升越缓慢。-0.043mm煤矸石的锗挥发率虽然最高，为90.2%，但仅比-0.074mm煤矸石的锗挥发率上升了6.23%。粒度再细，锗挥发率仍有上升的趋势，但粒度太细，将增加磨矿成本，生产上选择煤矸石粒度需综合考虑。从投入产出效益看，本试验以煤矸石粒度-0.074mm为挥发适宜条件之一。

挥发时间对锗挥发率的影响：

选择了5h、7.5h、10h、12.5h 4个挥发时间进行试验。煤矸石4个样品各50g，分别与50g粒度为-2mm的无锗煤粉混匀，各自进行挥发试验，其他试验条件为：挥发温度1250℃，煤炭配比1/2，煤矸石样品粒度-0.074mm。试验结果如图6-17所示。

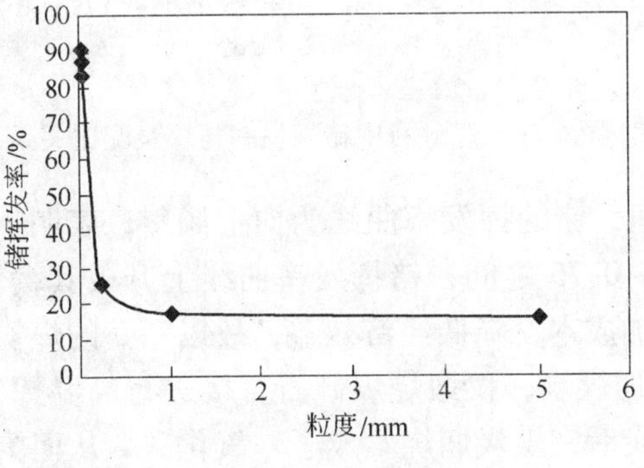

图6-16　锗挥发率与煤矸石中粒度的关系

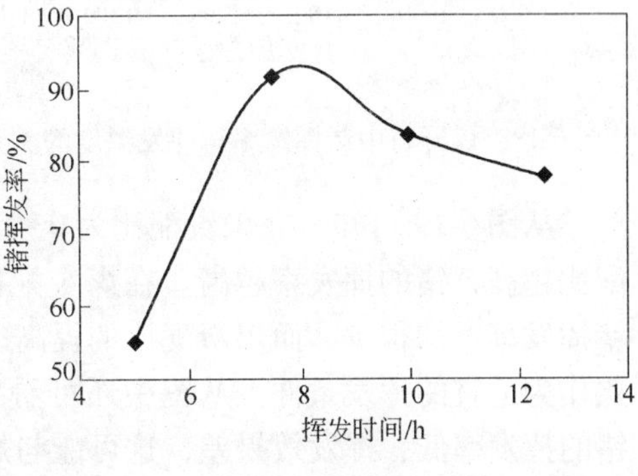

图6-17　煤矸石中锗挥发率与挥发时间的关系

从图6-17中可知：挥发时间为7.5h时，煤矸石中的锗挥发率最高，为91.88%，以后随挥发时间的延长，挥发率反而降低。可能的原因是：在具有一定还原气氛的环境中，锗以一氧化锗的形式能较大程度地挥发，但应及时导引收尘，否则，随着挥发时间的延长，有一部分已挥发的一氧化锗又会被氧化成二氧化锗而沉入烧渣，造成渣中锗含量升高。

挥发温度对锗挥发的影响：

选择了950℃、1050℃、1150℃、1250℃、1350℃ 5 个温度梯度进行试验。煤矸石 5 个样品各 50g，分别与 50g 粒度为 -2mm 的无锗煤粉混匀，各自进行挥发试验，其他试验条件为：煤炭配比 1/2，煤矸石样品粒度 -0.074mm，挥发时间 10h。试验结果见图 6-18 所示。

从图 6-18 可知：当挥发温度从 950℃ 上升到 1150℃时，锗的挥发率上升缓慢，挥发温度提高了 200℃，锗挥发率约上升 10%；当挥发温度从 1150℃ 上升到 1250℃时，锗挥发率陡升，挥发温度提高了 100℃，锗挥发率上升 48.67%。当挥发温度从 1250℃ 上升到 1350℃时，锗挥发率上升又变缓慢，挥发温度提高 100℃，锗挥发率仅上升 4.53%。从火法冶炼的常用技术参数及经济效益考虑，挥发温度以 1250℃为佳。

煤炭配比对锗挥发的影响：

煤矸石中的锗在高温条件下，生成具有挥发性的一氧化锗，需要一定的还原气氛，试验中发现，通过添加适量的不含锗煤并应用前述试验方法能达到此目的。本试验主要研究不含锗煤的适宜添加量。

选择了 0（不含锗煤，0g；全部为煤矸石，100g）、0.33（不含锗煤，33g；煤矸石，67g），0.5（不含锗煤，50g；煤矸石，50g）、0.75（不含锗煤，75g；煤矸石，25g）5 个煤炭配比分别进行挥发试验，其他试验条件为：挥发温度 1250℃，煤矸石样品粒度 -0.074mm，挥发时间 10h。试验结果如图 6-19 所示。

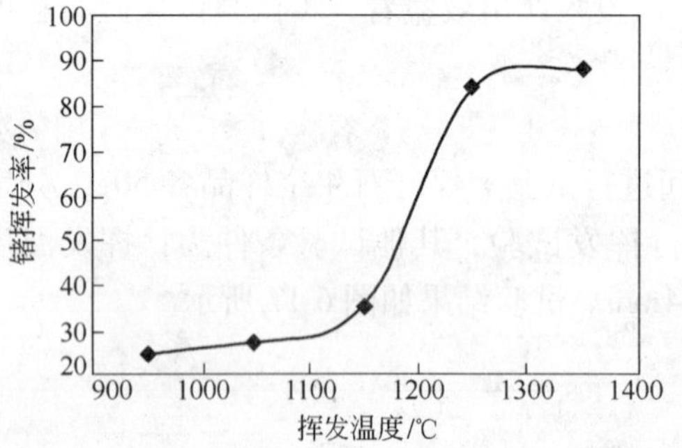

图 6-18　煤矸石中锗挥发率与挥发温度的关系

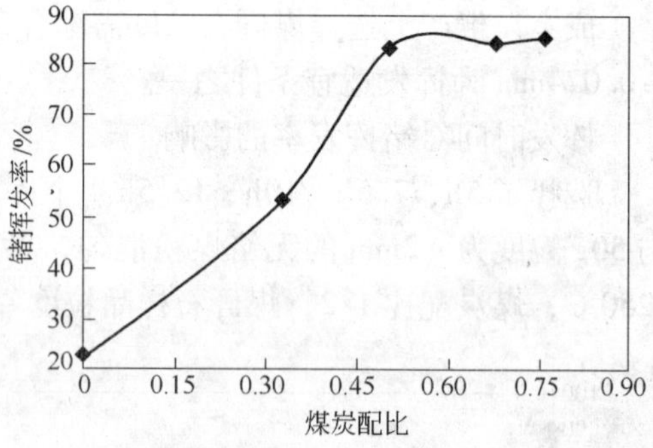

图 6-19　煤矸石中锗挥发率与煤炭配比关系

从图 6-19 可知：在煤炭配比为 0～0.5 之间，锗的挥发率曲线为向上倾斜，表明煤炭配比越高，锗的挥发率越高。在煤炭配比 0.5～0.75 之间，锗挥发率曲线上升极其缓慢，锗挥发率增加很少，而煤炭配比的提高，将增加成本，降低经济效益，故以 0.5 的煤炭配比作为适宜的挥发条件。从图中还可看出，不加煤炭，仅煅烧煤矸石直接进行高温挥发，锗的挥发率低，挥发效果差，这可能与加入煤炭后，煤炭焖烧生成了一氧化碳，从而为锗挥发提供了必需的还原气氛有关。

6.5.2.6　小结

（1）临沧褐煤（包括煤矸石）含锗量高，是十分珍贵的资源。

(2) 通过“焖烧”挥发工艺，能有效地挥发出褐煤中的锗，锗的挥发率达 85% 以上；煤矸石经磨矿控制一定粒度，配入燃煤在一定温度下燃烧，其中的大部分锗（大于 85%）也能挥发。

(3) 含锗褐煤挥发锗后的残余物，产率约为 60%，固定碳含量有所提高，灰分增加，发热值变化不大，经洗选的方法进一步处理后，可制得含固定碳大于 80% 以上的优质半焦产品。

(4) 含锗褐煤挥发后的锗分布在水、焦油和沥青中，较为分散，不易直接回收，宜改变其存在状态，以烟尘方式收集。

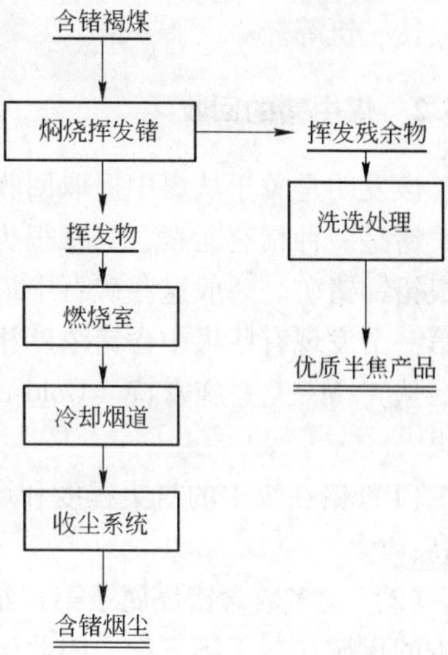

图 6-20 临沧含锗褐煤制备优质半焦提锗工艺流程

综合目前临沧地区直接燃烧含锗褐煤生产工艺、并结合褐煤制备半焦实践、含锗褐煤（含煤矸石）试验结果，可拟订出临沧含锗褐煤制备优质半焦提锗工艺流程如图 6-20 所示。

该工艺充分利用了现临沧地区直接燃烧含锗褐煤提锗的设备，解决了资源浪费、环保污染严重的现实问题，又使含锗褐煤中的锗得到了高效回收，并可能将提锗后的褐煤制备成优质半焦，有效利用了资源。

6.6 国外从煤或煤相关产品中回收锗的工艺

6.6.1 从煤焦油残渣中回收锗的工艺

该发明是关于富集（working up）煤焦油的工艺，尤其是针对煤焦油残渣，如：刮煤（scrape）焦油、气体清洗焦油残渣、煤焦油沉积物、煤焦油过滤残渣以及其他处理（如离心处理）煤焦油所得到的固体物质的处理工艺。

已经发现，锗存在于化石燃料（如丝煤、棕煤、褐煤和泥煤）中，在煤焦油或者上面提到的含无机组分的煤焦油残渣中，锗有相当程度的富集，在干馏（焦化或低温炭化）过程中，多以无机化合物形式存在。

该发明的目的是处理残渣中的锗，处理方法是：首先分离出大量的有机成分，然后再从剩余的混合物中分离出以无机化合物和金属氧化物形式存在的锗。

该发明采用的通过燃烧残渣同时升华锗化合物的方法，分离有机成分是有效的。此外，也可以通过添加试剂促进升华或采用另外的方法（如用溶剂萃取或用化学方法）分离有机物质。如果用酸氧化处理，含有较高含量以沥青形式存在的碳的无机残余物，会使碳对锗化合物起还原作用。

利用原料中所含的碳作为燃料或作为还原剂，使该工艺具有很高的经济价值。

处理方法可由多种方法组合而成，也可以在该发明的范围内完善。应该指出的是，进行焚烧处理时的温度是分步升高的，分离各种锗化合物的升华温度在 95 ~ 450℃ 之间，某种程度上讲，升华温度要视具体情况而定，其目的是要达到较高的回收率。

工艺过程中，回收锗的同时也可回收原料中的其他有价金属，例如用同样的方法，可回收钛、钒等。

6.6.2 煤中锗的回收

该发明是关于从煤中提取回收锗的方法。

锗是一种稀有元素，只在很少的一部分矿石中发现含有锗，比如：硫银锗矿、锗石、辉银铅锑锗矿。一般这些矿石中最高含锗为7% ~8%，V. M. 戈登施密特（Goldschimidt）是第一个发现有些煤中含锗浓度相当高的人。

从V. M. 戈登施密特（Goldschimidt）发现煤中含锗后，对含锗煤的研究有以下主要成果：

（1）锗在煤中的富集程度和煤含灰分的量成反比，也就是说，煤含灰分低时含锗的量就高；

（2）大多数含锗煤属于第三纪地质年代。欧洲和美国的大多数煤矿不属于第三纪，但日本的煤矿却属于第三纪，因此，日本的煤矿应该作为含锗资源进行深入研究。

最近，锗作为制造短波振荡接收器的一种原料被电子科学所关注，如晶体管探测器，交通运输的传感器和调节器，晶体管半导体电话等。

根据日本煤中锗分布的调查，发现锗在烟煤、褐煤中的木质部分相当富集。从煤中回收锗，首先应分离煤中的岩石类成分，因而，从煤中回收锗的工艺为选择性地收集烟煤中的镜煤和褐煤中的木质部分，再处理镜煤和褐煤的木质部分回收锗。

镜煤和褐煤中的木质部分可以燃烧进入灰分或干馏产物中，用常规方法处理富集在灰分或干馏产物中的锗氧化物或硫化物可得到金属锗。如果不分离煤中岩石类成分，那么煤灰中锗的含量很低（大约0.01%）而很难提取。表6-15是分离岩石类成分后锗的浓度。

表6-15 分离岩石类成分后锗的浓度（质量分数）

煤	Ge浓度（灰分中）/%	分离岩石类成分后富集的Ge	
		镜质组分/%	Durit
Kayanuma	0.004	0.26（在灰分中）	—（在灰分中）
Kumanokura	0.003	0.10（木质成分）	—（干馏物）

煤中的锗主要分布在镜煤和褐煤的木质部分，锗在燃烧或干馏时发生挥发，富集在燃烧产物或干馏产物中。

Bivalent地区煤中锗的氧化物和硫化物的挥发温度在500℃以上，在此温度下，即使锗为+4价，也很容易被还原为+2价挥发出来，这与一般矿石中的锗在高于1000℃时才挥发有很大的不同。

一般从烟尘（燃烧温度低于500℃）或干馏产品、焦油蒸气、各种气体（干馏温度高于800℃）中都能获得含锗高的原料，原料的富集可采用物理分离方法，比如静电分离方法和选择性分离方法，也可以在提供空气或氧气时，将高温烟尘加热到大于1000℃，使锗的氧化物或硫化物升华出来。下面是该发明在现实应用中的两个例子。

【例1】 从1t Kayanuma煤（含22.1%灰分），用静电分离法分离出0.4t镜煤（含2.3%灰分），在低于500℃下燃烧镜煤，产生12.8kg烟尘，烟尘中含0.1%的锗，用碱性熔剂处理烟尘，然后再经氯化处理后，可获得锗的氧化物。一般认为，含锗大于0.01%时就能够在工业上利用了。

【例2】 用静电分离法分离出的Shikoku-jutan（木质）煤，在温度大于1000℃时干馏，锗化合物富集在焦油中，利用溶剂萃取和共沉淀得到含锗大于0.1%的原料，得到的含锗原料可采用常规方法收集锗。

6.6.3 从煤中提取锗的方法

该发明涉及从煤中提取锗金属或锗化合物的方法。

煤在高温干馏时，会生成一种非常特殊的含水液体，作为一种干馏产物，锗化合物含在其中。这种液体中占决定性数量的是可溶性有机物和无机物，这种液体称为煤干馏气化液。

该发明提供了处理这些气化液的方法，通过该方法的实施，可得到一种含锗物料并能从中分离出锗。

首选的工序是从气化液中沉淀含锗成分，然后分离出沉淀物。一种方便、有效地沉淀含锗成分的手段是用空气氧化，然后从沉淀中提取锗化合物或金属锗。

在煤的干馏产物中，含锗原料以液态或气态形式存在，从溶液分离出沉淀物，再从沉淀物中回收纯的锗化合物或金属锗。

该发明的优点是气化液可通过几个连续的步骤处理，目前，还未发现有更方便处理气化液的工艺。

任何来源的气化液都可以用该发明提供的办法处理，获得的溶液中锗含量较高。

气化液中锗含量大约为0.001g/L，通常含量大约在0.001～0.01g/L之间。初步的处理步骤是首先分离富含锗部分，这部分能干馏产出含锗更高的气化液。

该发明的工艺流程可用图解方式较好地说明，此外，还提出了几种补充方案。

在图6-21所示流程图中，反映的是气化液中含锗原料的沉淀和锗回收的情况。

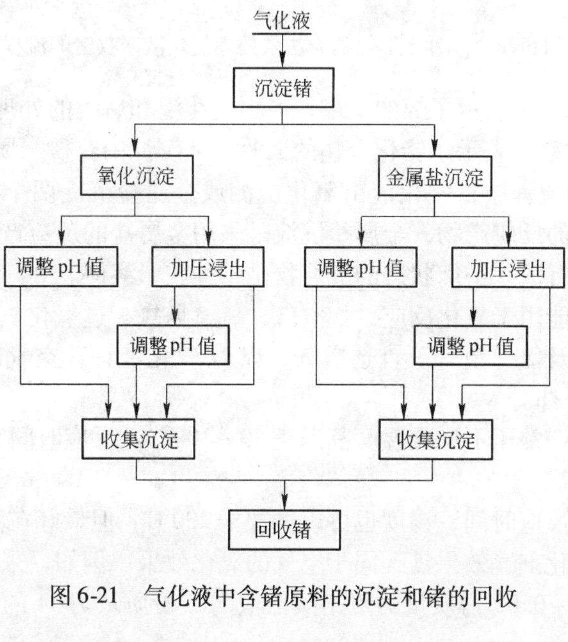

图6-21 气化液中含锗原料的沉淀和锗的回收

图 6-22 所示的流程，表示了一个干馏煤的方法以及由此处理气化液的结果，该工艺也可以作为另一种干馏产品的工艺。

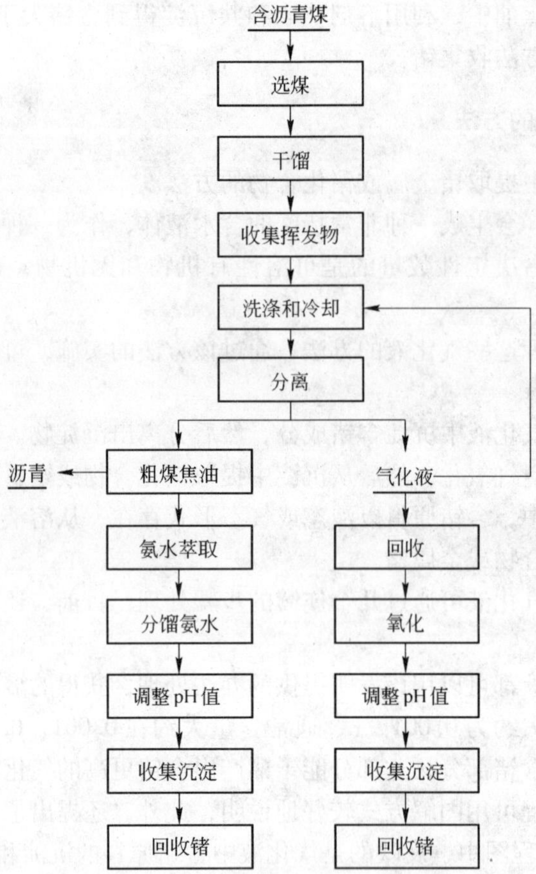

图 6-22 一种干馏煤的方法及处理气化液回收锗的流程

图 6-23 所示的流程，表示了煤的干馏、产出气化液和后续的处理过程。

图 6-24 所示的流程，表示了锗化合物的回收和从沉淀中获得金属锗。

在图 6-21 所示的流程中，气化液由氧化沉淀或金属盐沉淀两个并列的工序处理：氧化沉淀是采用氧化剂的反应产物，金属盐沉淀是采用金属盐的反应产物。氧化反应产出混合物，混合物有部分沉淀，平衡状态的沉淀物是一种胶状溶体。

普通的氧化剂都能用于氧化反应，如空气、氧、臭氧、过氧化氢、重铬酸钾、钠和钾的硝酸盐、硫酸盐以及氯、溴等。首选空气，以 1t 气化液计，空气以 $5\sim10m^3/h$ 的量通入，一般不超过 $15m^3/h$。

空气由风机送入，常压下反应温度范围是 30～100℃。反应时间为 0.5～2h 甚至更长，通常不到 2h 即可完成。

加大压力可缩短反应时间，温度也可以增加至 200℃，但最好在液态下进行氧化反应。

如果用其他的氧化剂，效果需等同于空气的氧化效果。例如，采用质量分数为 20%～60% 的重铬酸，0.01～0.03 份质量的重铬酸溶液与 1 份质量为 1t 的气化液反应。也可以

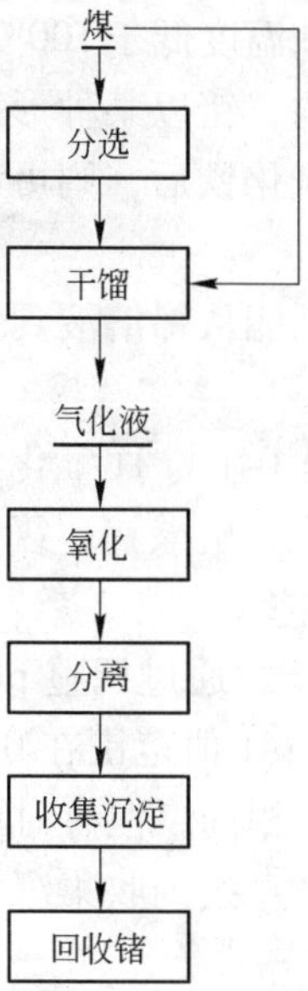

图 6-23 煤的干馏、产出的气化液及回收锗的流程

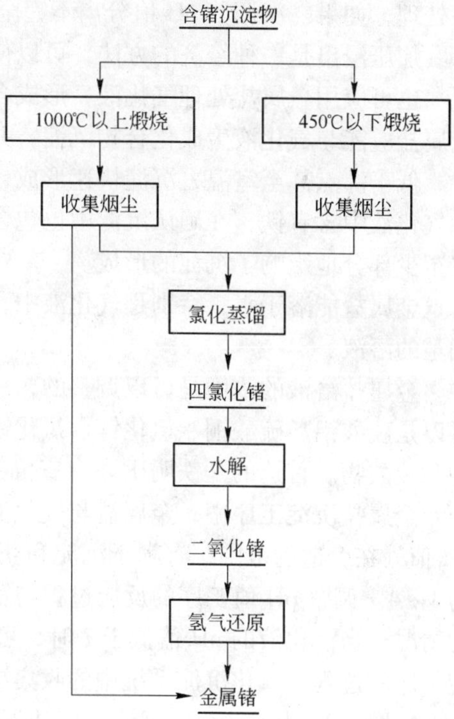

图 6-24 从沉淀中获得锗化合物及锗的流程

用较高或较低浓度的重铬酸溶液，如果溶液的浓度高则用量少。

应用空气作为氧化剂是经济和有效的，试剂用量和反应完全程度如下。

氧化反应中有沉淀物产生，通过取样光谱分析，其结构证明是有机高分子，锗以某种方式存在其中。如图 6-21 所示，有两种方法处理沉淀物：即调整 pH 值的氧化工序和加压浸出工序。

如采用调整 pH 值的氧化工序，其反应物的 pH 值通常控制在 7 以下，较低的 pH 值有利于氧化，因此，pH 值的调整范围大多为 1 ~4 甚至 0，但 pH 值也没有必要太低。

氧化有利于澄清溶液，使胶体颗粒凝结。任何一种合适的试剂都可以用于氧化，无机酸如盐酸、硫酸、硝酸等，也能用有机酸，如蚁酸、醋酸、乙酸、丙酸及甲苯基酸等和能溶解在水中的盐类，如硫酸钠、硫酸铜、硫酸铝钾、氯化钙等。

很容易理解，氧化剂应能方便添加，如以液体物质形式添加，也可以使用酸、盐以及酸和盐的混合物添加。在下述的氧化过程中，如收集沉淀工序，沉淀很容易用移注法分离，滤液则采用离心分离法分离。

为确定氧化过程是否完全，可将滤液 pH 值调整至初始值后再次重新氧化，如果没有新的沉淀生成，则证明原先的反应已经完全。再氧化反应生成的二次沉淀可加到一次沉淀中，并不希望通过再次氧化反应获得新的沉淀。

如果采用加压浸出工序替代调整 pH 值的氧化工序，则加压浸出的温度控制范围为 150 ~250℃，首选较高温度，加热时间为 0.5 ~1h，当沉淀物数量不再增加时停止加热。

冷却后的混合溶液用收集沉淀描述的方法进行分离，或者首先通过二次调节 pH 值工序处理，如果二次调节 pH 值分离不完全，滤液则返回到开始的调整 pH 值氧化工序。

加压浸出是一种经济的方法，可以使混合溶液反应快、分离快。

也可应用金属盐处理气化液，形成含锗沉淀物。如选择一种金属盐与气化液作用，该金属盐应能与气化液生成化合物沉淀，并且反应能在常压和温度低于100℃下进行。

低于沸点甚至室温，沉淀快速形成，并且为高分子结构，锗以某种形态存在其中。如果气化液中含有铁，在确认沉淀中也包含有一定数量的氢氧化铁后，则可认为，铁盐的存在至少部分地影响了沉淀的形成。

金属盐能溶于水，特别是气化液中，最好能形成一系列能从稀溶液到饱和溶液都可以调整的溶液。

金属盐溶液的浓度是可以调整的，一般用量是0.02～0.04t 与 1t 气化液反应，金属盐可以是硫酸铝、硫酸铜、氯化锌、氯化铁、硫酸铁、氯化汞、硫酸锌、氯化铜和铝的氯化物和硫酸物。首选的是铁明矾（含三价铁的钾盐）和硫酸铜。

金属盐沉淀工序中，金属盐与气化液作用后，反应混合物通过调整 pH 值工序，确保 pH 值处在合适的范围，有利于沉淀和获得较多的沉淀物。pH 值范围在 0～7 之间，最好为 1～4。调整 pH 值工序的反应过程与首次调整 pH 值工序相同，但有时可能会出现这样的情况，当汽化液的 pH 值低于 7 时，可从金属盐沉淀工序直接到收集沉淀工序，收集沉淀工序的过程与氧化沉淀系统中的收集沉淀工序相同。

如图 6-21 所示，金属沉淀工序的混合物在加压浸出工序中加压浸出，以促使含锗材料完全沉淀。加压浸出工序操作与氧化沉淀系统中的加压浸出工序相同，加压浸出工序完成后，如果有必要，混合物送到金属盐沉淀系统中的二次调整 pH 值工序，采用像氧化沉淀系统中的二次调整 pH 值一样的方法调整 pH 值，或者直接到收集沉淀工序，以后的工序与回收锗工序中描述的一致。

从图 6-21 中还可以发现，如气化液采用氧化沉淀或金属盐沉淀的方法，加入一种具有氧化作用的试剂处理，则生成的沉淀还会含有部分气化液，气化液中还含有锗。

如图 6-22 所示为一种处理块状含沥青煤的方法，首先在选煤工序中分选出镜煤成分。锗在镜煤中富积，有三种分离方法。

第一种为：煤破碎时，镜煤和有光泽的煤比暗淡的煤更容易破碎，生成容易区别开的粉末。

第二种是利用镜煤和暗煤的静电性质，在不同负荷的电极间输入粉煤，镜煤被一电极吸引而暗煤在另一电极。

第三种是浮选，镜煤比暗煤更易浮选。

在日本煤中，镜煤的比例为 30%～70%。干馏工序中，高温干馏的操作温度应高于 800℃，最好是 1000～1200℃。干馏方法是常规的，但涉及该发明的干馏产物——气化液中发现了锗。

挥发性的干馏产物是含有气体、气化液及容易分离的含水颗粒的混合物。在洗涤和冷却工序中，干馏产物（气化液）和一部分先前已经过该工序清洗和冷却过的气化液一起被清洗和冷却，该气化液经过管线反复循环，另一部分则经过管线到回收工序，从干馏炉中排出。锗浓度为 0.01%～5%，通常用 0.1%～3% 的弱碱溶液，如氢氧化铵、碳酸钙、碳酸氢钠溶液等清洗和冷却干馏产物（气化液），气化液是含水黏稠物，由挥发物浓缩而成，含有氨、氨盐、有机及无机物等。

虽然可以先将干馏产物的其他组成，如气体和碳氢化合物分离，但该发明首先考虑分离气化液和煤焦油。在分离工序中，分离气化液和煤焦油时，部分气体被循环，剩余部分作为回收物在回收工序中排出。回收工序可以是蒸馏，此处获得氨和氨盐，这个工序也可以处理含锗沉淀，但最好还是采用如图 6-22 所示的工序。

回收工序处理后的产物送到氧化工序中氧化，随后在调整 pH 值工序中调整 pH 值，它们的效果与图 6-21 中的氧化沉淀工序及调整 pH 值工序相同，调整 pH 值工序后，是多次重复处理锗金属的工序，处理后将其集中到回收锗工序进行处理，下面将详细描述。

如图 6-22 所示，粗煤焦油经处理产出沥青后，煤焦油送氨水萃取工序，用氨水处理。一种适宜的氨水是质量为 0.01% ~5% 的胺溶解在水中，0.1 ~1 份这样的溶液与 1 份焦油作用，常温下反应，反应结束时发生两相分离。

在进一步氧化反应前，氨水或锗物料带的氨就与锗物料分离（见图 6-22），或者在调整 pH 值工序中调整 pH 值，直接氧化，如同图 6-21 所示的调整 pH 值工序一样。应注意的是，在氧化工序和调整 pH 值工序中，也能有效地分离氨水。

收集沉淀工序所得沉淀物经过回收锗工序，也可以与气化液处理系统中收集沉淀工序所得到的沉淀物合并后再送到回收锗工序。

在图 6-23 中，煤经过（也可以不经过）分选工序到干馏工序。如果锗是以某种结构方式存在于煤中，那么，最好在分选工序用合适的分离方法使之分离，然后再到干馏工序。

也有不需要作分选处理的煤种，例如褐煤，含有很多的木质素，就可以直接到干馏工序。

所得的挥发性干馏产物、气化液在氧化工序被分解和氧化，由氧化工序所得的沉淀物在分离工序处理，在回收锗工序中获得锗产品。

图 6-24 所示是从沉淀物中获得锗的化合物和金属锗的工艺。

沉淀物来源于图 6-22 的两个收集沉淀工序、图 6-23 的收集沉淀工序和图 6-21 的两个收集沉淀工序。

处理沉淀物的简单、普通方法是煅烧干燥的沉淀物得到含 GeO_2 的物料，然后转变锗的氧化物为 $GeCl_4$，经水解后制得高纯度的 GeO_2，最后转变为金属锗。

按此工艺，沉淀物在富氧气氛，如空气、氧等，在约 450℃下煅烧，烟尘由收集工序收集。烟尘中含锗 1% ~2% 。

在氯化蒸馏工序中，烟尘与浓盐酸混合后发生氯化反应，生成沸点大约 85℃的 $GeCl_4$ 液体，如果有必要，可以进一步提纯为光纤用 $GeCl_4$。

在水解工序中，$GeCl_4$ 用去离子水水解，产出 GeO_2 沉淀，然后在氢气还原工序用氢还原得金属锗。

按照改进和推荐的工艺，可用空气或氧气处理沉淀物，煅烧温度高于 1000℃，烟尘在收集烟尘工序中收集。烟尘中的含锗量达 10% ~40% ，采用氯化蒸馏、水解、氢气还原工艺可制得很纯的锗金属。

需要指出的是，如果水解工序得到的 GeO_2 纯度不很高，可以将其返回到氯化蒸馏工序，再次氯化，然后再采用相同的后续工序制得纯度更高的 GeO_2。

该发明涉及的方法不妨碍煤及煤干馏产品的正常利用。

下面的实例将有助于对发明的进一步理解。

【例 1】 100t 日本 Kumanokura 煤（块状含沥青煤），用静电分离法分离得到 40t 镜煤后干馏，温度为 1000～1100℃，时间 12h。干馏产品为气化液，数量为 4t，pH 值为 8.6，将其放入反应器氧化，反应温度为 65℃，以 $10m^3/h$ 的空气通入液体，时间持续 2～3h。氧化过程中，生成的沉淀物在容器底部，溶体呈胶体状，加入 8kg 浓硫酸、调整 pH 值为 2.0～3.0，使之酸化。当浮在上面的液体变清时，倾斜将其排除，过滤和干燥沉淀，大约得到 4kg 沉淀物。干燥的沉淀物在炉子中于 1000～1150℃ 下煅烧，煅烧时搜集挥发性烟尘，煅烧到没有烟尘产生为止，此时烟尘量为 0.04kg，加入 120mL31% 盐酸溶液混合并蒸馏得 $GeCl_4$，沸点 85℃，$GeCl_4$ 水解产生 GeO_2 沉淀，过滤、洗涤、干燥后得到 6gGeO_2，GeO_2 用氢气还原为金属锗，约为 4g，纯度在 99.99% 以上。

【例 2】 100t 日本 Yubari 煤，用静电分离法分离后得到 60t 镜煤，在 1000～1100℃ 下将其干馏 20h。从干馏产物中获得气化液 6t，其 pH 值为 9.2，气液在(5～6)×101.3kPa 大气压下，150℃ 温度时，用 3t 空气、氧化 45min。氧化期间，混合物呈液相，添加 6kg 浓硫酸，调整 pH 值为 2.0～3.0。沉淀稳定后，倾注排去浮在上层变清的液体，得到无水沉淀物 10kg，在 450℃ 下，煅烧得到大约 1kg 烟尘，加 2000mL31% 盐酸溶液与之混合并蒸馏，蒸馏条件与例 1 相同，水解得到 8gGeO_2，将其用氢气还原后得到 5.2g 纯度为 99.99 以上的金属锗。

【例 3】 100t 日本 Jutan 褐煤（含木质物），在温度 1000～1050℃ 时干馏 10h，获得 pH 值为 8.0 的气化液 15t。2～3h 内，通入空气 $10m^3$，在温度 50～60℃ 时氧化，然后加入 30kg 浓硫酸，调整 pH 值为 2.0～3.0 酸化，获得无水沉淀物约 30kg，将其在 450℃ 下煅烧得烟尘 3kg，烟尘处理如例 2，最后产出纯度在 99.99% 以上的金属锗 16.1g。

【例 4】 用日本 Takashima 含沥青煤，通过干馏得到 1L 气化液，添加 60mL 铁矾水溶液（1mL 含有 10mg 铁），在室温下搅拌完全，然后静置几小时，过滤、收集沉淀。对滤液 30mL，再添加 30mL 铁矾水溶液，如上述的搅拌、静置和过滤，两次沉淀合并量为 0.9g，分析其含锗为 0.07%～0.1%，按照图 6-24 描述的工艺，锗的回收率在 90% 以上。

6.6.4　从碱性煤灰、烟尘以及类似褐煤燃烧渣中回收锗

该发明是一项改进的回收锗工艺、即从碱性煤灰、烟尘以及类似褐煤燃烧渣中回收锗的工艺。

该工艺涉及采用萃取法和化学法处理经过分类的煤灰和废弃的煤渣，以便回收以化合物形式存在的锗。

众所周知，锗在煤中的富集程度相当高，该发明涉及一种从煤灰和废弃的煤渣中回收锗的工艺，该工艺由以下步骤组成：用卤化气体处理已经过分离的煤渣，使锗的化合物转化为可溶解的卤化物；用水洗处理煤渣使锗化合物溶入水中；将水溶液用硫化物水溶液处理得到锗化合物沉淀物。

由于煤本身的性质，一些煤的燃烧产物是碱性的，这些煤中可能含少量天然形成的碱性物质，如碳酸钠、碳酸钾、石灰石以及类似的碳酸盐。这些碱性物质大多集中在燃烧后

的烟尘中，所以燃烧后的产物碱度较高。在用该技术处理这些碱性烟尘时，先用过量的卤素，将锗化合物转化为卤化物。进一步的研究发现，锗在碱性煤渣中以水溶性锗化物的形式存在，主要是碱金属、碱土金属以及锗酸盐。这些化合物可以用水洗，使锗的硫化物转变为沉淀物而分离。

目前，由于经济方面的原因，人们对从各种原料中回收锗表现出很大兴趣。根据产地的不同，煤中也许含有少量其他金属，它们有很大的经济价值，例如锗。

发明的目的是改进从碱性煤灰中回收锗的工艺，另外也为处理碱性煤灰提供一种可操作的工艺，即水洗已分离的碱性煤灰提取可溶的锗化合物，然后用硫化物处理溶液，得到锗的硫化物沉淀物，再回收锗。

发明主要包括下列步骤：水洗已分离的煤灰来提取其中可溶的锗化合物；用硫化物溶液处理锗的化合物，以硫化物形式沉淀锗。

获得的沉淀物可以在富氧中通过燃烧来分离硫，可将硫化物转化为锗的氧化物，然后还原为金属锗。最好是将多种硫化物直接加入洗水中，当煤灰中存在大量的锗时，用水洗来沉淀已硫化处理过的锗化合物，由此产生的沉淀为巧克力色，主要由单质硫、GeS、GeS_2 组成，用 CS_2 在沸腾的酸性溶液中洗涤沉淀物，可除去部分硫。

作为提锗原料的煤灰，要求有一定细度且容易分离，这可保证能充分地提取锗的化合物。如果煤灰不易分离，可以将其研磨成粉，磨碎的程度取决于煤灰中灰分的自身物理特性。软而多孔、呈薄层片的灰分不必磨碎。通常，为了获得高的锗化合物回收率，应该将煤灰磨碎到一定粒度。

从煤灰中提取锗的化合物可以在常规的过滤提取装置中完成。灰分首先形成悬浮物或浆液，灰分微粒与水充分接触，唯一的要求是要完全洗涤和排干水，排出的水溶化合物可以排入一个不往外排的水池中，当水溶化合物的量积聚到足够多时还可将其回收处理。

含灰分较多的原料宜洗涤多次，以保证充分提取其中的锗化合物。根据洗涤的次数，用水量为灰分重的 0.5 ~ 4.5 倍不等，灰分重量最好是洗水的 1 ~ 3 倍，否则，利用过量的水处理煤灰，会增加费用。

完全浸湿煤灰所需的水量约为煤灰质量的 1/3，所需的水量由于灰分的类型和物理性质有所不同。与灰分的含锗量相比，溶液中的锗浓度富集了 1.5 倍。

锗化合物从灰分中洗出后，过滤溶液除去沉淀物。含锗化合物的溶液为碱性溶液，加入足够的盐酸使溶液的 pH 值降到 5 以下，适宜的 pH 值在 2 ~ 4 之间。溶液酸化的目的是便于沉淀锗化合物，并使其他金属留在溶液中。

由于锗化合物以多种形态存在，应避免其被铁、铝、硅等金属污染。大多数情况下，应该使溶液有相当高的酸度以减少铁、铝、硅等化合物的存在，如，硅在 pH 值为 5 时沉淀，铁和铝在 pH 值为 4 ~ 5 时沉淀。如果溶液的酸度不高，过滤时，镓、钛就会沉淀出来，可以从酸性滤出液中回收这些不同的金属。通常，盐酸量为原料量的 0.5% 到 2% ~ 3%。

从滤液中沉淀锗，最好用碱金属的硫化物，比如硫化钠（钾、锂、钙、钡、锶）等。在沸腾的碱金属氢氧化物溶液中，加入硫黄很容易制备这些硫化物的水溶液，如将质量为 100g 的硫黄与质量为 250g 的苏打溶液反应，直到硫黄溶解，然后稀释到质量为 2500g，就可制备硫化钠溶液。加入洗涤水或滤液中的硫化物量最好比与煤渣中锗化合物反应所需的理论量多一些，对大多数灰分样品，以原料的灰分为基准，加入硫化物水溶液的量为理论反应量的 1.005 ~1.05 倍，过量的硫化物可以以硫黄的形式回收。

可以把滤液温度升高到沸腾以加速锗化合物的沉淀，最好通入大量水蒸气，溶液中的硫化氢不必排出。当硫化物加入到原始洗涤水中，再从洗涤水中分离煤灰后就需对溶液进行酸化。当提取物和水互溶时，酸化就在加入硫化物前一步进行，酸化也可以在加入硫化物之后进行，用移注、过滤或部分移注后再过滤的方法分离沉淀物，沉淀物可以收集在沉淀槽及过滤器中，或是这些装置的组合设备中。

由于锗化合物的酸化液里溶解的硫化物可能析出硫黄，所以过滤出的沉淀物最好用溶剂（如 CS_2）洗涤，以便除去沉淀物中的硫黄。如果沉淀物中含有 As，则用重碳酸钠洗涤。在富氧或过量的空气中燃烧沉淀物（在封闭的曲颈瓶中进行，以防挥发损失），使锗的化合物转化为 GeO_2，然后加热沉淀物除去存在的空气或其他氧化性气体，以进一步富集锗的化合物。GeO_2 在还原性气体中加热生成金属锗，最终的产品用常规方法提纯。

该发明将用下面具体的例子来进一步说明。

【例 1】 取 1000g 碱性灰分于 1L 的水中搅拌，直到灰分悬浮，然后将溶液加热到沸腾，过滤后滤渣分别用 1L 的热水和冷水洗涤，在滤液中加入 50mL 浓度为 1.2N 的 Na_2S 溶液混合，再与盐酸反应并静置，在静置过程中产生的沉淀物由粉红色变为暗褐色，过滤沉淀物并将滤饼烘干，产品净重 1.2970g，相应地每吨灰分产品净重为 1176.6g。

【例 2】 取 1000g 碱性灰分，加入 50mL 浓度为 1.2N 的 Na_2S 溶液，混合物溶液加热到沸腾，过滤后滤渣分别用 1L 的热水洗涤 2 次，滤液与盐酸反应并静置。在静置过程中，沉淀物开始由浅红色变为黑色，静置 12h 后过滤，滤饼干燥。沉淀物是典型的巧克力褐色，产品净重 1.3g，相应的，每吨灰分产品净重为 1179.39g。

【例 3】 取 1000g 碱性灰分，用 1L 沸腾的水分别洗涤三次，滤液中加入硫化钙溶液，然后加入硫酸反应，分离出大部分粉红色的沉淀物。滤液静置 12h 后，加入过量的硫化钙，过滤。将两次所得的沉淀物再溶于 NaOH 以提纯产品，过滤后再酸化溶液得到沉淀物。沉淀物用 CS_2 洗涤，以除去沉淀物中的硫黄，最终的产品为暗褐色，重 0.3162g。相应的，每吨灰分的产品净重为 286.85g。

【例 4】 取 1000g 碱性灰分，加入 1L 水，加热，沸腾 30min 后过滤，灰分分别用 1L 沸腾的水洗涤 2 次，滤液有 2400mL。将上述滤液平均分成两份，一份样品加入 10mL Na_2S 溶液（每升溶液含 40g 硫、100g 可溶性苏打）。另一份样品加入 7.5mL 相同的 Na_2S 溶液。两个样品都与盐酸反应，并加热提取凝结的产品。第一份样品的产品重 0.2380g，相应的，每吨灰分产品净重为 215.9g；第二份样品的滤液略呈粉红色，表明沉淀不完全，沉淀物重 0.2365g，相应的，每吨灰分产品净重为 214.5g。

【例 5】 取 1000g 碱性灰分，加入 1L 用 40mL 饱和硫化钙溶液加水稀释后的溶液，加热溶液，沸腾 30min 后过滤，分别用 1L 水洗涤灰分 2 次，滤液与 15mL 浓盐酸反应，并加热到有沉淀物产生，产生的沉淀物重 2.985g，相应的，每吨灰分产品净重为 270.79g。

【例 6】 取 1000g 碱性灰分，加入 1L 用 40mL 饱和硫化钙溶液加水稀释后的溶液，加热溶液，沸腾 30min 后过滤，分别用 1L 水洗涤灰分 2 次，最后一次的洗水分开放置。滤液酸化两次，最初的滤液加热产生沉淀物，最后的洗水加热沸腾产生凝结物，此时的溶液是乳白色的，其亮度随加入 4 ~5 滴 Na_2S 溶液而增强，最后变成了沉淀物，溶液变清。从 1000g 碱性灰分中得到的产品重 1.0925g，相应的，每吨灰分产品净重为 990.7g。

【例7】 取1770g碱性灰分，加入1500mL用60mL饱和硫化钙溶液加水稀释后的溶液，加热溶液，沸腾30min后过滤，洗涤滤渣。滤液用18mL浓盐酸酸化，产品重5.215g，相应的，每千克灰分中，产品净重为2.94g或每吨灰分的产品净重为266.7g。

【例8】 取10kg碱性灰分放入8加仑陶瓷容器中，将2mol的硫化钠稀释到4L后加入陶瓷容器，混合，静置12h后，用10L水洗涤灰分3次，过滤。得到的滤液收集在8加仑的陶瓷容器中，用盐酸酸化，沉淀锗的硫化物（加热可以加快沉淀），过滤出的沉淀物用CS_2洗涤除去硫，最后得到的产品为微红色。

由于该发明的流程简单、高效，所以它可用于从一般的碱性煤渣中提取锗的化合物。

为形成较高的碱度，可以在煤入炉前混入少量的碳酸钠、石灰石、石灰、苛性钾、碳酸钙或类似的物质。碱性物质使煤在燃烧时使锗存在于灰分中，并产出易溶于水的锗化合物，然后通过该发明，提取和回收锗。很显然，在不脱离上述阐明的核心技术范围内，发明可以作许多改进，具体的改进措施已在上面的例子中说明。

从碱性煤灰中回收锗化合物的工艺包含了下面的基本工序：用0.2~5倍灰分重的水洗涤灰分，水中含有金属硫化物，金属的选择可以是碱性金属或碱土金属。加入0.02%~0.2%比灰分重的硫化物（加入硫化物的量最少应等于灰分中锗化合物按化学反应计算所需要的量），对洗涤过的含锗化合物溶液，用盐酸酸化，使溶液的pH值在2~4之间，加热酸化的溶液到沸腾，以加快锗化合物的析出，分离沉淀的锗化合物。

6.6.5 从水煤气中回收锗的工艺

该发明是关于从水煤气中回收锗的改进工艺。

生产厂家的煤气中含GeO_2量不同，通常为0.05~2.0g/m^3，这主要取决于所使用的煤等含碳物质。

该发明旨在提供一种经济简便的工艺，以回收水煤气中的锗。

该发明用醛类，尤其是甲醛，使得水煤气产出沉淀物，分离沉淀物后煅烧，从收集的烟尘中回收锗。

水煤气应首先进行脱酚，脱酚后的气体中还含有较多的酚类物，它可与醛类形成沉淀物。试验证明，水煤气中的大部分锗（多数情况下大于85%）富集在沉淀物中。

该发明可用于处理天然水煤气，也可用于处理煤燃烧的副产品——所谓的合成水煤气。

水煤气最好先用有机溶剂萃取，以除去一元酚和二元酚，例如邻苯二酚等。脱酚后的水煤气中仍然含有酚类，它可与醛类产出沉淀物，在这种情况下，得到的沉淀物很少，但它却富含锗。如果将pH值控制在2~3，将会得到更多的沉淀物，提取更多的锗，而醛的用量却减少了。该发明获得的沉淀物很容易燃烧得到烟尘，其中的GeO_2含量达到了3%~5%，通过盐酸浸出并蒸馏，可以很方便地得到$GeCl_4$。

为便于理解该发明，给出如下实例加以说明。

【例1】 将6.2L含35%的甲醛，加入到含GeO_2 1.5g/m^{3}的1m^{3}水煤气中，使其沸腾1h，冷却后，真空萃取过滤沉淀物，获得6.4kg含GeO_2 0.02%的沉淀物，锗产率为85.3%。

【例2】 将20L含35%的甲醛，加入到已用有机溶剂萃取二元酚的含GeO_2 1.5g/m^{3}的1m^{3}水煤气中，使其沸腾1h，冷却后，过滤，获得4.7kg含GeO_2 0.028%的沉淀物，锗产率为 88.0%。燃烧沉淀物，获得 64g 含 GeO_2 2.04% 的烟尘，通过盐酸浸出、蒸馏，能以 $GeCl_4$ 的形式回收超过 90% 的锗。

【例 3】 将 20L 含 35% 的甲醛，加入到例 2 中已用硫酸酸化的 1m^3 水煤气中，使其沸腾 1h，冷却后过滤，获得 1.97kg 含 GeO_2 0.075% 的沉淀物，锗产率为 98.5%。燃烧此沉淀物，得到 38g 含 GeO_2 3.6% 的烟尘。

【例 4】 将 12L 含 35% 的甲醛，加入到例 2 中已用硫酸酸化的 1m^3 水煤气中，使其沸腾 1h，冷却后过滤，获得 1.79kg 含 GeO_2 0.08% 的沉淀物，锗产率为 95.5%。燃烧此沉淀物，得到 31g 含 GeO_2 4.3% 的烟灰。

【例 5】 将 1m^3 含 GeO_2 36g/m^3 的合成水煤气，通过用等量的 1%（NH_4）CO_3 溶液萃取煤焦油，溶液用乙酸丁酯萃取邻苯二酚后，用硫酸酸化，然后加入 10L 甲醛，使其沸腾 1h，冷却后，过滤，获得 5.2kg 含 GeO_2 0.067% 的沉淀物，锗产率为 95%。燃烧此沉淀物，得到 1.08kg 含 $GeO_2$3.2% 的烟尘。

6.6.6 从煤烟尘中回收镓和锗

该发明是关于从煤的烟尘中回收锗和镓的一种方法。

工业锅炉燃烧煤时产出烟尘，这些烟尘包括飞扬尘，静电尘、湿法尘、布袋尘等，采用收尘设备将这些烟尘收集。烟尘一般为细颗粒，这些细颗粒主要含有硅、铝及少量的 Ni、Ga 和 Ge 等，此外还含有其他的一些元素，如 As、Pb 和 Sb 等。

对于回收烟尘中的某些稀有元素，美国矿务局曾作过调查报告：《从煤烟尘和冶炼磷烟尘中回收锗和镓》。

由 R. F. Waters 和 H. Kenworthy 编写的报告中介绍了美国矿务局回收锗和镓的成果。报告中描述了采用微量元素升华法的工艺。

美国专利（4475993）进一步介绍了从一种细颗粒的工业烟尘中回收银、镓和其他微量元素的工艺技术。该工艺技术包括烟尘与 $AlCl_3$ 在一种熔化的卤化碱中接触，$AlCl_3$ 与微量元素在熔体中反应，生成可溶的化合物和硅酸盐、Al_2O_3 的残渣，然后，用电解和其他分离技术从熔体中分离出所需要的微量元素。

该发明的目的是提供一种更好、更经济的方法来回收镓和锗。

6.6.6.1　发明概要

该发明是从烟尘中分离镓和锗的方法。主要包括：烟尘首先制粒，然后，在温度大约为 900℃的氧化气氛中挥发砷和硫等，再在大约 900℃的还原气氛中，使高价氧化物转化为低价氧化物，最后，在更低的温度（大约 700℃），用浓缩的方法分离镓和锗的低价氧化物。

6.6.6.2　发明详细描述

该发明是从含镓和锗的烟尘中分离、提取镓和锗。烟尘中，镓的氧化物为 Ga_2O_3，锗的氧化物为 GeO_2。

原料来自于燃煤发电产生的烟尘，这种烟尘一般是不纯的硅酸盐，包括大量不同形式的铝、氧化铁、碱土氧化物、碱性氧化物，少量的其他元素和镓、锗等。烟尘中，镓和锗的含量为每吨几十克到几千克不等。美国东部煤烟尘中，这两种元素的含量比美国其他地方的含量高。

烟尘中，镓和锗的含量取决于燃烧条件、收尘系统和煤的组成。

大风量燃烧时，得到的烟尘中，镓和锗的含量高。在一个工厂有几个收尘系统的情况下，不同收尘设备中，烟尘中镓的含量也不尽相同。

该发明中，首先处理烟尘，其目的是除去尽可能多的其他元素。专利（813968，1985，12.27）中提及了此方法。

将烟尘制成球状颗粒，以便在氧化和还原时，避免烟尘被气体带走。

利用标准方法来评价球状颗粒的强度，如采用圆鼓或圆盘。制备强度较高的小球是很重要的，因为在反应器中它们层层堆放，必须保证小球有足够的强度以支撑上部的重力及磨损，并且要有足够的空隙，以便气体流过。

用直接加热的方法，加热炉子中的小球，在氧化气氛中除去烟尘中的砷和硫。在直接加热炉中，温度最好高于900℃，但不应高于烟尘的熔化温度，因为在较高温度的氧化气氛中，砷和其他微量元素有更高的挥发率，但又不希望小球熔化并黏在一起。温度一般不超过1100℃，适宜的反应温度是比烟尘的熔点低50℃，以免发生意外情况。

氧化过程除去了挥发性的元素，如砷和硫等。下一步是在还原气氛中，将小球中的高价氧化物还原为低价氧化物，使其更易挥发。

还原反应在相同的温度条件下进行，还原气体可以是 H_2、CO、合成气体（CH_4 和 CO_2 的混合物）、CH_4 及挥发性的碳氢化合物或在其中混入气体（如 N_2）的混合物。还原气体可以用天然气或挥发性的碳氢化合物部分氧化制成。

表6-16给出了一种类型的烟尘在不同温度时以及在温度升高到1200℃时，镓的挥发情况。还原气氛由5%的 H_2 和95%的 N_2 组成。

表6-16 一种类型的烟尘在不同温度时镓的挥发情况

初始原料含镓240/g·t^{-1}			
温度/℃	挥发时间/h	烟尘中含Ga/g·t^{-1}	回收Ga/%
900	1	100	58.3
	3	69	71.2
1000	1	74	69.2
	3	47	80.4
1100	0.5	90	62.8
	1	63	73.7
1200	0.5	120	50.0

该方法的最后一步是从气体中分离出低价氧化物，这可在表面冷却装置中完成，如环形冷却器或其他类似装置。另外一种分离方法是用可溶解低价氧化物的溶液溶解此低价氧化物，例如稀酸溶液。

【例1】 烟尘来自两个燃烧煤的能源工厂——Stuart 工厂和 Kammer 工厂。Georgia Marble 公司用G-24的空气筛筛出小尺寸颗粒，这些颗粒的质量约占初始原料的10%。原料烟尘和小尺寸颗粒中镓的含量见表6-17。

表 6-17　两种原料烟尘和小尺寸颗粒中镓的含量（质量分数）

Kammer 工厂	原料烟尘	镓的含量：108×10^{-6}
	小尺寸颗粒飞灰（占初始原料 10%）	镓的含量：233×10^{-6}
Stuart 工厂	原料烟尘	镓的含量：71×10^{-6}
	小尺寸颗粒飞灰	镓的含量：157×10^{-6}

将小尺寸颗粒烟尘部分制成球状颗粒。对 Stuart 工厂的原料，将 2.25kg 的小尺寸颗粒烟尘与 0.045kg 的磨拉石、0.321kg 的水混合，然后在一个转鼓中制粒，并过筛，那些太大或太小的小球重新混合后再返回转鼓制粒，合格的小球用烘箱干燥。Kammer 工厂的小尺寸颗粒烟尘，制成的小球含 70% 的灰分、18% 的高岭土和 12% 的水。

【例 2】 Stuart 工厂的小球重 665g，直径 2 ~ 3.4mm，在 30% CO_2、70% N_2（体积分数）的气体中加热，1000℃下保持 30min，然后改成 H_2 气氛，测定气体流速为 5L/min，温度达到 1100℃时保持 3h。镓和锗的低价氧化物收集在用空气冷却的石英冷却器中，将这些收集物溶于 HNO_3 后，蒸发，称重为 0.85g。

表 6-18 的分析结果显示，产物含 10.02% 的镓，小球中镓的含量为 157×10^{-6}，工艺过程中回收了约 80% 的镓。

表 6-18　Stuart 公司原料的产出物组成和含量

元素组成	质量分数/%	元素组成	质量分数/%
Al	0.78	Zn	22.96
Si	0.54	Ga	10.02
S	4.68	Se	0.75
Ca	0.08	Sn	2.27
Fe	0.13	Pb	36.17
Ni	0.21	O	21.40

【例 3】 Kammer 工厂的小球，由于其烟尘的熔点较低，故除升温的最高温度为 1000℃而不是 1100℃外，其他处理方式与例 2 相同，小球由 100g Stuart 工厂的烟尘物料，10g 高岭土和 405g Kammer 工厂的烟尘物料组成，收集到的冷凝物为 0.41g，组成见表 6-19。产物中含 3.56% 的镓和 4.63% 的锗，工艺过程中回收了 14% 的镓和 6% 的锗。

表 6-19　Kammer 公司原料的产出物组成和含量

元素组成	质量分数/%	元素组成	质量分数/%
Al	1.24	Ga	3.56
Si	1.08	Ge	4.63
S	4.87	Se	1.59
Ca	0.09	Sn	1.50
Fe	0.16	Pb	55.15
Ni	0.33	O	19.51
Zn	6.30		

煤中锗的提取方法，除上述介绍的以外，还有离子交换法、丹宁沉淀法等。20世纪研究的煤中锗的提取方法虽然有多种，但普遍存在回收率不高，工艺较复杂、成本较高，产品纯度不够理想等许多问题。

基于我国锗资源现状，分散于煤中的锗储量很高，我国煤矿锗储量居世界首位的基本国情，应加强对煤炭综合利用的研究，重视对煤中稀散元素的综合回收利用，这不仅对发展我国稀散金属事业具有重要意义，也是我国21世纪实现煤炭可持续发展的必然要求。

7 有色金属冶炼副产品中锗的提取

本章主要介绍从锌矿、铜矿、铅矿、锌硫化矿、铜锌硫化矿中提取锗，从闪锌矿、铅锌矿、风化岩石和烟气中回收锗以及从含锗废料中提取和回收锗及锗化合物的工艺。

7.1 锌矿中提取锗

7.1.1 锌冶炼中回收锗

锌冶炼中回收锗主要采用萃取法和萃取色谱法，分别叙述如下。

7.1.1.1 萃取法

硫化锌精矿经沸腾焙烧、焙砂经中浸、低酸浸出、高酸浸出后得到含锌浸出液，浸出液净化后送去电解，锌废电解液再返回浸出，随着浸出液的不断循环，浸出液中的锗浓度逐渐提高。提锌工艺，通常采用黄钾铁矾法，沉矾上清液则作为回收锗的原料液。

锗原料液（萃原液）和贫有机相（不含锗），分别由流量计控制加入萃取槽内，进行三级逆流萃取后，得到含锗低于2.5mg/L的萃余液，将其返回锌系统。饱和有机相（富含锗的有机相）则逆流到反萃槽内进行一级反萃取，将锗转入反萃取槽的水相中，从反萃取槽流出的水相（反萃液），即为富含锗的产品液，其工艺流程如图7-1所示。

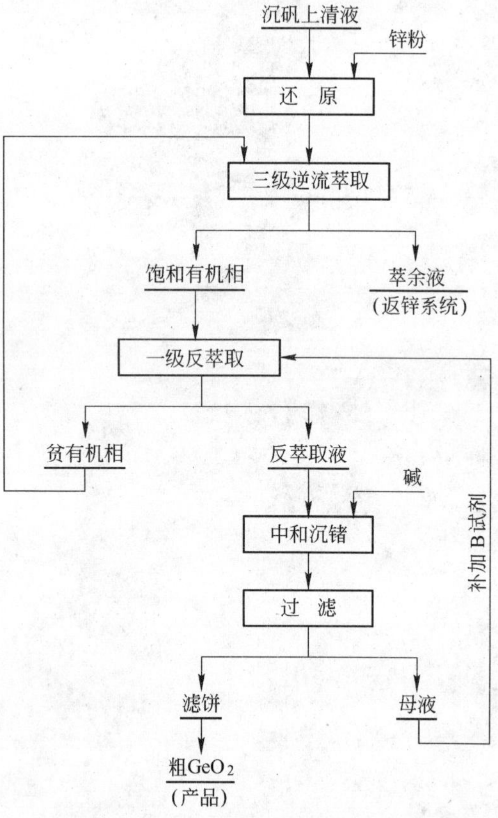

图7-1 锌液中锗的回收工艺

7.1.1.2 萃取色谱法

目前，从炼锌渣中回收锗主要采用溶剂萃取法，所用的萃取剂主要有Kelex100、Lix63、YW100、N235等，但溶剂萃取存在乳化问题。采用萃取色谱法可减少溶剂损失，同时保留了溶剂萃取法的高选择性。

用N235为萃取剂，合成萃淋树脂（简称CL-N235），将其装入色谱柱中，用0.25mol/L的H_2SO_4平衡，按一定的流速让料液流过色谱柱，负载固定相经水洗除杂后用反洗液反洗，锗入水相即可。该工艺选择性好，流程短，操作简单，所用试剂廉价易得。

7.1.2 锌矿中提取和纯化锗

专利 US4090871 提供了一个从锌矿中提取和纯化锗的方法，内容如下：

发明描述了从锌矿中提取含量非常低的锗的方法，该方法将锗转化为某种锗化合物，并对锗化合物进行纯化，以获得高纯度的产品。

发明描述的工艺获得的产物是锗的氧化物（GeO_2），可用目前已成熟的方法将其制成金属锗。制备金属锗的工艺已很成熟，在下文中将不再描述。

发明的核心是获得高纯的 GeO_2，它可以直接销售，也可以转变为金属锗，或用已知的方法转变为任何需要的锗化合物后销售。

目前，有许多种生产锗的其他技术，不过，这些技术总有一些缺点。对含锗的物料进行加工时，其中的杂质砷会与盐酸反应生成剧毒的氢化砷（AsH_3）气体，此外，这些工艺排出的废液，酸度很高，治理难度较大，因此，该发明的目的之一就是要提供提取锌矿石中锗的技术，并且不会出现现有技术中存在的不足，尤其是不会生成 AsH_3。该发明的另一个目的是相对于现有技术，从矿石中提取锗时，加入的添加剂数量要较少，并且价格要较低廉。发明的最终目标是要提供生产高纯锗的工艺，也就是理论上，锗含量至少要达到 99.90%。

上面描述的工艺主要包含下列各步骤：

（1）把硬锌从蒸馏塔底部转移到真空炉中处理；

（2）步骤（1）中是在无氧（真空）条件下，分离其中的锌；

（3）从步骤（2）中回收蒸馏残余物；

（4）用 Cl_2、水与蒸馏残余物反应生成 $GeCl_4$；

（5）回收 $GeCl_4$、HCl；

（6）将 $GeCl_4$ 水解生成 GeO_2；

（7）选择地将 GeO_2 转变为金属锗。

按该发明的第一步骤（1），用蒸馏塔分离锌，该步骤能大量地富积锗而被推荐使用。很明显，从锌矿中提锌的生产设备包含一系列主要用于制取粗锌的处理装置（这些装置在某些科技文献中已作了详细的论述）和粗锌进行精馏的一组连续的称为“精馏塔”的设备，在精馏塔底部的硬锌中，锗发生富集，例如，如果锌矿中含锗量为 30g/t，也就是含锗 0.003%，那么，从蒸馏塔底部出来的硬锌中，含锗大约在 0.6% ~0.8% 之间，因此，采用该技术，在步骤（2）中，要将硬锌中的锌分离，可在无氧条件（真空）下进行真空蒸馏。

实际上，此处所指的真空蒸馏炉，包含了一个有独立支撑架的柱形蒸发室和一个用循环水冷却的用于收集锌的冷凝器，两部分用大直径短管相互连接。此外，采用真空泵通过烟尘过滤器处理蒸馏炉中的气体，真空度为 2 ~10mm 汞柱。采用真空蒸馏炉，阻止了锌蒸气和残余物的氧化。

在步骤（4）中，采用 Cl_2 在 50 ~80℃ 的温度下与蒸馏残余物反应，该反应过程使锗转变为 $GeCl_4$ 而获得较高的收率，尤其关键的是，此过程中，可将砷转变为 H_3AsO_4，而其他常规工艺（如盐酸浸出）则使砷转变为三氢化砷（AsH_3）或三氯化砷（$AsCl_3$）。常规工艺有两个缺点，一是产出的 AsH_3 有剧毒，另外是 $AsCl_3$ 的沸点与 $GeCl_4$ 的沸点非常接近，这又必须多增加几个单独的分馏过程，才能将 $AsCl_3$ 分离。

通入氯气氯化前，需将蒸馏渣粉碎至约为 2mm 的颗粒。实际上，氯化过程在碱金属氯化物或碱土金属氯化物（如 $CaCl_2$）中能更好地完成。溶液中氯离子的浓度在 3～6mol/L 之间，最好是 4mol/L，适宜的溶液酸度为 2N。采用这样的溶液，可以使蒸馏渣中的金属（特别是锗）溶解度增加，但是，按此操作，会使溶液的酸度越来越高，使锗溶解完成后，溶液因缺乏碱土金属氯化物，而使酸度超过 6N，甚至达到 9N，从而使金属提取过程不完全。用管道排出浸出后过量的碱土金属氯化物溶液以进行循环利用。

步骤（5）——回收 $GeCl_4$ 时有两种具体工艺。

第一种工艺：用合适的有机溶剂与 $GeCl_4$ 溶液接触，进行液-液交换来进行 $GeCl_4$ 的萃取。这种有机溶剂最好是一种具有高闪点、低成本的工业芳香族溶剂产品，商业上称为“Solvesso 150”和“Solvant 200 Esso”。“Solvesso 150”是一种蒸馏级油脂，15℃时，密度为 0.892g/cm³。起始蒸馏温度为 187℃，最终蒸馏温度为 212℃，用 Abel 法测定的闪点是 66℃，含有 98% 的芳香烃，苯胺点是 16℃，溶液的溶解值为 93。

GeO_2 在这一含水相中沉淀，并且很容易回收，例如，通过过滤方法回收。过滤后的水溶液可用石灰进行中和，含在其中的重金属生成氢氧化物，随后进行分离，碱土金属氯化物溶液则再循环利用。

第二种工艺：用盐酸酸化（酸度提高到约 2N）后，将含有 $GeCl_4$ 的溶液直接蒸馏，提取 $GeCl_4$，提取后的 $GeCl_4$ 用盐酸洗涤后再进行蒸馏提纯，然后通过水解步骤（6）生成 GeO_2。

萃取 $GeCl_4$ 后的残液，经过处理提取其中所含的其他金属后，可返回前面工序中循环利用，将在下文中描述。

通过图 7-2 和图 7-3，可更好地理解如何在实践中应用该发明。

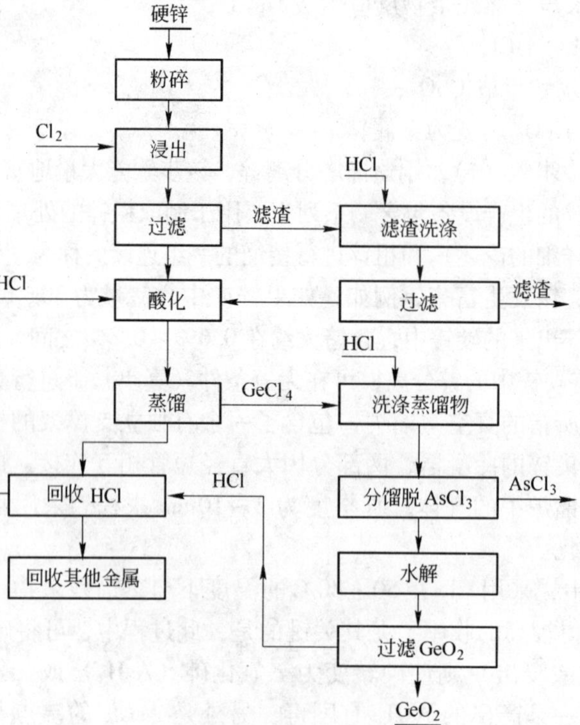

图 7-2　从锌矿中提取和纯化锗的工艺之一

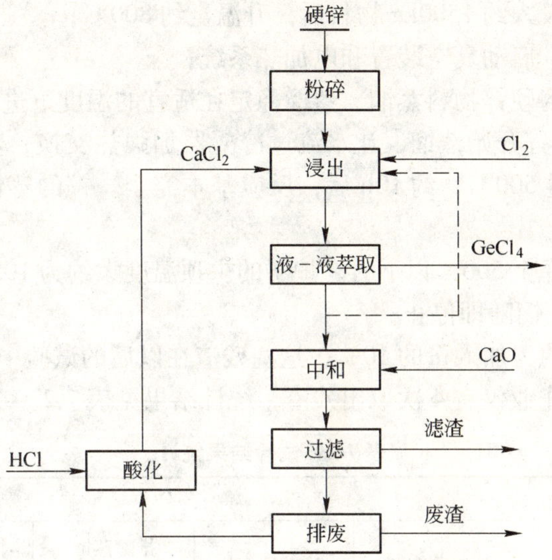

图 7-3　从锌矿中提取和纯化锗的工艺之二

图 7-2 所示简要地描述该发明中各个不同的步骤。图 7-3 所示为该发明采用液-液萃取的一个工艺流程。

上述两种流程中，均没有说明第一步骤前含锗原料的来源，它实际为提取粗锌后的残留物——硬锌。如前所述，该发明的原料来自于锌矿，首先是按传统工艺提炼粗锌，提炼粗锌的过程不再描述。

一种典型的硬锌成分如下（%）：Pb 3.20，Ge 0.78，Al 0.55，Fe 0.05，Cu 1.6，Zn 余量。如前所述，可采用真空蒸馏炉对其进行精炼分离。

下面举例说明。

【例 1】　首先，将含锗 0.98% 的硬锌物料从“精馏塔”出口转入到真空蒸馏炉中。通过以下连续的步骤来处理硬锌物料。

每次投料约 1500kg。每次投料的成分见表 7-1。

表 7-1　硬锌物料的成分（质量分数）

试验号	Pb/%	$Fe/g \cdot t^{-1}$	Sn/%	Cu/%	Al/%	$As/g \cdot t^{-1}$	$Sb/g \cdot t^{-1}$	$Ag/g \cdot t^{-1}$
1	2.98	145	2.25	1.6	0.34	190	980	500
2	2.75	91	2.7	1.6	0.33	150	1040	500
3	2.45	136	2.50	1.45	0.34	137	990	505
4	2.72	103	2.66	1.45	0.34	157	980	520
5	2.07	71	2.50	1.40	0.37	140	960	465
6	2.57	76	2.54	1.45	0.34	137	960	490
7	2.80	71	2.74	1.50	0.40	157	870	540
8	2.71	120	2.66	1.50	0.37	150	970	515
9	2.48	68	2.26	1.56	0.42	122	755	505
10	2.83	107	2.20	1.45	0.37	150	1000	460

每次作业按下列步骤进行：

（1）真空蒸馏炉投入约1500kg 物料后，升温至约800℃；

（2）封闭蒸馏炉，启动真空装置和电加热系统；

（3）进行约10h 的硬锌物料蒸馏。蒸馏稳定在适宜的温度下进行，开始加热两小时的温度约为450℃，此时锌开始蒸馏，让水流过冷凝器加强热交换，蒸馏继续进行时，锌熔体冷凝器的温度会超过500℃，约10h 后，反应基本完全。锌的蒸馏量减小，锌熔体冷凝器的温度降低；

（4）当熔体温度降至500℃以下时，炉子的拱顶温度大约为1050℃，此时，停止加热并可消除真空状态，蒸馏随即停止；

（5）剩余的残渣约为加入量的10%，这些残渣在以后的试验中不必每次取出。

在实例中，10 次作业仅有4 次取出残渣，统计结果见表7-2。

表7-2　试验结果统计

试验号	馏　分					
	装料量/kg	液体蒸馏/kg	冷却后/kg	排除蒸馏残渣/kg	金属间化合物/kg	持续时间/h
1	1598	1312	40			11
2	1602	1335	40	217	0	14.30
3	1515	1330	40			13.20
4	1546	1370	35			13.40
5	1615	1420	35	235	0	14.15
6	1537	1330	41			15.15
7	1579	1400	37	112.2	49.7	14.45
8	1573	1320	51			14.15
9	1339	1300	36			12.50
10	1726	1440	67	365	55	13.45
总　计	15630	13557	422	929.2	104.7	
		15013				

注：最初炉内无物料；残留在炉内不能排除的残渣重67.67kg。

操作结束后，锗的平衡见表7-3。

表7-3　试验过程中的锗平衡

项　目	原　料	液态蒸馏	氧化物	蒸馏残渣	金属间化合物
锗质量分数/%	0.98	0.0116	0.0002	8.08	8.48
锗质量/kg	153.174	1.572	0.001	75.063	8.862

注：1. 残留在炉内不能排出的残渣为67.67kg；
2. 蒸馏得到的锌，含锗116g/t，约合锗总进料量的1%；
3. 放射性结晶学和电子显微镜检查显示：残渣中以金属状态存在的锗含量明显提高了10 个数量级。

表7-4 给出了各次蒸馏产物的成分。

表 7-4 各次蒸馏产物的成分

试验号	Pb 质量分数/%	其他元素/$g \cdot t^{-1}$						
		Fe	Sn	Cu	Al	As	Sb	Ag
1	0.71	19	132	176	3	38	11	285
2	1.14	15	480	335	12	40	19	283
3	1.07	30	860	420	52	40	83	350
4	1.50	31	1100	1000	175	12	103	630
5	1.46	32	960	1000	163	21	90	490
6	2.77	83	6700	6000	845	95	522	1350
7	1.66	45	1175	1200	215	28	126	525
8	1.48	39	1410	1500	360	23	137	470
9	1.55	30	900	1000	164	1	90	308
10	1.65	40	1075	1000	230	15	103	326

与投料成分表 7-1 比较，可以看出，残留物中大量富集了 Ge 和不挥发元素，事实上，它们能较完全地与蒸发出的锌分离。

下面将说明如何用湿法冶金的方法来处理这些残渣。

因 Cl_2 能与微小颗粒更好地反应，故在图 7-2 所描述流程中，第一步需将残渣破碎至一定粒度。

在图 7-2 浸出工艺的反应器中，任何块状、球状的物料都可通过适当的搅拌使残渣颗粒悬浮在反应器的水溶液中。如上所述，$CaCl_2$ 溶液为适合的选择，Cl_2 应通入到反应器底部，同时溶液温度宜保持在 60～70℃。

反应后物料在过滤工序中过滤，在滤渣洗涤工序中，通过盐酸洗涤，能使锗更多地进入滤液中。

滤渣经洗涤过滤后，滤液同先前的滤液混合，无用的滤渣则丢弃。

两种滤液的混合物用盐酸酸化，混合物的含锗浓度可达到或超过 9g/L。在实际中，加入 330g/L 的 HCl，如果滤液是 $CaCl_2$ 溶液，可极大地提高酸度。

接下来的蒸馏工序中，蒸馏出粗 $GeCl_4$，最后将溶液升温至接近沸点，蒸发出的 $GeCl_4$ 在冷凝器中冷却收集。

将 $GeCl_4$ 用盐酸洗涤并进行精馏，以除去其中砷的氯化物（$AsCl_3$），这样纯化过的四氯化物与非常纯净的水（经离子交换和活性炭吸附处理）反应，水解后生成 GeO_2 和盐酸。

GeO_2 经过滤、洗涤，并在 200℃ 时干燥，得到晶体状的 GeO_2。在约 1600℃ 下，用熔炉熔化，可将其制成无定形的 GeO_2。

$GeCl_4$ 蒸馏后，剩余残酸经处理，回收其中的盐酸后，可返回酸化工序进行循环利用。回收盐酸后的残余液中，含有 $CaCl_2$、$ZnCl_2$、$AlCl_3$、$FeCl_3$、$AsCl_3$、$PbCl_2$、$SnCl_2$、$SbCl_3$ 以及碱金属的氯化物，此溶液可在回收其他金属工序中进行处理，并可回收 Ag、Cu 等有价金属。

需要指出的是，在水解生成 GeO_2 工序中产生的溶液中含有盐酸，它可返回到回收盐酸工序中回收。

【例 2】 在带搅拌器、温度计和可通 Cl_2 的 2.5L 玻璃反应器中，加入 2L 水和 10mL 100mol/L 的盐酸，再加入 200g 破碎成 0.25mm 的硬锌。

通入 Cl_2 搅拌 4h，Cl_2 流量为 110g/h，2h 内，升温至 60℃并保温。反应停止后，将温度降至 40℃，混合物经过滤，分析滤液成分。用水冲洗一次后，用每升含 200g 的 NaCl 溶液洗涤两次，每次洗涤进行 2h。洗涤后的残渣含锗量不超过 0.03%。

【例 3】 取 700mL 例 2 中得到的滤液，滤液含锗为 1.8g/L，与 1300mL 浓度为 11mol/L 的盐酸一起加到一支细嘴蒸馏瓶中，混合物的酸度相当于 7.15mol/L。

将瓶中的溶液加温至 100℃，并保温 1h。为使 $GeCl_4$ 转变为 GeO_2 并避免蒸发损失，在出口处用浓度为 1mol/L 的苏打溶液对蒸馏气体进行冷却和洗涤。$GeCl_4$ 的蒸馏产率为 97%。

第二种工艺如图 7-3 所示，经粉碎工序用水和 Cl_2 进行浸出。需要特别指出的是，该浸出工序更适宜处理悬浮的细小锗残渣，同时加入碱土金属氯化物，最好是氯化钙（$CaCl_2$）。

在过滤过程中，必须控制溶液温度，适宜的温度在 80℃以下，因为超过该温度，$GeCl_4$ 将开始挥发。

对含 $GeCl_4$ 的滤液，进行液-液萃取。萃取剂为有机溶剂，即采用工业芳香烃，其商业名是“Solvesso 150”或“Solvant 200 Esso”，萃取出的产物含锗可达到总量的 99%。

用简单的水萃方法，就能将 $GeCl_4$ 从有机溶剂中反萃出来，这一过程中，$GeCl_4$ 水解成 GeO_2 沉淀，提取 GeO_2 后的有机溶剂，可以返回萃取工序中进行新的 $GeCl_4$ 萃取。

至此，提取完毕，为了保证锗在水溶液和有机溶剂中的损失最小，同时保证反萃的完成，有机溶剂和水相必须按照一定的比例配比（*O/A* 比），水解后溶液的酸度最终约为 5mol/L。考虑到有机溶剂的锗含量为 12g/L，反萃完成后，*O/A* 比相当于 0.13，所以，最终的酸度在 5 ~ 6mol/L 之间。

萃取和反萃之后的工艺是成熟的技术，此处不再叙述。实施分离（有机物和水）阶段，使用的设备有玻璃瓶型混合物分离器、多段式离心分离器或水力旋流器等。

萃余液通过循环直接返回过滤工序中加以利用。事实上，在浸出阶段，或多或少地有部分气体逸出，应控制好氯气的流量以避免 $GeCl_4$ 流失。这些气体在再循环工序中排除，数量约等于或少于萃余液量的 10%。

萃余液用石灰中和，生成的固体残渣经过滤后，可提取其他有价的金属，滤液酌情可再循环回到浸出工序中。

萃余液再循环使用前，必须分离出过量的氯化钙（$CaCl_2$），这些过量的 $CaCl_2$ 作为废渣排出。实际上，使用过的试剂，如 Cl_2 和石灰反应生成的 $CaCl_2$ 排出时，要经过一段时间，使浓度保持在一个恒定的水平，此外，萃余液在返回浸出工序中及循环利用之前，pH 值必须调节到最初值，这个值相当于改变了中和状态，至此，需要将盐酸加入滤液中。最后，在返回至浸出工序中的溶液成分中，$CaCl_2$ 不是唯一可用的碱性金属或碱土金属，加入氯化锂和氯化镁也是可行的，但考虑到经济因素，$CaCl_2$ 是首选的，在下面的实例中，相应的步骤都是采用这种氯化物。

【例 4】 下面实例将说明图 7-2 和图 7-3 的浸出工序，含锗残渣浸出过程对 $GeCl_4$ 产出浓度的影响，为此，采用三种不同的浸出条件分别处理150g 含锗残渣，残渣成分见表7-5。

表7-5 残渣成分

残渣成分	Pb	Ge	Sn	Cu	Zn
质量分数/%	18.5	3.3	37.2	10.2	17.4

三种浸出条件下的温度和 Cl_2 流量相同，表7-6 给出了三种条件下的实验结果。

表7-6 三种浸出条件下的实验结果

试验号	项 目	$CaCl_2$ /mol · L^{-1}	试验持续时间/h	浸出后残渣质量/g	残渣成分（质量分数/%）				
					Pb	Ge	Sn	Cu	Zn
1	残 渣		6	18.45	51	4.5	0.43	0.55	0.62
	浸出液	3.3			59	83.2	99.8	100.5	99.6
2	残 渣		7	16.70	44.2	2.1	0.15	0.22	0.31
	浸出液	4			67	93	99.9	99.8	99.8
3	残 渣		8	0					
	浸出液	4.5			100	100	100	100	100

从表7-6 中可以看出，浸出后，$CaCl_2$ 的浓度实际上达到了4mol/L。

【例5】 本例也是说明溶解反应的，但它更注重对反应动力学的研究。

使用500mL 含4.5mol/L $CaCl_2$ 的溶液，将90g 含锗残渣加入到溶液中，含锗残渣成分如下（%）：Pb 14.7，Ge 10.6，Sn 36.5，Al 3.58，Cu 22.5，Zn 1.92。

溶解反应在有双层夹套的反应器中进行，反应器利用循环水，保持温度在80℃，且将 Cl_2 以27.5g/h 的流速通入反应器。

反应进行到约4h 时，Cl_2 开始溢出，此时过滤溶液，洗涤沉淀物并称重。

重复同样的操作，分别在30min，1h，2h，3h 时取样，表7-7 给出了剩余残余物的数量（占起始重量的质量分数）。

表7-7 不同时间条件下的残余物

时间/h	0	0.5	1	2	3	4
剩余残留物(质量分数)/%	100	70.2	35.2	24.3	5.7	2.4

从表中可以看出，在本试验条件下，4h 时，残留物几乎被完全溶解。

【例6】 该试验的目的是反映其他试剂对溶解反应的影响，因此，此试验类似于例5，只是在反应开始时，加入了少量先前溶解过程中获得的含有 Cu^{2+} 和 Zn^{2+} 的溶液。

使用800mL 含4mol/L $CaCl_2$ 的溶液，将150g 含锗残渣加入到溶液中，再加入80mL 含 Cu^{2+} 为25g/L 的氯化铜溶液，加入溶液中的 Cl_2 流速为27.5g/h，没有发现 Cl_2 溢出，此反应进行了7.5h，由此可见，其他试剂的加入，可更合理地利用加入溶液中的 Cl_2，因为达到总的平衡时没有 Cl_2 的溢出。

【例7】 该试验是考察不同酸度和 $CaCl_2$ 浓度下 $GeCl_4$ 的蒸馏情况。每次蒸馏的时间为1h，表7-8 给出了它们的关系，蒸馏产率以百分率的形式给出，产率100，意味着已全部蒸馏完毕。

表 7-8 不同酸度和 $CaCl_2$ 浓度下 $GeCl_4$ 的蒸馏情况

HCl 浓度 / $CaCl_2$ 浓度/$mol \cdot L^{-1}$	蒸馏产率/%			
	1mol/L	2mol/L	4mol/L	6.5mol/L
1	0	0	0	100
2	0	0	0	100
3	0	0	19.8	100
4	2.4	7.75	31.06	100
5	2.4	31.0	100	—
6	6.4	100	100	—

从表 7-8 中可知，在 $CaCl_2$ 存在的情况下蒸馏 1h，$GeCl_4$ 蒸馏产率只有在盐酸浓度高于 4N 时才可以进行。在较低的酸度下，$CaCl_2$ 浓度的提高对 $GeCl_4$ 的产率影响不大。

【例 8】 该试验研究了溶解和蒸馏工艺。起始含锗残渣的成分如下（%）：Pb 14.7，Cu 22.5，Sn 36.5，Zn 1.92，Al 3.6，Ge 10.06。

在含 4.5mol/L $CaCl_2$ 的溶液中，加入 150g 含锗残渣，用 Cl_2 完全溶解后，用盐酸酸化，不同酸度下，15min 后 $GeCl_4$ 的蒸馏量见表 7-9。

表 7-9 不同酸度下 15min 后 $GeCl_4$ 的蒸馏量

盐酸加入量/$moL \cdot L^{-1}$	0	0.25	0.5	0.75	1	1.25	1.5	1.75	2
$GeCl_4$ 蒸馏量/%	25	29	43.5	60.5	74	87	88	94	96

由此可见，当酸度达 2mol/L 时，$GeCl_4$ 几乎完全蒸馏。

【例 9】 本试验说明如何利用有机溶剂，从溶液中萃取 $GeCl_4$。

将 100mL 有机溶剂（Solvesso 150）和酸度为 2N、锗含量为 2g/L，$CaCl_2$ 含量在 4 ~ 9mol/L 之间的溶液，加到分液器中，搅拌 10min，再倾析 10min，然后进行有机相的萃取。

表 7-10 试验结果。萃取参数 K_D 用于衡量萃取效果，定义为有机相中的锗含量与萃取起始相中锗含量的比值。

表 7-10 起始相中 $CaCl_2$ 含量与有机相中锗含量关系

$CaCl_2$ 浓度/$mol \cdot L^{-1}$	起始相中锗含量/$g \cdot L^{-1}$	有机相中锗含量/$g \cdot L^{-1}$	萃取参数 K_D
2	1.84	0.018	9×10^{-3}
3	0.48	1.59	3.3
3.5	0.022	2.03	10^2
4	0.022	2.03	10^2
4.5	0.022	2.08	10^2

从表 7-10 中可以看出，当起始相中 $CaCl_2$ 的含量达到 3.5mol/L 时，有机相中的锗含量有显著变化。

【例 10】 该试验与例 9 的步骤相同，主要考察起始相中酸度的影响。

含锗残渣用 Cl_2 溶解后的溶液成分组成如下（g/L）：Ge 1.45，Pb 25，Zn 25，Cu 25，Al 4，Sn 50，$CaCl_2$ 4mol/L。

在溶液中加入 12.5mol/L 的盐酸，控制溶液酸度分别为 3mol/L、2mol/L、1mol/L 和 0.5mol/L，将各种酸度的溶液加入到 500mL 分液器中，并加入有机溶剂，搅拌 10min，再倾析 10min，然后进行有机相萃取，平衡如下：

（1）平衡介于 250mL 有机溶剂"Solvesso 150"与 100mL 的新水相之间；

（2）平衡介于 200mL 有机溶剂"Solvesso 150"与 100mL 的新水相之间；

（3）平衡介于 150mL 有机溶剂"Solvesso 150"与 100mL 的新水相之间；

（4）平衡介于 100mL 有机溶剂"Solvesso 150"与 100mL 的新水相之间。

表 7-11 给出了在不同酸度，以及上面在(1)~(4)的条件下，锗在起始相与有机相中的含量以及萃取参数 K_D 的数值。

表 7-11　不同酸度下的试验结果

酸度值	起始相中锗含量/$g \cdot L^{-1}$	有机相中锗含量/$g \cdot L^{-1}$	萃取参数 K_D
3N	7	0.50	71×10^{-3}
	8	1.08	135×10^{-3}
	9	1.88	209×10^{-3}
	10	2.82	282×10^{-3}
2N	10	0.56	56×10^{-3}
	14	1.28	91×10^{-3}
	15	2.12	141×10^{-3}
	18	3.28	182×10^{-3}
1N	27	0.62	23×10^{-3}
	28	1.34	48×10^{-3}
	31	2.30	74×10^{-3}
	32	3.58	112×10^{-3}
0.5N	48	0.66	13.7×10^{-3}
	63	1.40	22×10^{-3}
	78	2.36	30×10^{-3}
	107	3.62	34×10^{-3}

从表 7-11 中可以看出，当酸度值从 3mol/L 降到 0.5mol/L 时，萃取系数有规律地降低，当酸度值恒定时，萃取系数 K_D 随有机相中锗含量的增大而增大。

实际上，增加萃取次数就可以提高锗的回收率，如两步萃取后，当酸度为 0.5mol/L 时，最终水相中的锗含量少于 50mg/L，即锗的回收率超过了 99%；当酸度为 2mol/L 时，最终水相中的锗含量小于 50mg/L，锗的回收率超过了 99.9%。

【例 11】　该试验的主要目的是比较两种有机溶剂"Solvesso 150"和"Solvent 200 Esso"的效果。

两种有机溶剂中，"Solvent 200 Esso"的闪点相对要高一些，为 180℃，而"Solvesso 150"只有 66℃，由于热平衡的原因，$GeCl_4$ 的萃取在接近 60℃时才有意义。在这一温度下，出于安全考虑，选择一种具有高闪点的有机溶剂是必要的，因此，试验选择了 20℃时"Solvesso 150"的萃取量与 60℃时"Solvent 200 Esso"的萃取量进行比较。

试验条件与例 10 相同，表 7-12 是试验结果及相应的 K_D 值。

表 7-12　不同有机溶剂的试验结果

	水相中的锗含量/$g \cdot L^{-1}$	有机相中锗含量/$g \cdot L^{-1}$	萃取参数 K_D
有机萃取剂 Solvesso 150 萃取温度 20℃	0.005	0.022	4.4
	0.034	0.185	5.5
	0.124	1.46	11.6
	0.58	8.2	14.1
	水相中的锗含量/$g \cdot L^{-1}$	有机相中锗含量/$g \cdot L^{-1}$	萃取参数 K_D
有机萃取剂 Solvent 200 Esso 萃取温度 60℃	0.014	0.031	2
	0.041	0.240	5.8
	0.21	1.76	8.3
	0.69	8.3	12

比较表 7-12 数据可知，$GeCl_4$ 的萃取操作宜在接近 60℃时，使用“Solvent 200 Esso”等高闪点的有机溶剂。

【例 12】 如前所述，该发明采用 Cl_2 溶解过程中使用 $CaCl_2$ 效果较好，然而应指出的是，溶解过程中也可使用其他的氯化物，本例的目的就在于证明此结论。

使用两种氯化物溶液，第一种为 $CaCl_2$ 溶液，酸度值为 2mol/L，浓度为 4.5mol/L，第二种为 $MgCl_2$ 溶液，酸度值同前，浓度为 4mol/L。

100mL 的上述两种溶液依次与 100mL 的“Solvesso 150”反应，反应时间为 10min，搅拌 10min，再倾析 10min，然后进行有机相的萃取。表 7-13 是不同氯化物的试验结果及相应的 K_D 值。

表 7-13　不同氯化物的试验结果及相应的 K_D 值

溶　液	水相中的锗含量/$g \cdot L^{-1}$	有机相中的锗含量/$g \cdot L^{-1}$	萃取参数 K_D
$CaCl_2$	0.020	5.82	291
$MgCl_2$	0.005	0.24	48

从表 7-13 中可以看出，$MgCl_2$ 也可以使锗的萃取达到较理想的结果。

7.1.3　从锌精矿富集的锗溶液中提取锗

尽管锌精矿中锗的含量较低，但是通过特殊的工艺（依不同的冶金工艺而定），可以使锗得到富集。专利 US4886648 介绍了从这种锌精矿富集的锗溶液中提取锗的工艺，简述如下。

7.1.3.1　技术状况

尽管 WinkLer 发现，硫银锗矿中的含锗量高达 7%，但是，目前获得的锌精矿矿样中，含锗仅为 0.1%，值得一提的是，含锗锌精矿是获得锗金属的重要原料。

在锌精矿冶炼提锌的过程中，虽然锌精矿的含锗量较低，但是通过特殊的工艺，可以使锗得到富集，使溶液中含锗浓度超过 0.1g/L。

Boving 和 Andre 描述了制备锗金属的一个工艺流程，该工艺流程由比利时的 VieiLle Montagne 公司完成。工艺流程中，需调整溶液的 pH 值，以获得含锗浓度为 2% ~3% 的溶液，加入 HCl 并蒸馏溶液，可获得纯净的 $GeCl_4$，$GeCl_4$ 水解可转变为 GeO_2，再用氢气将其还原，就可以制得金属锗。

Hilbert 出版的两本专著中详细地描述了奥地利 BLeiberger Bergwerk-Unio 电锌厂用丹宁方法提锗的工艺，此工艺被普遍认可。

用丹宁或丹宁酸方法沉锗是 SchoeL Ler 发明的。SchoeL Ler 最初使用浓度为 0.1 ~ 0.2g/L 的弱酸，Davis 和 Morgan 把此方法应用于实际。

1941 年，美国熔炼（Smelting）精炼（Refining）公司申请了第一份专利（U. S. Pat. No. 2，249，34L），其工艺类似于 Vieille-Montagne 的工艺，所不同的是，该工艺不是用中和法得到沉淀，而是用丹宁沉淀法获得高品位的锗精矿。

20 世纪 40 年代，溶剂萃取技术的发展给有色金属的提取带来了革命性的变化，这对锗的提取也是十分有效的。

关于利用溶剂萃取技术从锗溶液中分离锗，不同的作者提出了不同的方法。发明者认为：

第一，按年代顺序，胺的第一次使用是在 1963 年；

第二，L. V. Kovtun 和他的合作者已经作了 8-羟基喹啉的派生应用研究。第一次工作是在 1967 年；

第三，涉及胺和锗配位化合物的使用（第二级、第三级和第四级）并公布了草酸、邻苯二酚、叔胺、三辛胺的使用；

1973 年，第一次公布了酒石酸（或柠檬酸）用做配位剂和萃取剂。

胺和 8-羟基喹啉的派生物已应用在工业上，商业上相应的产品已有注册名，如 LIX（An Oxime of General Mills）和 KELEX（An 8-hydroxyquino Line of Ash Land Chemical），值得注意的是，Penarroya 和 Hoboken 的工艺技术是受欧洲专利保护的。

Penarroya 是欧洲专利的所有者，专利号：No.（X）46437 of L7. 08. 81（Priority L5. 8. 80 U. S. Pat. No. L78，583）和 Hoboken of No. 0068541 of 04. 06. 82（Priority 28. 06. 81 LU 83448）。

上述的两项工艺技术，Cote 和 Bauer 以及 De Schepper，已分别在科研著作中予以描述，基于以上事实，可以认为，他们代表着该领域的技术水平。

在煤油溶液中加入 4% 的 8-羟基喹啉（KeLex-100）溶液，可以避开第三相的形成。用 10% 的辛醇作为修正剂，在溶液中混合 10min，在浓度为 50g/L 的硫酸溶液中萃取锗，用 NaOH 溶液与有机相反应 190min，并且搅拌 10min，通过反萃可得到含锗 24. 3g/L 的溶液及游离锌（1mg/L）。

在试验中，De Schepper 使用了煤油，LIX-63 的含量超过了 50%，从浓度为 110g/L 的硫酸液中萃取锗，混合时间减少到 4min，得到了浓度为 110g/L 锗的富集液。该过程应在一个较高的温度下进行，温度应以 60℃ 为宜，但反萃取应在尽可能低的温度下进行。有机物再次使用前，需用浓度为 132g/L 的浓硫酸处理，经酸中和后，pH 值为 8 ~9，此时，沉积物 GeO_2 析出，沉淀物经过滤、干燥后，就得到了含量约为 50% 的 GeO_2。

7.1.3.2 发明过程描述

胺比以往所用的萃取剂更加便宜、更易提取，但胺并没有大规模用于工业生产，可能的原因是与胺一起使用的锗配位剂（如草酸、酒石酸、柠檬酸等）的使用，使工艺过程的成本变得昂贵，而且还会把一些不相关的元素带到溶液中。

该工艺是当前已公布专利的主体，用较少的配位剂，胺从弱酸中萃取锗，再在较洁净（低杂质和低污染物）的碱性锗酸盐中，反萃出晶体形式的锗。

目前，仅提到的是用酒石酸作萃取剂，因为酒石酸是最经济的，但也可以使用其他的酸，如草酸等。作为萃取剂，也提到用含有 8 ~ 10 个碳原子第三级胺的羟基团，但没有表明利用第二级胺或第四级胺是否也可能。例如，在商业上，可以应用第三级胺，它们都相应地注册了名称，如 ALAMINE 336（GeneraL Mils），ADOGEN 364（Ash Land Chemical）和 HOSTAREXA-327（Hoech）。

该工艺是从弱酸溶液中萃取锗（pH 值在 0.8 ~ 1.3 之间），1kg 的含锗物料中加入 2.15kg 酒石酸，前一工序使用的酒石酸可再用于后一工序。溶液保持室温，在一组搅拌器（或适当装置）中与胺的有机溶液反应（在煤油中最适当的胺为 3%），用这种方法，实际上获得富集的锗和含锗的有机物质。为了防止盐类再次进入富集液中，应在室温下用水洗涤萃取的有机物，在这个阶段中，溶液保持室温，在溶液中加入浓度为 180g/L 的氢氧化钠溶液，得到浓度为 20 ~ 25g/L 的锗富集液，不含锗的有机溶液可再次使用。

锗富集液的 pH 值大于 12，溶液缓慢加热并向其中加入浓硫酸中和，直至 pH 值调节到 8 ~ 11 之间，溶液中生成大量的锗酸盐沉淀物，采用此方法可以分离出溶液中的大部分锗，使用过量的酸是为了打破络合物平衡。

尽管增加 NaOH 溶液的浓度，可以获得含锗 40g/L 的溶液，但同时减小了酸度，导致硫酸盐浓度升高，这不利于含锗沉淀物的生成。通过调整 NaOH 的浓度和反萃液的体积，可获得含锗浓度为 20 ~ 25g/L 的溶液。

由于获得的含锗溶液体积增加不大，故酒石酸的再利用以及非锗沉淀物的处理，既不影响设备的尺寸也不影响操作效率。

转变为 GeO_2 的反应式如下：

$$2Na_3HGe_7O_{16} \cdot 4H_2O + 3H_2SO_4 \longrightarrow 3Na_2SO_4 + 14GeO_2(c) + 12H_2O$$

使用过量的酸，生成不溶性的四棱形 GeO_2 晶体，其余部分为杂质（Na、Fe、Zn 等），它们呈可溶性的硫酸盐仍保留在溶液中。在主成分锗没有损失的情况下，允许水洗低溶性的 GeO_2。在任何情况下，可以使用新酸制备新的锗富集液，回收残留的锗。

详细的工艺过程由下列例子给出。

锗与不同的羟基酸，特别是酒石酸，在弱酸介质中形成稳定的络合物，而大多数的金属阳离子是在中性或碱性介质中形成稳定络合物的，只要选择合适的有机胺，就可以萃取这些络合物。

复杂的锗酸络合物是不稳定的，当介质从酸性溶液变成碱性溶液时，分布系数会突然改变，在萃取阶段，能使有机锗转变为水溶性锗。

当 pH 值变为 10 时，碱性溶液中含有大部分锗酸钠的沉积物和用于萃取锗并保留在溶液中的酒石酸，由于锗富集后的体积只是最终溶液体积的1/50，故回收酒石酸再次使用时，不会明显地稀释溶液，酒石酸回收率超过75%。

采用胺或羟基喹啉萃取的方法有一系列的优点，主要体现在：

（1）萃取剂（胺）是便宜的；

（2）萃取剂在较低的浓度下应用；

（3）有机相具有更好的流动性；

（4）反应时间（停置时间）非常短；

（5）萃取和反萃都可在室温下进行；

（6）胺可再生使用；

（7）需测试的其他杂质仅有重硫酸盐（HSO_4^-），且数量也非常少；

（8）达到适宜的酸度较容易。

7.1.3.3 工艺过程描述

工艺过程的详细描述见下面的例子。

【例13】 含锗溶液成分（g/L）：Ge 1.5，Fe^{2+} 8.3，Cu 0.035，A 16.8，Zn 3.9。

有机溶剂：Adogen（甲基三烷基氯化铵）

煤油：大于1000mL

碱溶液：氢氧化钠180g，水大于1000mL

酒石酸盐洗液（g/L）：25.4

溶液组成：1000mL含锗溶液、100mL酒石酸盐液和0.73g酒石酸的混合液。

用有机溶剂分3个阶段从含锗溶液中逆流进行间歇式萃取锗。每一阶段都用500mL的有机液和250mL的水溶液混合，保持足够长的时间使各相分离，每500mL的有机物用45mL的水清洗，然后分离出有机相，再用250mL的水溶液处理。

获得的富集锗液，加热到70~80℃时，缓慢加入浓硫酸，使pH值为10.5，整个操作时间为2h，然后搅动1h后过滤，得到含锗沉淀物。

【例14】 含锗溶液成分(g/L)：Ge 0.45，Fe^{2+} 8.0，Zn 108.0，Al 4.0，溶液pH值为1.0。

有机溶剂：HostarexA-327，数量30mL

磷酸盐：30mL

煤油：多于1000mL

碱溶液：氢氧化钠200g，水大于1000mL。

操作连续进行，在4个阶段不断使用两个搅拌装置，其中的一个搅拌装置用于水洗。

开始时，每立方含锗溶液加入1kg酒石酸，有机溶液的流速为控制体积比*O/A*值在0.8~1之间，清洗水的流速为1/10，碱液的流速为1/50。

获得的含锗溶液，加热到70℃，缓慢加入浓硫酸使pH值为10，得到含锗沉淀物，过滤并洗涤含锗沉淀物，得到体积大约为1/30的洗涤液，与初始含锗溶液混合。

根据该发明的上述描述，采用不同的方法得到的结果是一致的。

7.2 从铜、铅、锌硫化矿中提取锗

纳米比亚的楚麦勃选矿厂处理的多金属硫化矿中含有多种矿物，而锗主要存在于锗石

和硫锗铁铜矿中，两种矿物具有不同的浮选特性。

锗石是提取锗的最主要矿物，锗石常和其他矿物，如方铅矿、闪锌矿和白云石等共生，因此要把锗石研磨到20mm以下才能得到很好的分离。

硫锗铁铜矿具有磁性，由于磁力的作用，会引起金属的迁移，从而使含锗矿石与其他不含锗的矿石分离，因而，可以根据硫锗铁铜矿磁性的大小来鉴定其质量的优劣。

图7-4所示为1954年纳米比亚楚麦勃厂用选矿法分离锗的流程。该流程首先浮选分离锌，剩下的铜、铅则在pH值为5.2下，搅拌混合10min后，加石灰进行碱性浮选以提取锗精矿，尾矿再选获得铜、铅精矿。

浮选过程中，锗、铜、铅在各精矿中的品位与分布的数据列于表7-14。含锗锌精矿中，锗富集超过7倍，品位在0.2%～0.45%之间，回收率大于28%，获得的这种含锗精矿，送到比利时的奥伦厂进一步富集和提纯。

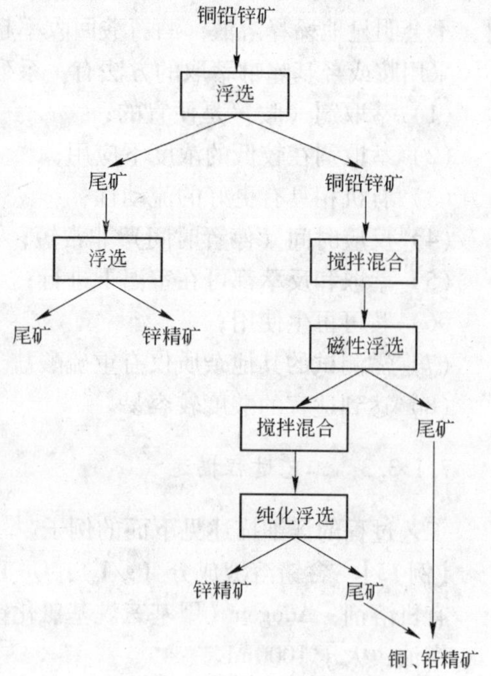

图7-4　纳米比亚楚麦勃选矿厂分离锗的流程

表7-14　纳米比亚楚麦勃厂锗浮选的回收率

产　品	产出	质量分数/%			质量分数/%		
		Cu	Pb	Ge	Cu	Pb	Ge
铜铅原精矿	100	11.83	56.6	0.053	100	100	100
铜精矿	4	26.54	23.30	0.385	9.07	1.59	28.12
铜铅精矿	96	10.72	57.94	0.039	90.93	98.41	71.88

楚麦勃的锗精矿起初是在比利时的奥伦厂用湿法处理。含锗锌精矿在反射炉内经氧化焙烧，焙烧料进行锗的酸性浸出，浸出率在90%以上。浸出分两段进行，第一段浸出液含硫酸5～10g/L，第二段含酸50g/L。酸浸液含锗5.6g/L，这种富锗的溶液经蒸发至含锗56g/L（浓缩10倍）后，在强烈搅拌下冷却。蒸发浓缩得到很稠的富锗矿泥，加入到氯化蒸馏釜内，生产粗四氯化锗。此法简单，能在普通的设备内进行，但生产费用高，回收率也较低。

由于湿法富集锗回收率低，成本高，因此霍波肯-奥佛佩尔特冶金公司，采用了火法富集浮选含锗锌精矿的工艺，即硫化物竖罐挥发工艺。挥发温度应以挥发物损失率最小为准，在炉内一氧化碳气氛及炉温900℃下，锗挥发率达90%～93%，而铅仅为5%～10%。操作是先将浮选精矿干燥到含水分2%以下后，混合煤粉制团，团矿料在装入竖罐以前，加入精矿量4%的木炭或10%的焦炭，以便使炉料的透气率增加，以防止熔化结块。

竖罐炉为一内砌耐火砖并设有蒸馏柱的马弗炉，如图 7-5 所示。挥发锗的设备系统是由炉子和沉降室组成的，见图 7-6 所示。

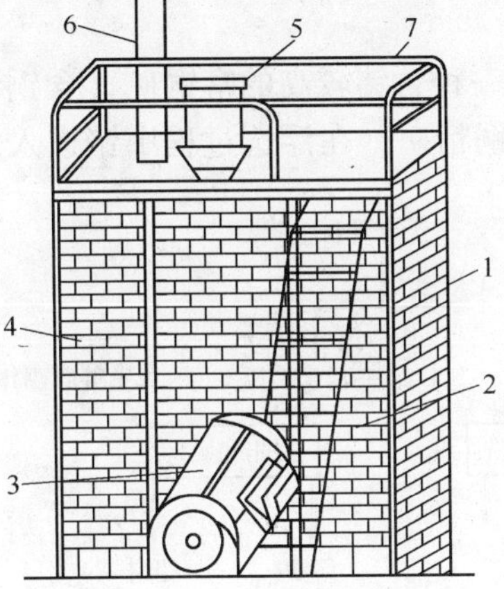

图 7-5 挥发锗和砷的竖罐炉

1—火焰马弗炉；2—炉梯；3—风机；4—耐火砖；5—挥发锗的烟囱；6—加料斗；7—栏杆

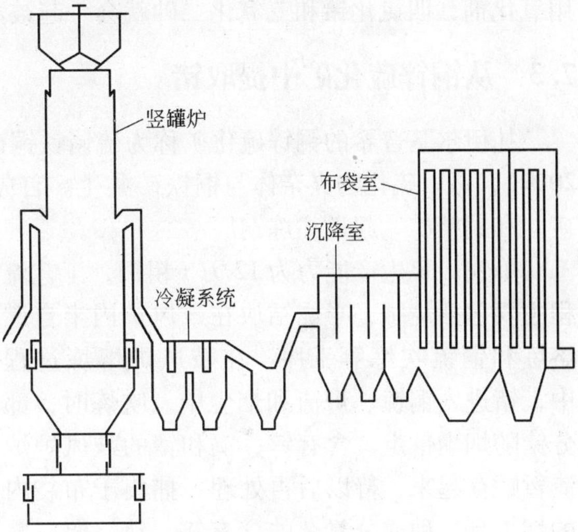

图 7-6 硫化物挥发过程设备示意图

团矿料从炉顶通过装料机械，周期性地投入到炉子反应区，由木炭燃烧产出的还原性气体，含 28% ~30% CO、1% ~2% H_2，通过蒸馏器，进入收尘系统，而后排入大气。从反应区生成的挥发性硫化物气体，经过水冷凝器和过滤器后进入沉降室。反应区的温度为 870 ~ 980℃，气体温度 700℃。

收集到的挥发物，再送到电加热的氧化炉内，进行氧化焙烧及除砷。焙烧过程中，砷以三氧化二砷形态挥发，而二氧化锗则不挥发，从而达到锗、砷分离的目的。其流程如图 7-7 所示。

氧化焙烧应在 500℃ 和氧化气氛中进行，不要超过 500℃，以防止形成一硫化锗而挥发损失。

硫化物挥发法处理锗浮选精矿的金属平衡数据见表 7-15，经工厂实践证明，锗的回收率达 90%。

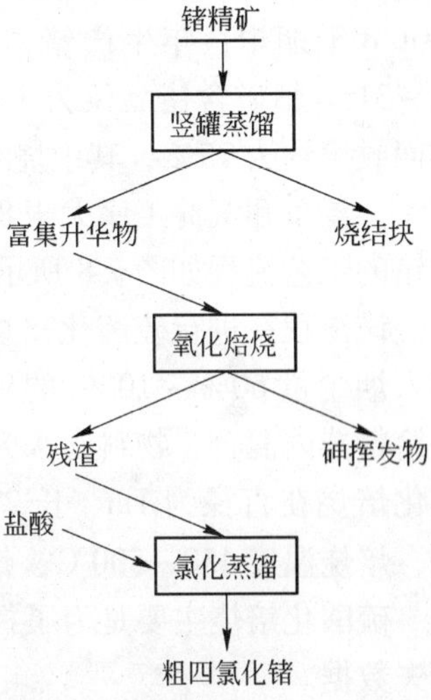

图 7-7 锗精矿火法处理流程

表 7-15 硫化物挥发法处理锗浮选精矿的金属平衡数据

产品	产出	质量分数/%			质量分数/%		
		Ge	As	Pb	Ge	As	Pb
锗浮选精矿	100	0.25	7.5	26.0	100	100	100
硫化物残渣	85.0	0.024	0.15	28.8	8.3	1.7	94.2
氧化物残渣	29.77	8.5	32.2	55.5	91.5	1.1	5.7
砷挥发物		0.0005	75.0	0.15	0.2	97.2	0.1

不论用哪一种流程富集的锗精矿，都要经过氯化蒸馏处理，以制成粗四氯化锗。蒸馏是在9mol/L含有氯气的浓盐酸中进行的，氯气起氧化低价砷、锑和铋的作用，如果不使用氧化剂，四氯化锗和三氧化二砷就会一起被蒸出。

7.3　从铜锌硫化矿中提取锗

扎伊尔基普希的铜锌硫化矿称为硫锗铁铜矿，它是一种含锗较高的富铜矿（含铜约为20%），锗以硫化物夹杂体与铜铁矿共生。首先浮选出铜精矿，在浮选过程中锗进入铜精矿，和铜精矿一起送往炼铜厂。

炼铜厂年生产能力为12万t粗铜，工艺流程主要包括烧结，半烧结块在鼓风炉内半自燃熔炼和铜锍吹炼等工序。在鼓风炉熔炼过程中，锗进入铜锍、炉渣和烟尘中。吹炼时，部分锗随烟尘带走。含有锌、镉和锗的鼓风炉炉渣暂贮存起来，待以后再处理。捕集于布袋内的烟尘是一种成分复杂的含有锌、锗、镉、砷的提锗原料，该原料被送往科耳维兹炼锌厂回收这些有价金属。

科耳维兹炼锌厂于1955年安装好了处理含锗烟尘的设备，设计的设备处理能力为590t/d干烟尘，年生产锗精矿220t，或GeO_2 25～31t。精矿含锗品位为8%～10%。锗的平均回收率约为75%，其中烧结工序的回收率为92%，浸出和沉淀工序大于80%。处理烟尘回收锗的工艺流程如图7-8所示。

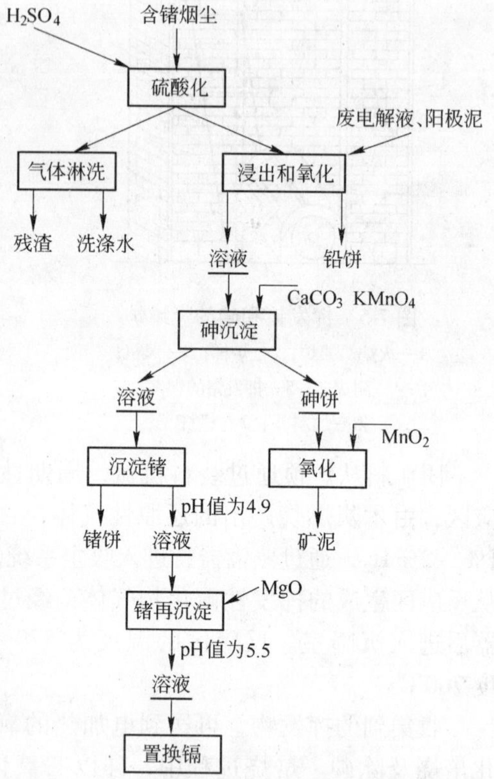

图7-8　科耳维兹炼锌厂富集锗的工艺流程

该流程在进行硫酸化焙烧前，需往烟尘中加入烟尘量60%～100%的硫酸和水，并在螺旋给料器内混合，物料含水为25%～30%。硫酸化焙烧在直径为1m、长22m的回转窑内进行，焙烧温度450～500℃，焙烧时间4h。焙烧炉壁砌有耐酸炉衬。

硫酸化焙烧主要是为了挥发除砷，表7-16给出了硫酸化焙烧过程中一些主要元素的损失数据。

表7-16　硫酸焙烧烟尘各种元素的挥发损失

元　素	烟尘中元素的质量分数/%		焙烧中的损失/%
	原　料	烧结矿	
Ge	0.36	0.25	8
Zn	28.0	22.5	6
Cd	3.0	2.46	5
Pb	25.0	20.3	3
Cu	1.5	1.2	—
As	7.3	0.7	88～90

从炉内出来的气体在排放入大气以前，需通过淋洗塔淋洗净化处理，烧结块送碎料机破碎。

破碎后的焙烧料，在衬铅的搅拌槽内浸出，槽子容积为$42m^3$。每次装入约9~10t的焙烧料，废电解液、阳极泥及下道工序的洗涤水，浸出1.5h。浸出溶液的最终酸度为10~15g/L，浸出液含Zn 110~130g/L，Cd 15~20g/L，As 2.5~4g/L，Ge 1.4~2g/L，Cu 2~4g/L，各自的平均浸出率分别为（%）：Zn 98~99，Cd 94~96，As 80~85，Ge 90~95，Cu 75~90，Fe 78~80。矿浆经澄清后，往上清液中加入氧化剂以使砷氧化。浸出后，溶液和矿浆通过压滤机压滤，滤液进行沉淀砷。浸出残渣为铅饼，含量为（%）：Pb 61.35，Zn 1.28，Cd 0.5，As 0.39，GeO_2 0.05。

氧化剂采用锌电解的阳极泥，这种阳极泥含有大量的二氧化锰，为了使砷氧化完全，还要加入过量的高锰酸钾，溶液温度为45℃，氧化过程持续1.5h，砷以砷酸盐的形态沉淀，经氧化处理后，砷在溶液中的浓度可降低到1.5~2.8g/L。除砷后的溶液中加入石灰，调节pH值到2.3~2.4，沉淀后的溶液和残渣在压滤机上过滤洗涤，滤液送沉锗车间提锗。滤液中含砷少于0.4g/L，铁小于100mg/L，含铜3~5g/L。

沉淀锗分两段进行。第一段沉淀是为了得到较纯的产品，沉淀时加入氧化锰调节pH值到4.9，第二段沉淀是在溶液pH值较高的情况下进行，获得的沉淀物再返回第一段。第一阶段沉淀所得的滤饼含Ge 8%~10%，含Zn 15%~20%，Cd 1%~1.5%，As 0.7%~2.0%。此沉淀物即为锗精矿，烘干后送往比利时的奥伦厂进一步处理。

在第二阶段获得的低品位锗沉淀物，经溶解再沉淀富集后，滤液送往置换车间回收镉，滤液中含Zn 110~120g/L，Cd 12~16g/L，As 1~3mg/L，Ge 15~36mg/L。

后来，科尔维兹厂进行了原矿磁选加挥发的新工艺半工业试验。基普希的硫化铜锌矿是一种硫锗铁铜矿的共生矿，具有一定的磁性，经磁力分选后可获得含0.919% Ge的精矿。磁选机为周期性工作的磁力分离器，由通过直流电压110V、电流16A的螺管线圈制成。矿泥输送在磁选机的丝网上，在强大的磁场作用下，矿泥微粒被磁化，并被牢固地吸附在丝网上。当电源切断后，磁场消失，精矿泥便坠入接收器内，磁选机生产能力为$5.5m^3/h$矿泥。

磁选后获得的精矿在电炉内熔化，85%~90%的Ge以硫化物和氧化物形态挥发，挥发物中含锗4%~9%，部分砷和20%的铅与锌也进入到挥发物中。

7.4 从闪锌矿中提取锗

美国的闪锌矿是生产锗的工业原料。下面简述弗尔蒙特炼锌厂提取锗的工艺。该厂每天约生产二氧化锗4.5~7kg，原料为选矿后的锌精矿，含锗达400g/t，大多数的原矿含锗40~100g/t。

焙烧含锗的锌精矿时，大部分的镉、锗、铅富集在烟气和烟尘中，这些挥发的烟尘经收集后送炼镉厂处理。用弱酸浸出镉和锌，用热的硫酸浸出锗使之与铅饼分离，然后使浸出液中的锗以硫化物的形态沉淀析出，过滤后的锗饼焙烧后再经酸洗除镉，最后用盐酸氯化制取粗四氯化锗。图7-9所示为弗尔蒙特厂的工艺流程。

美国另一家从锌精矿提取锗的工厂（该厂位于俄克拉何马州），是属于伊格尔-皮切公司的，该厂采用氯化挥发法，其工艺流程见图7-10。

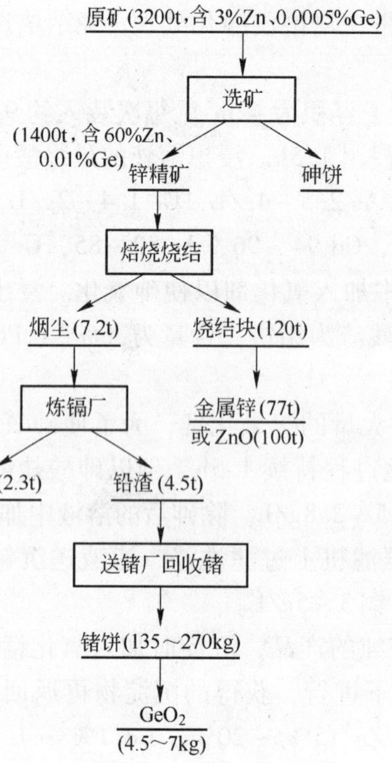

图 7-9　弗尔蒙特厂处理锗精矿的工艺流程

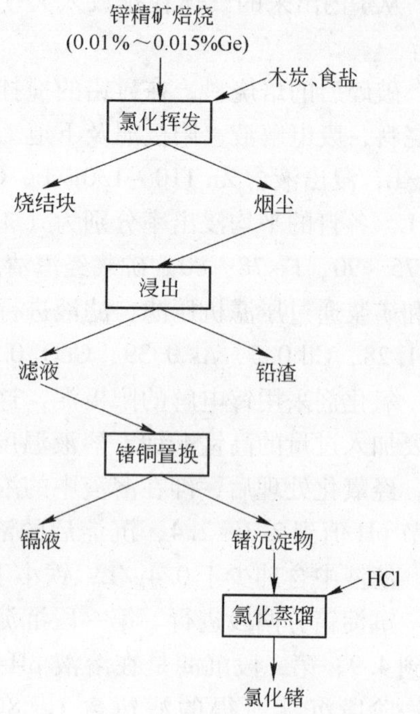

图 7-10　从锗精矿中提取锗的流程

为使硫化物氧化，锌精矿先经预焙烧，所得的焙砂加入炭和食盐制团，然后投入高温炉内进行氯化挥发，收集的烟尘用酸浸出，不熔物为铅渣，锗进入溶液中，溶液经过滤后，置换出锗与铜，从上清液中回收镉，沉淀物即为富锗精矿，锗精矿送氯化制取粗四氯化锗。

对于同时生产铅锌的企业，也可采用与上述相同的工艺提锗，如比利时的拜伦厂，其锗的原料主要是冶炼铅锌的副产品，副产品含锗 10～400g/t，拜伦厂的炼铅厂处理进口的铅精矿，滤渣二次返料，炼锌厂处理进口的锌精矿和从铅厂来的氧化锌挥发物。回收锗的工艺流程如图 7-11 所示。

浸出锌焙砂时，少量锗进入弱酸浸出液，大部分保留在固体残渣中，铅精矿中的锗几乎全部进入炼铅炉渣。把浸出锌焙砂的残渣和铅炉渣一起加入到烟化炉中进行烟化，过程中锗以氧化锗形态挥发。烟化炉产出的烟尘含锗 0.1%，由于含锗中间产物在流程中的返回循环，使锗不断聚积，烟尘中的含锗可提高到 0.3%，因而浸出液的含锗浓度也随之增加。最终沉淀物含锗品位达到 2%～3%，从而达到了氯化蒸馏的要求。

此外，专利 GB 938035 提供了一种从焙烧后的闪锌矿中回收锗的工艺，其内容如下：

该发明提供了一种从含锗物质中回收锗的工艺，包括：用 H_2SO_4 处理含锗物质以溶解锗；将 H_2SO_4 溶液与含有乙二氨四乙酰酸的钠盐丹宁水溶性萃取物相混合；最后从溶液中分离出含锗沉淀物。

另一方面，该发明也可用于从含锗的硫酸溶液中回收锗，例如：用硫酸萃取焙烧后的闪锌矿并去除残留物所得的溶液。方法是将 H_2SO_4 溶液与从含有乙二氨四乙酰酸的钠盐丹宁水溶性萃取物相混合；最后从溶液中分离出含锗沉淀物。

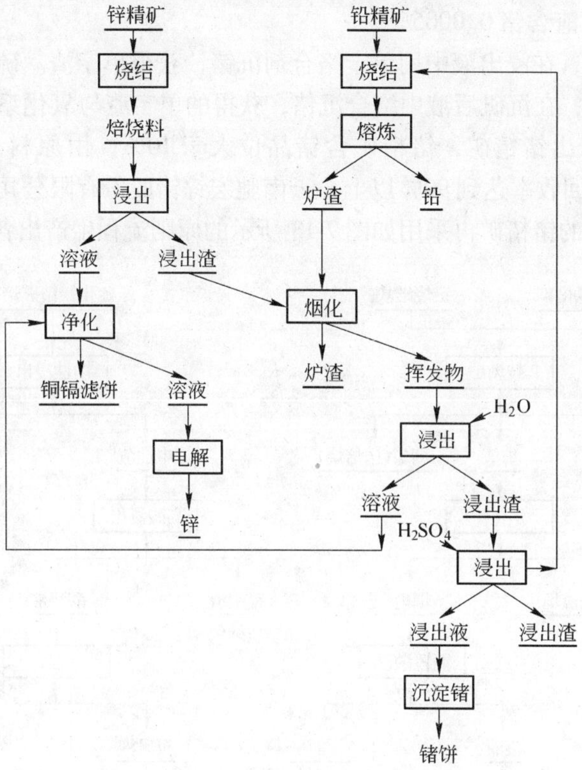

图 7-11　拜伦厂提取锗的流程

研究发现，在丹宁水溶性萃取物中，哪怕只有少量的钠盐或乙二氨四乙酰酸的钠盐，都能有效地使所有的锗生成沉淀。相反，使用不含乙二氨四乙酰酸的钠盐丹宁萃取物，会使锗的回收率很低，原因就是只有少量的锗被沉淀了，并且在后续的洗涤过程中，大部分的沉淀物会被溶解。研究也表明：丹宁水溶性萃取物中含有 0.25% ~0.30% 的乙二氨四乙酰酸的钠盐（以自由酸计算）即可达到满意的效果。另外，研究还发现，使用含有丹宁的粒状萃取物，尤其是与含锗物质的质量比为 40 时，效果很好。

以下实例可说明该发明的工艺：

焙烧过的闪锌矿经萃取后，溶液中含有 40 ~45g/L 的硫酸以及 150 ~250mg/L 的锗，此外，还含有锌、铜、钙、铁的硫酸盐以及砷、锑化合物，此溶液用含 0.25% ~0.30% 乙二氨四乙酰酸钠盐粒状萃取物的溶液处理。所使用的粒状萃取物的数量约高于溶液中锗含量的 40 倍。搅拌混合溶液产生浅褐色沉淀物，然后过滤，洗涤沉淀物，以除去大多数的其他金属盐，然后干燥沉淀物，沉淀物种包含了几乎所有的与丹宁化合物形式存在的锗，同时也包含了砷、锑等金属以及其他微量金属，仅有 2 ~3mg/L 的锗仍残留在溶液中，锗的总回收率高达 90%。

7.5　从铅锌矿中提取锗

云南驰宏锌锗股份有限公司（原云南会泽铅锌矿）是我国锗金属的主要生产基地之一，该公司制取锗精矿的工艺，在从铅锌矿中回收锗方面具有代表性。

铅、锌金属的生产分为氧化矿、硫化矿两个系统。氧化矿经鼓风炉炼铅、炉渣烟化，烟化中的锗比原矿富集了 5 ~ 8 倍，达到 0.017% ~ 0.027%，锗的火法冶炼回收率达

97% ~99%，烟化炉渣含锗 0.0005%。

烟尘经两段酸浸，在浸出液中用单宁络合剂沉锗，获得单宁渣。硫化锌精矿焙砂经中性浸出和高温高酸浸出，在沉矾后液中络合沉锗，获得的单宁渣与氧化系统的单宁渣合并，经电热回转窑灼烧即产出锗精矿，锗精矿含锗品位大于10%，由原料至锗精矿的回收率达95% ~98%，锗的总回收率达到90%以上，云南驰宏锌锗股份有限公司制取锗精矿的工艺流程见图7-12，所制取的锗精矿再采用如图7-13所示的原则流程生产出各种锗产品。

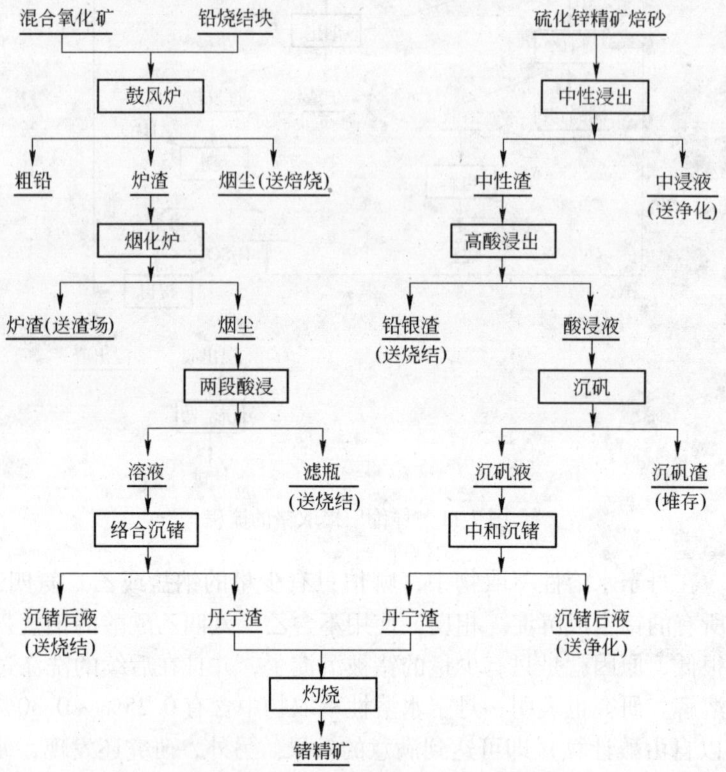

图7-12　云南驰宏锌锗股份有限公司制取锗精矿工艺流程

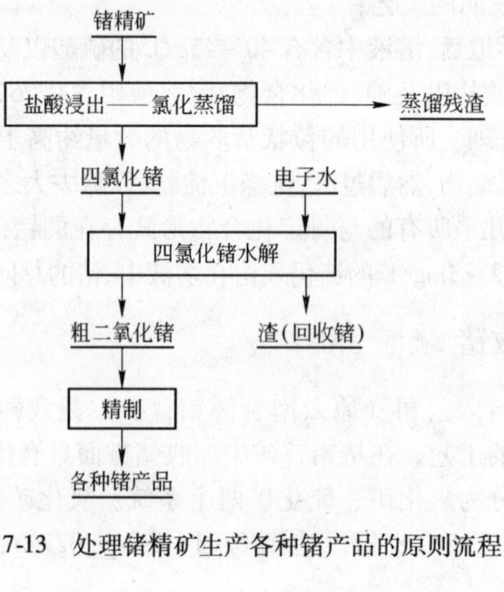

图7-13　处理锗精矿生产各种锗产品的原则流程

7.6　从风化岩石和烟气中回收锗

将风化岩石矿粉与 HNO_3、HF、H_2SO_4 反应，除去硅酸，添加 NaOH，调节 pH 值为 7.0，使铁、铅等以氢氧化物沉淀，过滤，滤液通过阴离子交换树脂，再用氢氧化钠溶液淋洗，就可分离出风化岩石中所含的微量锗。例如，取 1g 含 $GeO_2$0.44% 的火成岩风化岩放入铂蒸发皿中，加入 10mL 氢氟酸，1mL 硝酸以及 1mL 硫酸，慢慢加热，完全除去硅酸后，在溶液中加入氢氧化钠，调节 pH 值为 7，杂质铁和铅就以氢氧化物沉淀物的形式除去，滤液用含 4mol/L 预先配置好的氢氧化钠溶液洗涤，然后用去离子水洗净后，通过数量为 10mL 的阴离子交换树脂 Dowex-1，最后用 20 毫升 2mol/L 的氢氧化钠淋洗，就能得到含锗酸钠淋出液。

我国韶关冶炼厂的密闭鼓风炉火法炼锌工艺中，有一部分锗挥发并富集到烟尘中，烟尘中的含锗量约占进厂原料锗含量的 20，该厂采用 N235 配位剂萃取锗的工艺，完成对锗的回收。

如图 7-14 所示是贵州冶炼厂从烟尘中回收锗的工艺流程。

从图 7-14 中可以看出，该厂利用四氯化锗沸点较低，仅为 83.2℃ 的特点，蒸馏分离

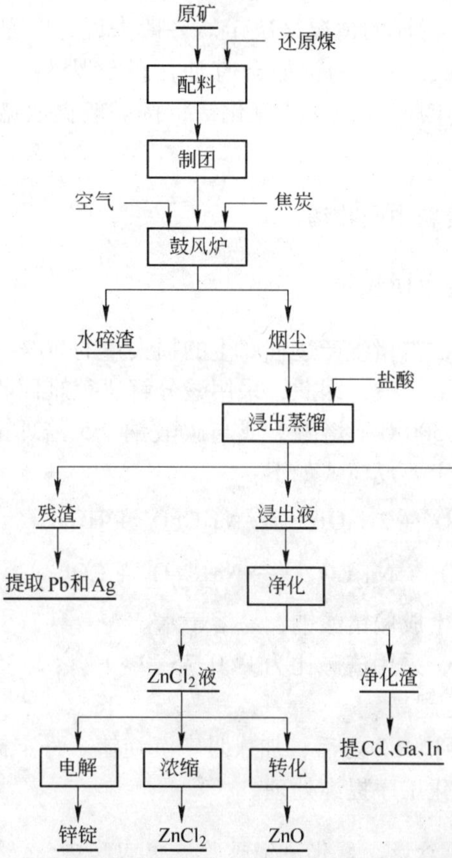

图 7-14　贵州冶炼厂从烟尘回收锗的工艺流程

出四氯化锗，水解后得到纯度很高的二氧化锗。

韶关马坝冶炼厂同样采用蒸馏分离的方法，得到纯度达到99.999%的氧化锗。

7.7　从含锗废料中回收锗

根据不同含锗器件、含锗制剂的用途和锗的生产过程，含锗废料可分为以下几类：

（1）由生产锗过程中所产生的废料，如用盐酸分解锗精矿后的矿浆、废液和不同纯度锗锭的两端头；

（2）由单晶锗制取半导体器件过程中产生的废料，如切削碎料、含锗研磨金刚砂抛光液和腐蚀液等；

（3）由生产光导纤维过程中产生的含锗组成物和含锗废气；

（4）使用锗制剂的医院排放的含锗废水。

从矿石（精矿）生产锗工艺流程复杂，能耗高，成本大，而从上述的含锗废料中回收锗，一般工艺流程简单，成本也较低，因此，从这些含锗废料中回收锗具有重要的经济和社会意义。

7.7.1　从含锗废料中回收锗的方法

根据含锗废料的种类不同，所采取的回收方法也不相同。回收含锗废料中锗的方法，可视废料中含锗品位和被污损的情况来决定。一般来说，若是含锗较纯的废料，可直接返回氯化蒸馏或还原熔炼，不纯的，如含有油污的锗废料，可先经燃烧除去油污后，再送氯化蒸馏，所得到的四氯化锗、二氧化锗，按一般提取锗的工艺还原成锗锭或制取锗单晶。

7.7.2　从锗生产过程产生的废料中回收锗

7.7.2.1　从氯化蒸馏残渣中回收锗

氯化蒸馏残渣中含锗较高，占锗生产过程产生的损失量的86%～89%，残渣中的锗大多为四方晶系的二氧化锗，难溶于酸，因此，采用酸分解法很难回收这部分锗。一般采用氯化残渣和过量的氢氧化钠在500℃下熔融，或与碳酸钠（5倍理论量）在高于900℃下熔融的方法来回收其中的锗，主要反应式如下：

$$GeO_2 + 2NaOH \longrightarrow Na_2GeO_3 + H_2O$$

$$GeO_2 + Na_2CO_3 \longrightarrow Na_2GeO_3 + CO_2$$

反应过程中，残渣中的锗生成偏锗酸钠，易溶于水。

有文献报道，用碱熔融时，采用渣碱比为1∶0.75、1∶1、1∶1.35，一般而言，溶液的pH值越大，浸出液的锗浓度也越高。

浸出液用硫酸调整pH值到1～2之后，加入丹宁沉淀锗。丹宁锗经过滤后再烧掉有机物，制得锗精矿，锗精矿送氯化工序提纯处理。

7.7.2.2　从四氯化锗水解母液、氯化蒸馏吸收液中回收锗

对于四氯化锗水解母液、氯化蒸馏吸收液中的锗，一般采用直接加氯盐法回收。常用

的氯盐有氯化钠、氯化钙和氯化镁等。先将这些含酸的回收溶液加入玻璃蒸馏瓶中(20L)，补加一定数量的硫酸，调整溶液硫酸浓度到8mol/L，然后再加入氯化剂——食盐，发生如下反应：

$$2NaCl + H_2SO_4 \longrightarrow Na_2SO_4 + 2HCl$$

$$Ge^{4+} + 2SO_4^{2-} \longrightarrow Ge(SO_4)_2$$

$$Ge(SO_4)_2 + 4HCl \longrightarrow GeCl_4 + 2H_2SO_4$$

四氯化锗在84~100℃时被蒸馏出来，蒸馏后的残液含锗量从原来的每升几克降到0.02~0.03g/L，锗的回收率可达85%以上。

7.7.2.3 从单晶锗和区熔锗尾料中回收锗

单晶锗和区熔锗尾料中锗的回收，一般采用直接氯化法，即使氯气和金属锗直接发生反应生成四氯化锗。为了加速氯化反应，除考虑温度外，主要是要增加固体锗的表面积和孔隙度以及增大氯气的流量，因此，对固体锗应破碎到一定粒度，以保证有一定的孔隙度。经破碎后的锗，与氯气在260~310℃下作用2h后，四氯化锗的产出率超过98%，但由于四氯化锗中溶解了少量氯气，实际四氯化锗的产出率为92%~96%。

7.7.3 从锗半导体制造过程产生的废料中回收锗

在锗半导体器件制造过程中，产生的含锗废料主要有以下几种：

(1) 将锗单晶在切割机中切割成不同的锗片时，产生锗屑，一般锗屑含锗量为20%~30%；

(2) 切割后的锗片在研磨时产出的含锗金刚砂，一般含锗百分之几到15%；

(3) 锗单晶制备过程中产生的边角碎料和废锗，含锗在99.99%以上；

(4) 锗单晶、锗片的腐蚀液、抛光液，一般含锗3~10g/L。

根据各种废料性质和含锗量的不同，可以采用如下不同的处理方法。

7.7.3.1 单晶锗屑回收锗

锗单晶切片时的锗屑，含有机油和单晶的衬填锯屑等，因而要先燃烧脱油，待机油烧尽后，放入球磨中细磨至100目，然后按质量比加入1.0~1.5倍的碳酸钠混匀，在800℃温度下焙烧2h，使其中的金属锗氧化成二氧化锗，并与碳酸钠反应，生成可溶性锗酸钠，冷却后，再磨细到100目，然后送氯化工序，进行氯化蒸馏回收锗。

7.7.3.2 含锗金刚砂回收锗

锗单晶片在进行研磨时，锗成细粉状进入到研磨金刚砂泥浆中，因此，首先要进行烘干脱水，在保持温度400~560℃之间，烘干6h，冷却后磨细到100目，供氯化蒸馏处理。

金刚砂中的锗多呈金属锗状态存在，而金属锗在盐酸中几乎不溶解，因此，在蒸馏时要加入MnO_2或$FeCl_3$作氧化剂（一般为含锗量的11倍），其反应式为：

$$Ge + 4FeCl_3 = GeCl_4 + 4FeCl_2$$

经实验证明：用三氯化铁作为氧化剂，锗的蒸馏回收率高，如处理含锗7.79%的金刚砂，加入二氧化锰和三氯化铁，其蒸馏回收率分别为89.1%和99.37%。含锗金刚砂的粉碎细度对氯化蒸馏的锗蒸馏率也有影响，粒度越细则锗的蒸馏率越高。

7.7.3.3　碱性腐蚀液中回收锗

在晶体管的制造过程中，锗片和管芯均要进行化学腐蚀或抛光，以得到适宜的锗片厚度和平整的光洁表面。目前，一般采用双氧水和氢氧化钠，在加热条件下进行腐蚀抛光，这时有一部分锗生成锗酸钠进入溶液中，但由于此溶液的锗含量低且体积又大，因此得先进行沉淀富集，然后再蒸馏回收锗。这种双氧水的碱性含锗腐蚀液，可以回收，但沉淀时不安全，操作也麻烦，曾采用过用氯化镁沉淀法，效果较好，沉淀时控制pH值在8~9之间，每升溶液加入氯化镁30~40g，氨水50mL，搅拌15min。沉淀法一般在常温下进行，当氯化镁加入时，Mg^{2+}与锗酸钠反应，生成溶解度极小的锗酸镁沉淀，反应式如下：

$$Na_2GeO_3 + MgCl_2 \Longrightarrow MgGeO_3\downarrow + 2NaCl$$

由于在碱性溶液中沉淀，当加入氯化镁后，会有大量$Mg(OH)_2$沉淀析出而与锗酸镁同时沉淀，因此要控制好溶液的pH值，不要大于9。

实践证明，氯化镁沉淀法，锗沉淀率可达99%以上，操作方便。经澄清，过滤后，滤液废弃，沉淀物烘干后送氯化蒸馏，另外，该法对回收水解母液、氯化蒸馏吸收液以及金属锗的区域提纯和单晶制备的碱性腐蚀液中的锗也有效。

7.7.3.4　氢氟酸腐蚀液中回收锗

在锗的生产过程中，锗锭表面有一层氧化膜，清除这层氧化膜主要用两种方法：一是用双氧水除去法（在碱性腐蚀液中回收锗中已叙述）；一种是用氢氟酸和硝酸混合酸处理法。

含有氢氟酸的含锗腐蚀液不能采用直接氯化蒸馏法回收其中的锗，这是因腐蚀液中的氟离子会腐蚀所有玻璃蒸馏设备（如蒸馏瓶、吸收瓶、冷凝管等），应单独进行回收。回收腐蚀液中锗的方法很多，如有硫酸蒸干法、氨水中和法、硼酸沉淀法、硅酸盐蒸发法和镓盐沉淀法等。前苏联曾对含氟含锗腐蚀液，用质量分数为10%、30%的氯盐烃胺溶液，进行萃取回收锗的研究，提取率分别为71%和96%。用氯盐烃胺萃取锗的适宜条件为：有机溶剂与水溶液体积比为1/3，溶液pH值为1.8~2.3，溶液中$HF/GeO_2=6$。

7.7.4　从锗制剂医院排放含锗废水中回收锗

锗工厂、用锗制剂医院常大量排放含锗废水，但这种废水通常含锗仅为1×10^{-6}级，由于锗含量低，迄今尚无合适的方法能从这些废水中有效又廉价地回收其中的锗。

日本的研究者，是将含锗废水的pH值调至11以上，作为培养液，以便在其中繁殖螺旋藻，此螺旋藻能吸附溶液中大量的锗，然后对螺旋藻进行浸出或焙烧，便可回收锗。采用此方法回收锗，具有很好的应用前景，该法的关键是螺旋藻的预培养和培养增殖。螺旋藻预培养时，培养槽采用“森式”装置，培养温度为30℃，照明度10000勒，SM培养液，其组成为（g/L）：$NaHCO_3$ 16.8、$NaNO_3$ 2.5、NaCl 1.0、CaO 1.2、H_2O 0.04、EDTA

0.08、K_2HPO_4 0.5、K_2SO_4 1.0、$MgSO_4 \cdot 7H_2O$ 0.2、$FeSO_4 \cdot 7H_2O$ 0.01，添加微量的添加液 A(1.0mg/L)、添加液 B(1.0mg/L)。

7.7.5 从生产光导纤维过程产生的废料中回收锗

7.7.5.1 从含锗玻璃组成物中回收锗

目前，国内外光纤技术发展很快，所用的石英系光导纤维是用化学气相沉积法(CVD)等方法生产的。在其生产过程中，要将大量锗、硅和硼等的卤化物以气态供给反应器，最后在反应器内热分解成细粒状的氧化物，再将此细粒状氧化物热处理成透明的玻璃体，但是，目前这种工艺的成品率非常低，大约有30%～70%的锗成为氧化物或未反应的气体被废弃，这些废弃物主要是锗、硅、硼的氧化物和水解时生成的金属氧化物。日本的研究者介绍了一种利用高温挥发来回收此类锗氧化物的方法。他们将炭粉与被回收的氧化物混合于500℃以上的加热炉内，然后通入惰性气体使加热炉减压，以便收集高温挥发物。这种挥发物，主要是锗的低价氧化物、盐酸和氯气，一般采用捕收器捕集回收含锗低价氧化物。

也可用高温、氢还原的方法来处理此类含锗废料，即将被回收的含锗、硅、硼的氧化物放入炉内，加热到500℃以上，通入氢气和惰性气体，使其与被回收的氧化物充分接触，排出的气体引入到冷凝器中，以便捕收气体中的低价锗氧化物。在被回收的氧化物中，有部分氧化硅和氧化硼被还原，但是，它们都比锗的低价氧化物难挥发而留于还原废料中，所以在此温度下，排除气体中不含硅、硼等氧化物。

利用上述方法，能高效地回收光导纤维制造过程中废弃的锗氧化物。

7.7.5.2 从生产光纤过程的废气中回收锗

英国专利报道了从制造光导纤维过程排出的废气中回收锗的方法。光纤生产过程中，从废气中排除的锗主要是气态锗，而不是细颗粒锗，回收这部分锗，采用的方法是让排出的气体与碱液接触，通过碱液吸收含锗气体。操作过程是将排出气体通入洗涤器中，并使洗涤器具有很大的气液界面，洗涤器通常由填充床或筛板床组成，床的上方设一个喷管喷洒水介质，使废气与其充分接触。一般存在于废气中的含锗气体，通过碱液吸收及其后的水解作用，可收集到溶液中。如果pH值过低，则可显著减少含锗气体的吸收和水解。一般碱性溶液采用的pH值，以11～12为宜。

7.7.6 从锗侵蚀废料中回收锗

专利GB866040提供了一种从锗侵蚀废料中回收锗的方法，其内容简述如下。

鉴于锗的价格较高，所以，从锗金属生产半导体器件的废料中回收锗，具有重要的意义。

该发明是关于从锗侵蚀废料中回收锗的工艺，此废料通常为可溶性锗化合物的溶液。

该发明旨在提供一种从锗侵蚀废料中回收锗的简易方法，这种废料是含有可溶性碱金属的锗酸盐水溶液，这种溶液是含有碱金属的氢氧化物作为溶剂溶解 GeO_2 时的试剂侵蚀液，这方面的已知工艺实例是锗的化学侵蚀，所用试剂是 H_2O_2 与 KOH 的水溶液或者是

NaClO 与 NaOH 的水溶液，另一实例是锗的电解侵蚀，所用试剂是 KOH 或 NaOH 的水溶液。

根据该发明，锗侵蚀废料（可溶性碱金属的锗酸盐水溶液）中，至少添加一种强的无机酸，并且酸的数量要足以使溶液的 pH 值降到 7 以下，在溶液中加入过量的氨水，分离所得沉淀物，蒸馏沉淀物与盐酸组成的混合物得到 $GeCl_4$。

强的无机酸是指盐酸、硝酸或硫酸。

上述步骤中所获得的 $GeCl_4$ 相对较纯，但仍希望能得到进一步的纯化，如通过精馏 $GeCl_4$，可以采用常规的方法制得金属锗，即通过水解工艺生成 GeO_2，然后在氢气中加热还原，制得金属锗。

从锗的化学侵蚀废料中回收锗的实例为：侵蚀试剂由 H_2O_2 与 KOH 的水溶液组成，组分为 300mL H_2O_2（100 体积），150g KOH，1.1L 水，此废料含有 14g/L 以锗酸钾形式存在的可溶性锗，反应方程式为

$$Ge + H_2O_2 + KOH \longrightarrow K_2GeO_3 + 3H_2O$$

70L 废料，需加入质量分数 36% 的盐酸，约 15L，边加入边搅拌，这将使溶液的 pH 值降到 6 并形成以化合物形式存在的含锗沉淀物，生成的 KCl 留在了溶液中，反应方程式为

$$K_2GeO_3 + 2HCl \longrightarrow GeO_2 + 2KCl + H_2O$$

$$KOH + 2HCl \longrightarrow 2KCl + H_2O$$

溶液中加入密度为 0.88g/cm^3 稍微过量的氨水溶液（约 5L），使 pH 值为 7～8，从而将大部分剩余的锗，以化合物的形式形成沉淀，氨则与过量的盐酸形成 NH_4Cl，最终留在溶液中。

为使沉淀物较好沉积，混合液要静止 2h，在此期间，混合液的温度恢复到室温（温度升高是由于先前的反应是放热反应），而且，溶液中大部分的锗也形成沉淀物，最后过滤、干燥得到沉淀物。

为了回收以相对纯的化合物形式存在的锗，可将盐酸与沉淀物的混合物蒸馏，得到 $GeCl_4$。方法如下：将 70L 质量分数为 36% 的盐酸与 10kg 含锗沉淀物，加热至沸腾，首先蒸馏出来的是 $GeCl_4$，蒸馏温度直到超过 90℃，此时，沉淀物中的大部分杂质仍存在于蒸馏的残余物中。蒸馏出的 $GeCl_4$，可依据常规的方法制得金属锗。

通过上述描述的工艺，可以从起始废料中至少回收 80% 的锗。

8 制备和提取四氯化锗的方法

本章主要介绍国外从硫化矿物、锗酸盐物料及锗半导体废料中制备、回收和提取四氯化锗的相关专利。

8.1 四氯化锗的制备

英国 Standard Telehones and Carles 有限公司，发明了关于 $GeCl_4$ 的制备方法。

该专利指出，锗作为半导体材料在电子工业中的应用有着不可替代的地位，其重要性日益显现。由于锗在地球中的含量很低，提取和回收方法的经济性，特别是从废料中回收锗，就显得十分重要。在制造二氧化锗和三极管的传统生产工艺中，所用材料都含有90%以上的锗，因此，开发一种经济、快速、有效的锗回收方法，显得尤为重要。

从原矿中提取锗和使锗转化为 GeO_2 已有数十年历史了，通常在获得电子级纯度锗的常规生产工艺中，用浓盐酸浸出精矿中的 GeO_2，使其转变为粗 $GeCl_4$，而后精馏制备成高纯 $GeCl_4$。

水解高纯的 $GeCl_4$ 得到高纯 GeO_2，还原 GeO_2 得到金属锗。

当以碎屑（主要组成是金属锗）作为主要的处理对象时，由于碎屑中的多种污染物严重影响获得高纯产品，从经济上考虑，常规方法对试验室规模及工业规模生产是不适宜的。

根据上述观点，尽管在该领域已持续有几十年的研究历史，但仍然需要开展进一步的研究，寻找处理制造锗半导体器件时产生的大量锗碎屑的方法，并且该方法应满足其转变为 $GeCl_4$ 时，能实现工业规模的需要。

该发明的目的，一是为 $GeCl_4$ 的制备提供一个新的方法；二是该方法应用简单，应用于工业规模是经济的；三是该方法对用于半导体器件制造时产生的锗碎屑能有效回收。发明的特点是在干燥环境条件下，用 HCl 气体处理含锗的碎屑，碎屑被加热到300～700℃之间，当 HCl 气体流过预热了的碎屑时，能回收到没有被其他杂质污染的 $GeCl_4$。

推荐的温度是650℃，尽管在较低的温度下反应也可以发生，但需要的时间较长，HCl 气体的流量为20～40mL/min，最好是40mL/min，允许过量的 HCl 气体参加反应，并存在于反应生成物中。

一个具体的实例为：Ge 为78g，HCl 气体流量为40mL/min，反应温度650℃，反应时间为22h，此时获得25mL 纯 $GeCl_4$。提高温度、增加时间或增大反应器的尺寸，都能增加 $GeCl_4$ 的产率。HCl 气体应首先通过硫酸溶液，随后进入氯化钙干燥塔，以确保完全排除水分。

获得的 $GeCl_4$ 的物理及化学性质与已知高纯 $GeCl_4$ 样品的性质有很好的一致性，当然，氯锗烷（三氯甲锗烷）的性质与获得的 $GeCl_4$ 性质有非常紧密的联系。检测 $GeCl_4$ 的纯度应采用特殊的设备，以消除任何污染 $GeCl_4$ 的可能性。

氯锗烷与 $GeCl_4$ 在化学性质上有一个重要的不同，就是氯锗烷与碘能发生反应而纯 $GeCl_4$ 却不能发生。丹尼斯（Dennis）和他的合作者在“物理化学期刊”（1926，Vol. 30：1052）中论述了在这方面的研究成果，利用此项研究成果，用已知的 $GeCl_4$ 样品，氯锗烷与获得的 $GeCl_4$ 比较，发现没有碘反应，这就证明了 $GeCl_4$ 的纯度没有受到氯锗烷的污染。

含 Ge 碎屑的主要污染物是氯化铜和有机物，在一定条件下，为了提高 $GeCl_4$ 的纯度，最好水解 $GeCl_4$ 为 GeO_2，然后重新与 HCl 作用生成 $GeCl_4$。

GeO_2 在略高于 100℃的温度下干燥，如果 GeO_2 在大气下、300℃的温度干燥，GeO_2 的结构将发生很大的改变，很难与 HCl 气体作用。

8.2　从含锗的硫化矿中制备四氯化锗

该发明是关于从含锗的硫化矿物中制备四氯化锗的工艺，其关键技术是通过氯化剂与矿物反应获得锗的氯化物，例如，可以用氯或氯的化合物与矿物反应制成锗的氯化物，然后再从锗的氯化物中回收锗或锗盐。

众所周知，金属硫化物能与氯发生反应，并且还建议用此反应来分解硫化矿物。该发明中，最重要的是除去反应中所形成的硫。以前的工艺过程都是在高于硫的沸点温度时，让所形成的硫立即挥发，然而，这样的工艺过程在实际应用中并没有成功。

该发明的技术特点，就在于在高于硫的熔点但低于其沸点的相对较低温度下操作，只要在上述过程中，硫处于液态，就能实现硫化矿物的反应快速、经济，并能从硫化矿物颗粒表面除去生成物和副产品，工艺详细描述如下。

该工艺所处理的是硫化矿物中的硫化锌，如闪锌矿或其他的含锌矿石。此类矿物中通常含有少量锗，由于锗的含量较少，所以采用已有方法，要使矿石中的锗被大部分提取是非常困难的。利用该发明，提取矿石中所含的大部分锗，则较容易实现，并且，从锌的氯化物中还能直接回收锌，或者把它转变为锌的其他金属化合物，或还原成金属锌。

反应中所用的氯可以是氯（Cl_2），氯化物或类似物质。

反应在 150～440℃下进行，推荐的温度是 300～400℃。

反应通常在一个大气压下进行，也可以在高于一个大气压下进行。

该发明的工艺过程主要包括以下两个反应：

$$2ZnS + 2Cl_2 \longrightarrow ZnCl_2 + S_2$$

$$GeS_2 + 2Cl_2 \longrightarrow GeCl_4 + S_2$$

从上述反应中可以看到，生成物是 $ZnCl_2$、$GeCl_4$、S_2。其他金属硫化物也可以发生反应，生成相应的金属氯化物。

金属硫化物与氯化剂反应生成的氯化物会自然附在金属硫化物的表面。在给定的温度期间内，硫以液态形式存在，$ZnCl_2$ 通常是固态。在一个大气压下反应时，$GeCl_4$ 的沸点是 83℃，因此可以挥发为气相。为了使 $GeCl_4$ 能更有效地从混合物中除去，通常向混合物中通入氯气或其他气体（如 SO_2、CO_2），使之与反应物表面充分接触。

据已公开的专利 US417413 介绍，为了使金属硫化物与氯化剂更好地接触，可以使用某种液体作为载体，但对此液体有一定要求，具体讲就是该液体要能溶解氯化剂，液体与氯化剂反应时，不形成过量的酸或其他不希望得到的副产品，反应后能得到一种可以使硫化物氯化的产品。

可选用的有机化合物液体有：氯化烃、氟化烃、直链烃、芳香族化合物、二苯基$(C_6H_5)_2$、萘（$C_{10}H_8$）等。在反应条件下，这些有机物应完全卤化使之不与氯发生反应，这样的有机物，可以是八氯萘、十氯代联苯（$Cl_5C_6C_6Cl_5$）、全氟己胺、全氟润滑油、全氟煤油等。无机化合物中，与氯发生反应且适于选用的主要有：硫或硫的化合物。

该发明实施过程中，加入液体的主要作用是除去金属硫化物表面反应生成的硫和金属氯化物，因此，加入液体的量要多一些，通常，加入量是金属硫化物质量的2～10倍。提供良好的搅拌作用也是很有必要的，因为，它能充分发挥液体的洗涤作用。

当硫以液体形式存在于反应物中时，部分硫会与氯发生反应生成硫的氯化物，但不会影响工艺过程的进行，因为硫的氯化物可与洗涤过的金属硫化物继续反应。

该发明实施前，含细微锗的闪锌矿或其他硫化锌矿最好经过干燥，如通入大量液态硫进行干燥。液态硫的数量是硫化物数量的2～10倍，通常采用5倍。通入氯和搅拌液体可以用任何常规方法实现。氯化剂的用量要至少能把含锗的硫化矿中所含的锗转变成$GeCl_4$。反应过程中，温度保持略高于从混合物中蒸馏出$GeCl_4$的温度，$GeCl_4$最后收集在冷凝器中。另外，也可以用水、冰水或碱性溶液吸收$GeCl_4$。

在反应过程中，硫化锌转变成氯化锌，其他的金属硫化物也转变成相应的氯化物。这些物质在液态硫中形成悬浮物与反应器分离。推荐在115～175℃用热水处理混合物，然后经过滤，通过常规工艺从液态硫中分离出金属氯化物。

此外，也可以把硫和金属氯化物的悬浮物冷却到硫的凝固点以下，把混合物磨成粉，用水浸出回收金属氯化物。

下面是几例具体的应用情况，所用的液体是硫。

【例1】 一定数量的硫化锌精矿，含大约55%的锌、30%的硫、3%的铁和0.03%的锗，同时还含有一些黄铁矿和方铅矿。在350℃下，用氯在过量的液态硫中处理这些精矿，液体表面用氮气保护，然后把挥发出的气体冷却并用NaOH溶液来吸收，可获得含锗70%的锗料。

【例2】 1磅（0.453kg）质量的锌精矿，含大约55%的锌、0.04%的锗，向其中通入5磅（2.265kg）的液态硫，混合物在347～363℃下发生反应，加入300g的氯气反应270min，同时不断搅拌混合物。在反应过程中，混合物表面用干燥的氮气保护，并把挥发出来的气体引入到含有10%苏打溶液的两个吸收器中。有98%的锌精矿分解成硫和氯化锌，同时还有其他有色金属的氯化物和铁的氯化物。精矿中的锗完全挥发，在吸收瓶中得到含锗60%的锗料。

【例3】 同样数量的锌精矿，用同样数量的熔化硫和氮处理，温度为335～385℃。加入300g的氯气反应125min。如同上面的试验一样，混合物表面用干燥的氮气保护，并将气体引入到两个含10%的苏打溶液吸收器中。试验中，分解了98.1%的精矿，获得了含锗80%的锗料。

综上所述：

（1）获得硫和$GeCl_4$方法是，在300～400℃下，在液态硫中用氯化剂处理含有硫化锗的金属硫化物，然后蒸馏混合物可制得$GeCl_4$。

（2）分解金属硫化物的方法是，在100～440℃下，把含硫化锗的金属硫化物矿物放到液态硫中，硫的数量是硫化矿物的 2 ~ 10 倍。把氯化剂通入悬浮液中，使硫化锗转变成硫和 $GeCl_4$。通入氮气并蒸馏混合物就可以制得 $GeCl_4$。

8.3　用气态氯化氢从锗酸盐物料中提取四氯化锗的方法

8.3.1　基本原理

该发明涉及从 MCVD（改进的化学气相沉积，一种光纤预制棒制造方法）工艺废料中回收锗的方法和装置，采用一种气体对块状 MCVD 废料进行化学转变并回收锗。

相关技术描述为：光纤预制棒通过一系列连续的工序过程制造出来，这些工序包括了 $SiCl_4$、$GeCl_4$ 的氧化反应，然后制备出合格的光纤预制棒。在工艺过程中，发生了 $SiCl_4$、$GeCl_4$ 的挥发。挥发物由大量的微粒和气态组成。在研究 $SiCl_4$ 与 O_2 反应、$SiCl_4$ 与 O_2 或 H_2 反应以及 VAD 工艺等论文中都谈到过，在 $SiCl_4$ 总量中，仅有大约 50% 的转变为光纤预制棒，其余的约 50% 都损失了。

在 MCVD 制造光纤预制棒工艺中，使用了大量的高纯 $GeCl_4$，这种价值昂贵的原料，大部分（约 80%）进入挥发溢流物中，溢流物的组成主要为没有发生反应的 $GeCl_4$ 和无定型 SiO_2 微粒，微粒中含 15% 以上的锗，这导致了光纤预制棒成本的增加，也促使了从 MCVD 溢流中回收锗工作的开展。

收集这些含锗的废气并从中分离锗，能极大地降低光纤的制造成本。美国专利（US4385915）论述了从气相中分离锗的有效方法，并介绍了再循环工艺。

在该工艺中，采用一种含水介质处理溢流物，以确保含锗气体的收集，例如 $GeCl_4$ 被含水介质吸收，完全水解，过滤和含水再次循环使用等。通过使用碱性或酸性介质，大量的微粒首先被溶解，这样，由于含锗微粒的溶解以及循环过程的进行，锗浓度在介质中显著增加，可周期性或连续地转移循环介质沉淀锗。用多价化合价阳离子，例如 Mg^{2+} 沉锗，使之形成稳定的 $MgGeO_3$ 沉淀，再用常规方法将 $MgGeO_3$ 从溶液中分离得到滤饼。

以前回收锗采用的预处理方法有几点不足，例如，以前的方法不能处理含水量高的滤饼，因此不得不采用干燥或其他方法来排除滤饼中的水分，还需要输入热能，以便从滤饼中分离锗。另外，为了从含有其他元素（如砷、锑、锡等）的物料中分离出 $GeCl_4$，砷、锑、锡等也将被富集。在以前的方法中，蒸馏 $GeCl_4$ 时，必须在氧化条件下进行，需抑制 Cl_2，H_2O_2，$KMnO_3$，Cu 等的挥发。

该发明为从 MCVD 工艺废料中回收锗的方法，此方法将上述所提的溢流物浓缩为滤饼，再用化学方法对其进行转变。在该工艺中，MCVD 废料（滤饼）与气态 HCl 直接反应，被迅速和彻底氯化，生成 $GeCl_4$，反应过程中放出热量，$GeCl_4$ 以气态方式从滤饼中分离。$GeCl_4$ 生产工艺的简明描述及气态 HCl 和滤饼反应的基本化学反应式如图 8-1 所示。

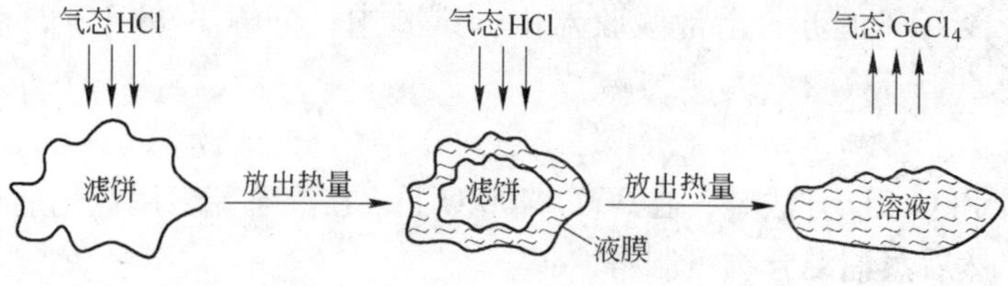

图 8-1　$GeCl_4$ 生产工艺的简明描述

8.3.2 工艺技术

工艺技术的详细描述主要包括从含锗酸盐物料中，以 $GeCl_4$ 为产品、回收锗的相关试验情况、具体的工艺和装置。

该发明有广阔的应用范围，可以用来回收其他类似的物质（如砷等），下面的介绍仅是其应用的一例。

从锗酸盐原料中提取锗，该发明是用气态氯化物从含锗酸盐滤饼中以回收 $GeCl_4$ 回收锗。气态氯化物可以是氯化氢，也可以是其他氢化物。如果是溴化氢，锗则以四溴化锗的形式回收。

锗酸盐物料与纯净的气态氯化物接触，此时，气态氯化物应有充分的流速和反应时间，使之与锗酸盐物料之间的放热反应完全。反应时间取决于几个因素：如锗酸盐的化学组成，特定的氯化物反应气体，气液接触的有效性等，总而言之，反应时间一般为 5 ~ 120min，推荐的时间为 10 ~ 40min。

与锗酸盐物料反应的气态氯化物流速取决于几个因素，如锗酸盐的数量和表面积大小，锗酸盐体积占反应器容量的比例。按照该发明，气态氯化物的气体流速控制为每千克锗酸盐物料 1 ~ 100L/min，推荐的气体流速为 5 ~ 30L/min。如果以摩尔为单位，则每千克锗酸盐物料为 8 ~ 50mol/min，推荐为 12 ~ 20mol/min，这取决于反应条件。

锗酸盐物料可以是任何含锗原料，但形状最好是滤饼和相类似形状。上面已经将含锗物料作为 MCVD 的工艺副产品作了详细的描述，$GeCl_4$ 从锗酸盐中挥发，用低温冷凝的方法加以回收。

常规工艺难以处理含水高达 78% ~ 80%（质量分数）的滤饼，发明改进了常规的工艺，改进的工艺中，推荐采用气态 HCl。图 8-1 所示的图解说明，滤饼与气态 HCl 发生了强烈的放热反应，促使滤饼间强烈摩擦和 $GeCl_4$ 的转变，典型的化学反应及转化过程如下

$$6HCl + MgGeO_3 \xlongequal{} MgCl_2 + GeCl_4 + 3H_2O$$

$$2HCl + MgSiO_2 \xlongequal{} MgCl_2 + SiO_2 + H_2O$$

$$2HCl + Mg(OH)_2 \xlongequal{} MgCl_2 + 2H_2O$$

按照该发明，气态 HCl 与锗酸盐物料反应，避免了大量生成水，而如果用常规的方法，这些水是由用盐酸作为氯化剂带入的。

图 8-2 所示的曲线表明了 HCl 试剂的数量和滤饼反应后生成的液体总量的关系。

图 8-3 所示的曲线表明了氯化镁对 $GeCl_4$ 可溶性的影响，溶液为 25℃ 下的 $MgCl_2$ 与 HCl 的混合液。

从图 8-2 中可以看出，曲线 *A* 和曲线 *C* 为每公斤滤饼所需的气态 HCl 的数量和酸浓度，在反应中，溶液需要保持一个预先确定的 HCl 浓度。液体的总量与气态 HCl 增加（曲线 *B*）有关，同样，也与酸浓度（曲线 *D*）增加有关，需要与最终的反应条件（HCl 浓度）联系来区别。从提供的参数可以发现，使用 HCl 作氯化剂是非常有效的，并且由于使用了气态 HCl，可以使反应装置的尺寸有效地减小（基于液体总量少）。

在气态 HCl 摩尔数与系统总容积之间，存在着一个大致的线性关系，尽管也有气态 HCl 与锗酸盐物料反应生成水，水与气态 HCl 生成盐酸，盐酸也会与滤饼作用的因素存

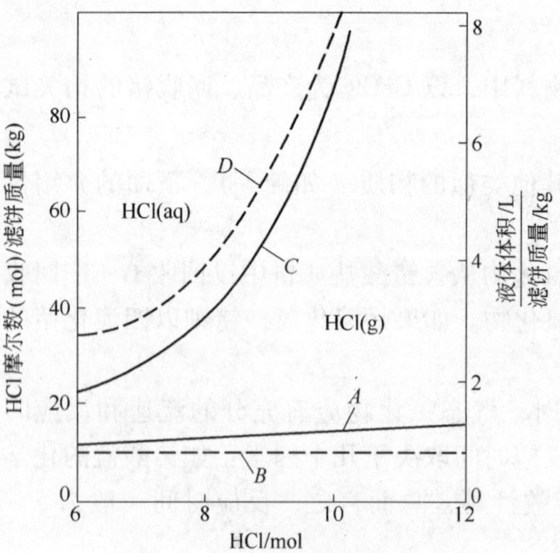

图 8-2　HCl 试剂的数量和滤饼反应后产生的液体总量的关系

——HCl 摩尔数，mol；- - - - 液体体积，L

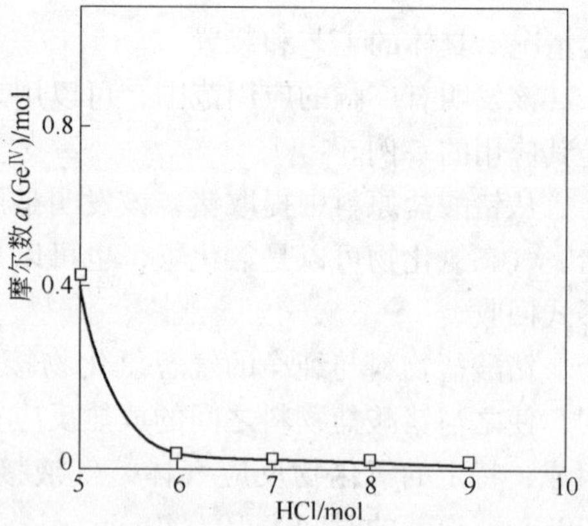

图 8-3　氯化镁对 $GeCl_4$ 可溶性的影响

在，但它们中间的近似线性关系还存在，因此，该发明没有增加系统的总容积，而实现了氯化剂非常有效地使用。

该发明并不需要对滤饼进行预先干燥处理，已经进行的试验和采用完全干燥的滤饼试验证明了这个结论。事实上，当滤饼的含水量降低到 50% 时，导致原料表现出反应缓慢，原因是滤饼与 HCl 气体作用时放出热量，放出的热量促进了进一步的干燥作用，过于干燥的滤饼，在 HCl 中不容易实现分解，反应中可以忽略 $GeCl_4$ 的变化。

常规的盐酸处理方法需要增加热能，促使 $GeCl_4$ 从残渣中分离，经过详细的 HCl 热焓计算，每 1kg 滤饼放热 884. 1J，按发明的工艺，$GeCl_4$ 能够迅速、完全地从 HCl 和含锗物料中挥发。HCl 与滤饼反应的热化学值见表 8-1。

表 8-1　HCl 与滤饼反应的热化学值 ΔH

反应物	方　式	ΔH/cal · mol^{-1}	mol/kg	ΔH/cal · mol^{-1}/kg(滤饼)
HCl（g）	溶　解	-18.0	12.0	-173
$Mg(OH)_2$	中　和	-21.4	1.3	-27
$MgSiO_3$	转　化	-18.7	0.9	-17
$MgGeO_3$	转　化	7.4	0.4	3
$GeCl_4$	蒸　馏	7.9	0.4	3

事实上，由于缺乏特殊的绝热手段，标准反应器的温度保持和超过 90℃ 以上，大约 83% 的热来自于气态 HCl 的溶解热，因此，该发明不需要价值昂贵的干燥装置和氯化试剂。

另外，按照该发明的动力学理论，反应的生成物不与副产物发生反应，但当 HCl 浓度大约为 3. 2mol/L 时，溶液中出现 $MgCl_2$，当 HCl 溶液为 5 ~ 9mol/L 时，$MgCl_2$ 会影响

$GeCl_4$ 的溶解度，判断为镁盐析出。

试验时采用关闭容器，确保 $GeCl_4$ 剩余的部分与水合物及以气相存在的产物达到平衡。通常，当 HCl 浓度低时，$GeCl_4$ 的溶解度最高，但随着 HCl 浓度的增加而迅速降低，当 HCl 浓度由 7.77mol/L 增加至 12.08mol/L 时，$GeCl_4$ 的溶解度由 0.4mol/L 降低至小于 0.01mol/L。从图 8-3 可以看出，当 $GeCl_4$ 的溶解度显著降低时，溶液中含有 $MgCl_2$，经确认这时含 $MgCl_2$ 1.6mol/L，Ge^{IV} 的溶解度朝着 HCl 浓度低于 5mol/L 的方向转移，反之，当 HCl 浓度高于 6mol/L 时，Ge^{IV} 基本上不溶解到溶液中，溶液中含有镁盐。这样，发明中，在 HCl 的浓度小于 6mol/L 的转化期间，$MgCl_2$ 的生成不能促进 $GeCl_4$ 的挥发。

下面的例子将进一步介绍该发明。表 8-2 为滤饼的成分组成，经分析，该样品中含锗为 2.6%。

表 8-2 滤饼成分（质量分数）

成 分	总量中的含量/%	固相中的含量/%	成 分	总量中的含量/%	固相中的含量/%
$MgGeO_3$	5.3	24	Ge	2.6	12
$MgSiO_3$	9.2	42	Si	2.6	12
$Mg(OH)_2$	7.5	34	Mg	6.2	28

样品的固态量为总质量的 20% ~22%，设计如图 8-4 所示的试验装置，应用该装置，可用气态 HCl 回收滤饼中的锗。

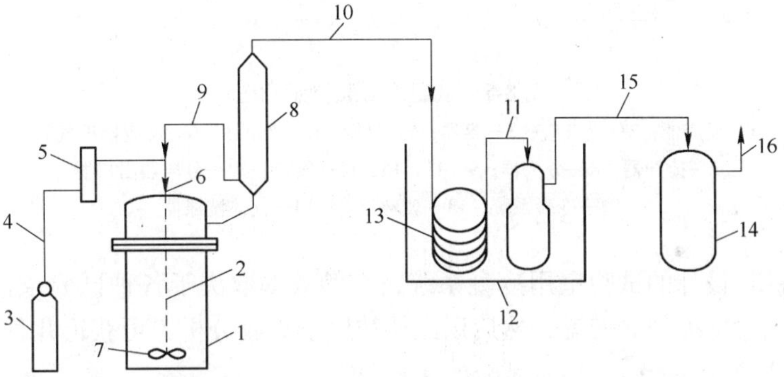

图 8-4 用气态 HCl 回收滤饼中锗的装置

1—反应器；2—进气管；3—容器；4—导管；5—流量计；6—反应器进气管；
7—搅拌器；8—分离器；9，11，15，16—管道；10—分离器出口器；
12—冷凝系统；13—玻璃盘管；14—气体洗涤器

在图 8-4 中，反应器的处理量为 1kg，反应器配有聚四氟乙烯的进气管，进气管伸至反应器底部约 1 英寸（0.0254m）的位置，将由 MCVD 获得的滤饼放入反应器中，根据试验要求，滤饼需粉碎到适当的尺寸。气态 HCl 从容器通过导管引入到反应器进气管，气态 HCl 的输送量由一个或一组流量计控制，流量剂需要精确的校准，输送范围由 20mL/min 到 12.0L/min。流量剂所用材料是聚四氟乙烯。输入到反应器的气态 HCl 和滤饼用搅拌器搅拌，以促进 HCl 的流动和滤饼的溶解。

反应器出口管连接到一个竖直的圆柱体分离器，分离器尺寸为高 2 英尺（0.51m），直径3/4英尺（0.19m），分离器的作用是冷却，大量含水气体通过管道返回反应器，而且通过分离器的出口管排出 $GeCl_4$（气）和HCl（气），$GeCl_4$（气）和HCl（气）进入冷凝系统，由盐浴提供的冷凝温度为0～20℃，冷凝系统由包括高10英尺（2.54m），外径为1/4英寸（0.06m）的玻璃盘管组成，玻璃盘管通过管道连接一个或几个储液罐，特殊设计的储液罐是为了收集和进一步处理 $GeCl_4$，进入冷凝系统的HCl（气）通过管道送入气体洗涤器，通过管道排除之前，在洗涤器中和碱性水溶液作用。

图8-5所示为发明设计的一个低温冷凝装置示意图，试验中，反应效率和 $GeCl_4$ 的产出率取决于HCl的流速，气体通入分离器旁路管道进入洗涤器，也可通过冷凝系统并联接入气体洗涤器，洗涤器中有大约3L浓缩苛性溶液，取洗涤溶液试样（大约5mL），用原子吸收法分析含锗量。

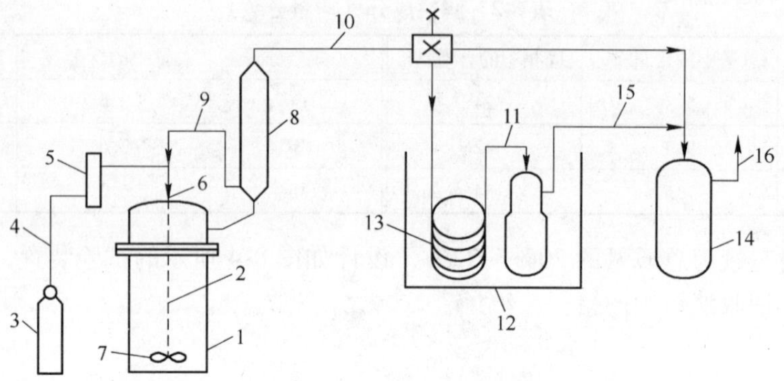

图8-5　低温冷凝装置示意图

1—反应器；2—进气管；3—容器；4—导管；5—流量计；6—反应器进气管；7—搅拌器；8—分离器；9，11，15，16—管道；10—分离器出口器；12—冷凝系统；13—玻璃盘管；14—气体洗涤器

为冷凝 $GeCl_4$ 设计的试验室用冷凝系统，它的效率取决于各种试验条件和冷凝温度。收集的 $GeCl_4$ 通过冷凝到储液罐，然后用红外和原子吸收分析，可获得几种试验条件下的 $GeCl_4$ 产品数据。

样品用注射器抽取，并迅速稀释以避免 $GeCl_4$ 损失，然后送原子吸收分析结果。HCl（气）与滤饼反应的过程，可用HCl（气）传输效率来详细描述。如，HCl（气）的3种传输速度条件为：（1）6.70L/min；（2）4.50L/min；（3）2.25L/min。以横坐标为时间，纵坐标为 $GeCl_4$ 产出，当滤饼量都为400g时，相对一定的时间，不同HCl（气）传输效率下的 $GeCl_4$ 产率如图8-6所示。

图8-7所示为不同工艺条件与HCl流量的关系。

对每个试验，有一个明显的周期，周期的长短不取决于HCl的传输效率，而基本与下列各过程需要的时间总和有关，即：吸收HCl和溶解滤饼，镁盐的中和和转化，HCl浓度增加到某个浓度，在这个浓度下，$GeCl_4$ 将快速生成并挥发。

以表8-3的数据为例，说明 $GeCl_4$ 的快速生成，各种反应所需的气态HCl总量为5.6mol，大约为2.25L/min，$GeCl_4$ 的转化率和挥发率高达99.9%。

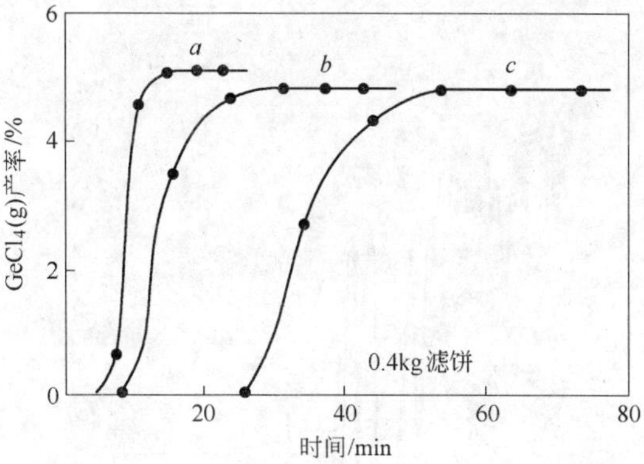

图 8-6 不同 HCl（g）传输效率与 $GeCl_4$ 产率的关系

a—6.70L/min；b—4.50L/min；c—2.25L/min

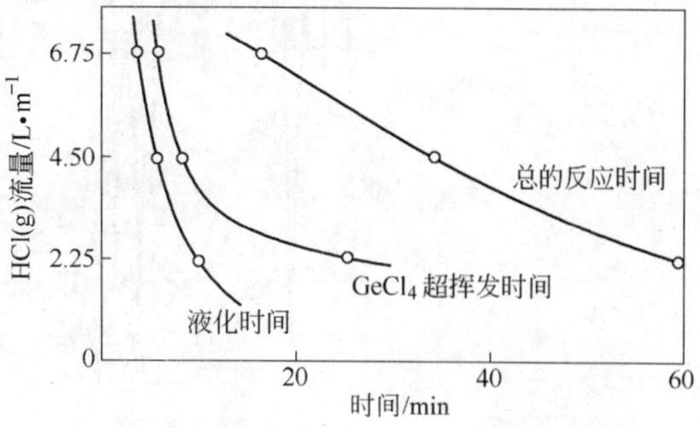

图 8-7 不同工艺条件下与 HCl 流量的关系

表 8-3 HCl 与滤饼作用的效果

样品量/g	锗/%	HCl 流量/mL·min^{-1}	残渣量/mg	锗转化量/mg	转化率/%
400	1.1	6.700	2	4.720	≥99.9
400	1.1	4.500	3	4.440	≥99.9
400	1.1	2.250	2	4.470	≥99.9
100	2.6	2.00	48	2.590	98.2

上述结果说明，HCl 与滤饼反应受气态 HCl 转移到滤饼的效率制约，试验证明，物料从开始搅拌到完全发生液化需要一定的时间，因此，HCl 对物料的转移效率不可能达到所希望的最大值，图 8-7 所示的参数证明了这一点，即使在试验条件下，也有适当的 HCl 传输效率，最短的液化时间不少于 5min，工业生产中，适当的搅拌能减少团聚，促进液化。

由于存在着和硅酸胶体的共沉淀，以前蒸馏 $GeCl_4$ 的方法，可能造成锗的损失量较大，但上面的试验证明，$GeCl_4$ 的转化率和挥发率高达 99.9% 以上。

另外，研究了低温装置对 $GeCl_4$ 气相转变的效率影响。经过特殊的设计，低温装置增强了浓缩能力。用一个 U 形硼硅酸玻璃浓缩器，在底部带一个 50mL 的接收瓶，保持在 -10℃ 的温度下，在 HCl(气)-$GeCl_4$(气)以大约 200mL/min 的流量时，能够获得 99% 的效率。该发明不允许从 HCl（气）带走 $GeCl_4$。由几种试验工艺获得的 $GeCl_4$ 水解后，用原子吸收分光光度计分析 Mg 和 Fe（两种金属元素都是潜在的污染物），检测两种金属杂质在产品中的含量，Fe 的控制量为 0.3×10^{-6}，Mg 的控制量为 0.02×10^{-6}，未处理的液体红外光谱结果见图 8-8，表明出现有水解产物，如 Cl_3GeOH、HCl 等，但碳氢化合物污染不明显，证明该发明从滤饼中回收锗是有效的。

图 8-9 所示为该发明的生产规模装置示意图，图中的主要设备，包括一个可增压或保持压力的气体连接反应器，容量为 300 加仑（1 加仑 = 3.785L），并带一个出口、水冷外套和机械搅拌，HCl(气)从圆筒通过管道送到反应器。批量处理滤饼将有利于 HCl(g) 压力的控制和完全反应，挥发性 $GeCl_4$ 气体由冷凝系统收集，该系统的温度控制在 -10℃，

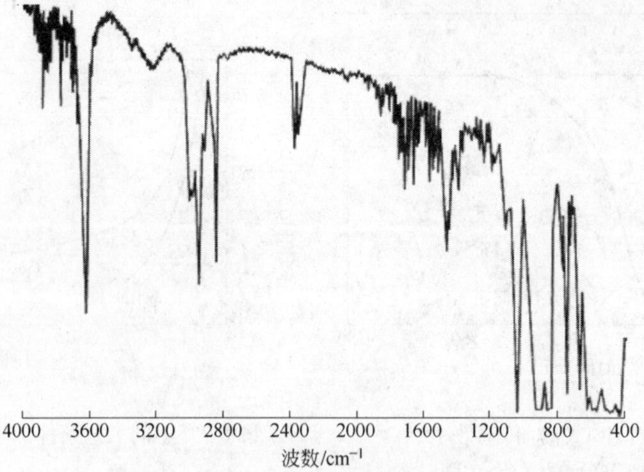

图 8-8　粗 $GeCl_4$ 的红外光谱分析

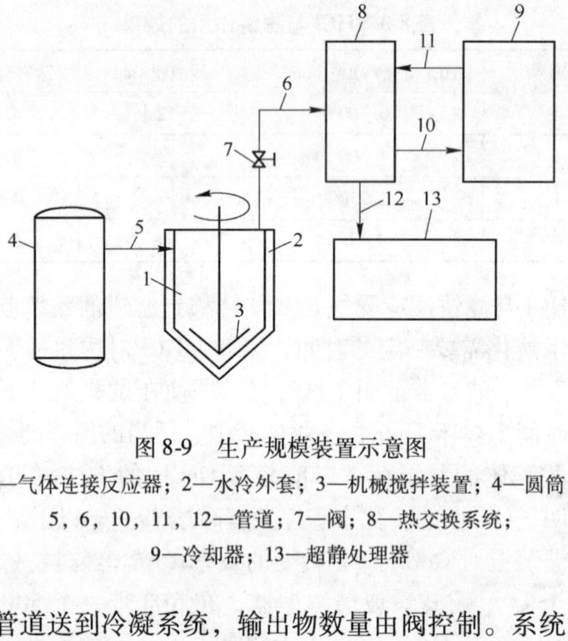

图 8-9　生产规模装置示意图

1—气体连接反应器；2—水冷外套；3—机械搅拌装置；4—圆筒；
5，6，10，11，12—管道；7—阀；8—热交换系统；
9—冷却器；13—超静处理器

反应器的输出物通过管道送到冷凝系统，输出物数量由阀控制。系统中获得的多余热由冷却器通过管道控制，并为 MCVD 使用。粗 $GeCl_4$ 产品需提纯到光纤级品质，可采用连续超静处理器实现这一目的。超静处理器通过管道与冷凝器连接，组成了一个适合高纯 $GeCl_4$ 生产的净化装置，在超静处理器上，不纯物首先用化学法处理，在这样的条件下，它们很容易分离为衍生氯化物，几个杂质元素（As，Sb，Sn）在商品级 $GeCl_4$ 生成的同时也转变为不挥发物，与其他金属杂质作为蒸馏残渣。

直接用气态 HCl 转化的方法与通常应用的方法相比，具有经济方面的优势，从含锗原料中提取锗，通常的方法是使用盐酸，使用气态 HCl 增加的投资量不大，气态 HCl 与同等量盐酸相比，表现出更大处理滤饼的能力，这样，该发明也为从含锗原矿中回收锗提供了一个改进的方法，该发明具有较广的应用范围，可以应用于任何形式的含锗物料，如锗原矿等类似矿物。上面描述和图解的实例，说明了该发明的特点和优越性。

9 净化四氯化锗及相关提纯工艺

9.1 为满足半导体器件质量要求的四氯化锗提纯工艺

该发明是为 $GeCl_4$ 的产品在半导体器件，如变阻器、晶体管的制备中更为有用而改进的有关锗的提纯工艺。

现代理论认为，材料（如锗）的半导体特性主要取决于其中所含的某些微量杂质元素，但是人们至今一直未找到一种能够完全、有效、彻底地除去这些杂质的方法。通常，如果初始材料经过最终处理后，材料中所含杂质每一元素的含量仍高于 1×10^{-6}，该材料将不能被使用。半导体器件生产过程中的一个问题，就是需要解决用于制备半导体材料的净化问题，以便最终获得高纯度、高电导率，满足半导体器件产品性能要求的材料。

在锗半导体器件生产过程中，提纯过程主要控制两个步骤，第一步是含锗材料的处理；第二步是锗晶片制造过程中产生的锗粉末的回收。在第二步工序中，可以是回收锗粉末材料，区域提纯后切下的料头、料尾，也可以是回收必须再次提纯才可以利用的锗。

目前，对于回收由于制造半导体晶体管和整流器产生的锗粉末的提纯技术，主要包括在有 Cl_2 存在时，通过在 Cl_2 中燃烧锗生成 $GeCl_4$，然后将 $GeCl_4$ 多级蒸馏，此时有许多蒸馏物如盐酸、Cl_2 等充填在精馏塔中，这些蒸馏物必然影响 $GeCl_4$ 的纯度，而且该工序复杂、成本昂贵。

针对多级蒸馏存在的问题，有必要研究可以去除 $GeCl_4$ 中杂质的方法。艾尔森（Allison）和缪勒（Müller）在美国化学学会（American Chemical Society）杂志上对这种提取工艺进行了描述，他们认为，由于 $GeCl_4$ 在浓盐酸中的溶解度很低，而且存在于 $GeCl_4$ 中的杂质元素，其氯化物尤其像砷的氯化物，它在酸层的溶解度大于在 $GeCl_4$ 层的溶解度，因此，可有效地分离出存在于 $GeCl_4$ 中的杂质。

根据该发明，在工艺过程中，含杂质的 $GeCl_4$ 溶液所需盐酸的浓度至少为 8mol/L，试验表明，盐酸的适宜浓度一般在 12mol/L，加入盐酸和通入 Cl_2 后进行搅拌，使得混合物分别进入两层溶液，随后分离两层溶液并在下层获得纯化的 $GeCl_4$。

$GeCl_4$ 一般来源于供应商，或者在石英玻璃制成的容器内，将 Cl_2 与粉末锗燃烧而获得，然后进行一到几次的提取分离，每一次分离均需采用新的盐酸和通入 Cl_2，而后，将 $GeCl_4$ 水解成 GeO_2，提纯分离后获得的 $GeCl_4$ 产品和蒸馏法获得的产品纯度相同。

众所周知，将锗氯化生成 $GeCl_4$ 后，最难从 $GeCl_4$ 中去除的杂质是砷，因为 $AsCl_3$ 与其他含锗氯化物杂质的挥发性质不同而与 $GeCl_4$ 的挥发性质相近，因此，评价提取工艺的优越，首先要看氯化处理后 $AsCl_3$ 进入 $GeCl_4$ 溶液的含量。据艾尔森和缪勒介绍，$AsCl_3$ 在盐酸层的分配系数略大于在 $GeCl_4$ 层的分配系数，也就是说，进入盐酸层的 $AsCl_3$ 略多于进入 $GeCl_4$ 层的 $AsCl_3$，据此判断，该发明提高了分配系数，将 $AsCl_3$ 通入 Cl_2 形成砷酸，反应方程式如下：

$$AsCl_3 + 4H_2O + Cl_2 \longrightarrow H_3AsO_4 + 5HCl$$

可以确定，反应发生在溶液的含酸层，在 $GeCl_4$ 层没有生成 $AsCl_5$。在 $GeCl_4$ 层中的 $AsCl_3$ 转移到盐酸层，并与通入此处的 Cl_2 反应生成砷酸，砷酸留在盐酸层，可采用物理分离的方法使两层溶液分离。

以上描述的技术，实际上是一个连续处理的工艺过程，用此技术，可以将一定数量的 $GeCl_4$ 连续地通入到 Cl_2 饱和的盐酸溶液进行提纯处理，例如，当 $GeCl_4$ 从一个圆柱状的容器顶部加入，通过含饱和 Cl_2 的盐酸溶液可得以提纯，盐酸层在纯化后的 $GeCl_4$ 层上面，且在 $GeCl_4$ 层的上面设有一个入口，用于加入新的盐酸，当 $GeCl_4$ 像过滤一样从柱状容器的顶部从上而下通过新鲜盐酸时，$GeCl_4$ 中所含的 $AsCl_3$ 被吸收，并且通过与 Cl_2 的作用变成五价砷酸，已被提纯的 $GeCl_4$ 从柱状容器的底部流走，而废酸则从顶部流出。

下面是该发明工艺的一个实例。

将 1 磅（0.453kg）含有铝、镓、砷、锑、硼、硅为 0.1% 的粉末锗放在一石英容器中，持续通入 Cl_2 并加热，使之发生氯化反应，随着温度的升高，锗被点燃、燃烧生成 $GeCl_4$，通过控制 Cl_2 的通入量来控制反应过程。反应生成的 $GeCl_4$ 由一冷凝器冷凝并收集于蒸馏瓶中，当 $GeCl_4$ 的数量达到 300mL 时，反应停止，之后，取出 50mL 的样品，在余下的 $GeCl_4$ 溶液中加入 12mol/L 的含饱和 Cl_2 的盐酸溶液，加入盐酸的比例为 40% 体积分数，加入盐酸后发生剧烈反应，约 45min 后，分成两层，密度较大的 $GeCl_4$ 位于下层。该工艺过程重复 8 次，在第二、第四、第八次分别取出 50mL 溶液作为样品备用，随后的样品可分别水解成 GeO_2、还原为金属锗并检测其电阻系数。

试验结果显示，在第四次净化后，便可获得和蒸馏塔相同的纯度，第四次之后的提纯，对材料的纯度几乎没有多大贡献。四次提纯后的产品，电阻率接近 6Ω · cm，相对于锗中砷杂质的含量为 2×10^{-6}。该技术生产的材料用于半导体器件制备时，其纯度远远高于比用原来的溶质分布工艺获得的材料。

试验发现，采用浓度为 12mol/L 的盐酸溶液最为合适，浓度太低时，$GeCl_4$ 容易水解并保留在酸层，提纯净化效果不明显，任何时候，盐酸的浓度都不能低于 8mol/L。虽然可以在一定压力下操作来增加盐酸溶液的浓度，但用此方法的成本太高，因此，盐酸浓度的上限仅仅是从经济成本的角度考虑的，因为在理论上，浓度越大分离效果越好。分离的效率取决于两种挥发物质 $GeCl_4$ 和 Cl_2 的存在，可以在低温下获得满意的效果，用冷冻盐水作为冷凝剂效果非常理想，可以减少 $GeCl_4$ 的挥发损失，同时，温度降低使 Cl_2 在酸层的溶解度增加。

可以看到，由于存在于原始中的砷很少，所以在盐酸溶液中形成的砷酸数量极少。

9.2　由粗 $GeCl_4$ 提纯 $GeCl_4$ 的方法

该发明涉及从粗 $GeCl_4$ 和含杂质 $GeCl_4$ 中提纯为精 $GeCl_4$ 的提纯工艺，主要是改进排除 As 和其他杂质的工艺，提高质量使产品最终满足电子级锗的使用要求。该发明提供了一种有效、可靠和经济的适用于各种规模 $GeCl_4$ 的提纯工艺，其优势在于连续生产，制备出高纯级的 $GeCl_4$ 产品。

众所周知，锗用于半导体材料的基本要求是其中杂质含量要少于亿分之几甚至更低，为了获得如此高纯度的锗，通常就要使用高纯度的 $GeCl_4$，由 $GeCl_4$ 通过水解得到 GeO_2，GeO_2 再还原为金属锗，最后用区域熔炼提纯金属锗。由经验可知，通过上述方法制备电子级金属锗时，最重要的是提供高纯的 $GeCl_4$ 原料，金属锗的电阻率至少降低到 5Ω · cm。如果不使用高纯的 $GeCl_4$，即使后续工序相同也难以制备出电子级金属锗。

在制备电阻率约为 40Ω · cm 的电子级金属锗时，要获得尽可能高纯的 $GeCl_4$，As 是目前最难以排除的杂质，其他的杂质包括铜、锌、锑、锡的卤化物，与有效除去 As 以获得高纯 $GeCl_4$ 相比，它们的排除相对要容易得多。

很显然，可以用蒸馏或者液-液萃取的方法获得粗 $GeCl_4$，再使用饱和的 HCl 溶液处理可获得较好结果，使用强酸不仅防止了蒸馏或萃取前 $GeCl_4$ 发生水解，而且也排除了 $GeCl_4$ 中的杂质。在 $GeCl_4$ 中，As 主要以挥发性的 $AsCl_3$ 形式存在，经过强酸的氧化使其变成不挥发的 H_3AsO_4。尽管 $AsCl_3$ 和 $GeCl_4$ 的沸点的差值为45℃，但是使用强酸或等价氧化剂仍很重要，如果不将 $AsCl_3$ 转变为不挥发的 H_3AsO_4，当蒸馏 $GeCl_4$ 时，$AsCl_3$ 也会与 $GeCl_4$ 一起蒸馏出来。

用蒸馏或者液-液萃取的预处理方法能获得较高纯度的 $GeCl_4$，这是制备电子级金属锗的先决条件，但这样的制备技术处理费用较高，并且很难精确控制物料氯化蒸馏的温度，蒸馏过程中，氯气持续地通过蒸馏系统，这使得在平衡条件下的操作变得十分困难，尤其是为了获得期望的纯度，采用包括多级蒸馏等方法，降低了生产效率，使 $GeCl_4$ 产量降低，成本增加。使用含饱和 Cl_2 的盐酸溶液作为溶剂，选择性地提取了 As 和其他的杂质，如锑、镓、硅、硼及铝的液-液萃取，克服了蒸馏提纯的一些困难，这样的萃取工艺与为了得到满意萃取效果而使用的高纯度反应溶剂没有关系。

基于各种杂质的分配系数，并利用 As 及其他杂质在酸性溶液中有相对较高溶解度的特点，可实现从 $GeCl_4$ 中分离杂质，由于溶剂的效果由其纯度决定，因此要得到高纯度的 $GeCl_4$ 就必须使用大量新酸，对于液-液萃取，需要使用浓度最小 8mol/L 的盐酸，首选 12mol/L，并且保持萃取期间，液相温度较低，这样在获得高纯度 $GeCl_4$的同时，液-液萃取的成本也不至于太高。

该发明提供的纯化 $GeCl_4$ 的方法包括：用盐酸和一种氧化剂，最好是氯气（对处理三价 As 有利）洗涤气态 $GeCl_4$，让气态 $GeCl_4$ 的流向与酸的流向相反。

含锗原料的氯化以及为排除杂质而对氯化产物进行预纯化所形成的粗 $GeCl_4$，它以气态形式进入到有盐酸溶液的洗涤反应器。维持等于或稍高于 $GeCl_4$ 沸点的温度并保持氯气的饱和，在足够高的洗涤柱中，气态 $GeCl_4$ 自下而上，饱和的盐酸自上而下，试验中发现，尽管粗 $GeCl_4$ 中的 As 含量相当高，但采用此方法，对排除来自于原料中的 As 和其他的杂质非常有效。

发明利用吸收法分离排除杂质，获得高纯的 $GeCl_4$，通过测定可知，利用此材料制备的区域锗的电阻值，达到了制备电子级金属锗的纯度标准要求。

通过吸收分离排除杂质，获得高纯的 $GeCl_4$，降低了对酸度和提纯步骤中因体系的酸成分不同而需维持高纯度状态的要求，而这两个条件是液-液萃取方法提纯 $GeCl_4$ 所必需的。

由于提纯中积累在酸层中的杂质在吸收除杂过程中无关紧要，而在液-液萃取过程中要显得重要些，该发明允许部分的酸循环到洗涤柱中，这个有利因素加上该法操作简单，适合于大规模生产以及连续运行，使粗 $GeCl_4$ 的提纯比迄今为止的其他方法更有效和更经济。该发明工艺适应于含高 As 和含其他杂质的粗 $GeCl_4$ 原料的提纯处理，并且该法比之前的连续液-液萃取提纯方法更有效。

粗 $GeCl_4$ 作为需提纯的原料，按照常规技术，可由氯化含锗物料，如锗边角料或从原矿升华、浓缩获得。氯化产物通过可以除去大多数杂质的含饱和盐酸的混合物进行快速蒸馏处理，可使 $GeCl_4$ 得到初步提纯，在此处理过程中，主要难除去的 As，通过氧化反应变成了不挥发的砷酸，与其他杂质一起被顺利地排除，但经上面所描述的工序处理后获得的粗 $GeCl_4$，仍含有很少的 As 和微量的其他杂质，还需要进一步提纯才能达到要求。该发明的目的，就在于最终使提纯后的 $GeCl_4$ 产物中，As 的含量降低些时，区域熔炼后的金属锗，毫不困难地达到了 40Ω · cm 的电阻率值，证明最终产物中的砷杂质含量已经减少到了百万分之几。

应用该发明进行粗 $GeCl_4$ 提纯可获得适用于制造电子级锗的高纯 $GeCl_4$。工艺过程描述为：将含 As 和其他微量氯化物杂质如氯化铜、氯化锌、氯化锑等的原料加入到一个预热的吸收塔底部，吸收塔为一石英玻璃圆柱体，含饱和盐酸的溶液由上往下流动并保持溶液的温度为 83℃（$GeCl_4$ 的沸点），在 $GeCl_4$ 气流向上和饱和盐酸溶液向下的对流过程中，为了获得最好的效果，从吸收塔顶部流入装入的酸也应被预热，以便控制操作温度使之保持稳定。往下流的酸液流量可由泵或其他相应的方式控制，使它与加入的粗 $GeCl_4$ 数量保持一定的比例。以仅用浓盐酸或浓盐酸加氯气的方式来保证酸浓度比较，最好是浓盐酸和氯气一起加入，氯气的加入位置与粗 $GeCl_4$ 一致，都是在吸收塔的底部。

可以用两种方式来控制加入吸收塔中粗 $GeCl_4$ 的流量：（1）液态控制，此时加入的粗 $GeCl_4$ 与热酸接触迅速发生气化；（2）气态控制，即在加入吸收塔前就将粗 $GeCl_4$ 转变成气体，如先在单独的液化器中气化，然后再送入吸收塔内，此法对保持吸收塔内的温度恒定更为有利。进入塔内的 $GeCl_4$ 流速可用任何方式控制，如：可以用泵输入控制流速，或通过调节 $GeCl_4$ 产生的量控制流速，采用何种方式控制取决于吸收塔中物料的反应速度。

按照发明，纯化过程的特点是：所用酸约为 6.1mol/L，含 20.24% HCl。与液-液萃取提纯 $GeCl_4$ 工艺需要至少 8mol/L，甚至 12mol/L 的 HCl 比较，很明显，在该工艺中使用 HCl 可降低酸的成本，值得一提的是，新的提纯方法并不仅仅局限于使用 6.1mol/L 的酸浓度，也可使用 6.1mol/L 以上的各种酸浓度。

吸收塔中的酸量与 $GeCl_4$ 的比例取决于吸收塔的高度、直径和加入物料的数量、加入速率以及其他因素。通常，最少的酸量与液态 $GeCl_4$ 的量比至少为 1∶1，最好是 (3 ~ 4)∶1，以保证理想的提纯效果。如前所述，部分收集在吸收塔底部的酸可在塔内循环，这可节省一定的酸。如果考虑酸的循环使用，设计吸收塔时，应使酸循环的高度低于塔中部，这样可保证气态 $GeCl_4$ 与新酸作用的距离至少为 1/2 塔高。

很显然，塔的设计主要取决于物料的处理量，而处理量主要与粗 $GeCl_4$ 中 As 的含量、酸与 $GeCl_4$ 的比例、流速等因素有关。最重要的是要在塔中实现上行的气态 $GeCl_4$ 能充分地与向下流动的酸接触，使其尽可能地完全洗涤，以达到理想的提纯效果。通常，塔的设计还要满足让气态 $GeCl_4$ 在塔内的停留时间至少为 2min 或者稍多一点，这也取决于前面所提到的处理量。

塔的直径为(1 ~ 6) × 0.0254m，高度为 8 英尺（2.44m）左右，可满足 $GeCl_4$ 中的 As

含量不大于0.3g/L的情况，当 $GeCl_4$ 中As的含量范围很宽时，通常建议高度选择至少为12英尺（3.6m）。对于连续运转的大规模生产，最好选择塔的高度为20～24英尺（20～24）×0.31m，以确保As含量在20g/L以下的粗 $GeCl_4$ 能有效纯化。在这里，塔高可以理解是单个塔高，也可以认为是两个或者多个塔的串联体，只要能保证含氯的酸溶液从一个塔连续地流向另一个塔以及 $GeCl_4$ 从相反方向流过即可。一旦选择了塔的制造尺寸和直径，再分别确定盐酸、氯气和 $GeCl_4$ 的流量以及盐酸与 $GeCl_4$ 的最佳比例，就可以得到最好的结果。

气态 $GeCl_4$ 经含饱和氯的盐酸充分洗涤纯化后到达塔顶部，然后回流除去残留的氯气，在塔顶被冷凝收集，高纯度的 $GeCl_4$ 水解为 GeO_2，GeO_2 再还原为金属锗，最后，通过区域熔炼获得极纯的电子级金属锗。塔下端收集到的酸可以如前所述循环利用或者用于氯化含锗原料，废酸中的 $GeCl_4$ 可通过常规方法回收。

下面的例子对该发明作了详细的说明。

【例1】 一个用硼硅酸玻璃制造的吸收塔，内径2英寸（0.0508m），高10英尺（3.1m），塔高8.25英尺（2.558m），塔内有一直径为1/2英寸（0.013m）的螺旋玻璃管。在塔外对应螺旋玻璃管处用加热带缠绕。塔底连接有一个10升标准的硼硅酸玻璃球形瓶收集残酸。一根硼硅酸玻璃导管安装在塔顶部，与另一个硼硅酸玻璃冷凝器连接，收集提纯后的产品。从塔顶部加入经预热后浓度为6mol/L的盐酸溶液，流量为3.88L/h，粗 $GeCl_4$ 以液态方式，在塔身3英尺（0.93m）高的位置加入塔内，流量为1L/h。氯气以70L/h的流量加入塔内，加入位置与加入 $GeCl_4$ 的位置相同。沿塔身高度、一定间隔安置安装热电偶测量温度。试验过程中，控制塔内温度为83～100℃，含As 0.1～0.3g/L的粗 $GeCl_4$，在提纯后完全达到了在“还原”或区域熔融状态下制造电阻率为5～40Ω·cm或更好的电子级锗的要求。

【例2】 除了将粗 $GeCl_4$ 在塔外气化后以1L/h（液态量计算）加入与例1不同外，所用装置、试验条件与例1相同，含As 0.3g/L的粗 $GeCl_4$ 除砷后，再一次达到了制备电子级金属锗的要求，但随着粗 $GeCl_4$ 中的As含量增加至18.4g/L，除砷后的 $GeCl_4$ 用区域熔融制备的金属锗电阻率不合格。

【例3】 在连续操作过程中，为了提纯含As大于20g/L的粗 $GeCl_4$，配置了总高为24英尺（7.44m）的双塔，每个塔高12英尺（3.72m），为双层硼硅酸玻璃，内径4英寸（0.1m），塔内装有直径1/4英寸（0.006m）的螺旋玻璃管，高10英尺（3.1m）。粗 $GeCl_4$ 以50mL/min（流量计算）气化后输入，输入位置在塔身3英尺（0.93m）处，在第一塔内，$GeCl_4$ 经过饱和盐酸溶液初步提纯后，气态 $GeCl_4$ 向上运动到塔顶并被液化，由第一塔引入第二塔。预热6.1mol/L的盐酸溶液到100℃，以200mL/min的流量加入到第二塔内，然后由第二塔流入第一塔。氯气以饱和方式加入第一塔内，流量为5L/min（应保持一定的温度和压力），加入位置与 $GeCl_4$ 的加入位置一致。预热酸和气化 $GeCl_4$ 所用的容器为72L的圆底硼硅酸玻璃瓶，并带有加热罩。同样，用加热罩套住塔身，以维持温度在83～90℃。用冷却器冷凝 $GeCl_4$，控制其温度大约－10℃，以确保 $GeCl_4$ 的挥发损失最小。

建立在稳定运行状态下的上述工艺，使得高纯 $GeCl_4$ 的产率为3L/h。无论粗 $GeCl_4$ 中的As及其他杂质含量变化有多大，都可获得高纯度的产品，并且每次处理量可超过 1000L。

尽管在上述的工艺描述中，特别提到使用含饱和氯的盐酸溶液作为氧化剂，但其他的氧化剂也能单独或与氯共同使用，将三价态的 As 转变为五价态的 As。

9.3　用氢氧化铵纯化 $GeCl_4$ 的方法

该发明涉及一种 $GeCl_4$ 的纯化方法，纯化方法主要是尽可能减少 $GeCl_4$ 中的普通杂质含量，使其低于通常水平，从而达到可用盐酸蒸馏萃取技术的应用要求。

$GeCl_4$ 通常作为生产锗半导体器件的中间产品，含有一种或几种微量杂质元素。制造锗晶体管时，通常会用“掺杂”方式来控制其必需的电学特性，然而为了获得具有可预见、可再现特性的锗晶体管产品，首先就要获得高纯金属锗，然后按可控方式“掺杂”。

尽管可以用类似的技术实现锗的提纯，但人们已经认识到，要得到纯度更高的金属锗，就必须尽可能地得到更纯的中间产品 $GeCl_4$，再使 $GeCl_4$ 转变成 GeO_2，最终获得高纯的金属锗。实际上，由于原料的来源渠道不同，存在于 $GeCl_4$ 中的杂质也不同，来源于矿物生产的粗 $GeCl_4$，可能含有 Al、B、As、Cu、P 等杂质，与用制造锗晶体管回收的金属锗废料作为提纯 $GeCl_4$ 的原料，杂质成分有所不同。

粗 $GeCl_4$ 的提纯工艺包括了萃取、蒸馏等过程。该过程包括在反应釜中通 Cl_2，在使用浓盐酸的情况下蒸馏 $GeCl_4$，在蒸馏时，Cl_2 不断地通入到反应器中。

$GeCl_4$ 不与浓盐酸发生反应，由于密度差异，留在了反应器的较底层。当 $GeCl_4$ 蒸馏出来时，杂质氯化物留在了盐酸层中，可能需要两次或多次使用新的浓盐酸来蒸馏除杂。在常压下，蒸馏温度为 83.5℃时，可蒸馏出 $GeCl_4$。由于许多金属杂质的氯化物具有很强的挥发性，故在蒸馏 $GeCl_4$ 的同时，这些杂质也被蒸馏出来了。

尽管许多提纯方法已经广泛应用并获得了成功，但 $GeCl_4$ 产品的纯度仍不尽如人意，这些局限性对 $GeCl_4$ 的使用造成了一定的影响，因此，有必要寻求除去其所含杂质的工艺。

在该发明中，$GeCl_4$ 先用少量的碱性溶液处理，然后再进行蒸馏，可得到纯净的产品。虽然使用少量碱性溶液，会使 $GeCl_4$ 发生少量水解生成 GeO_2，但杂质氯化物通过水解也会转变成相应的氧化物，甚至有些杂质氯化物的水解程度比 $GeCl_4$ 更深，更容易发生，如铝的氯化物水解。由于 GeO_2 和杂质氧化物不能反溶在 $GeCl_4$ 中，且没有挥发性，于是，在接下来的蒸馏 $GeCl_4$ 时除杂效果更为有利。

相反的情况，杂质氯化物不如 $GeCl_4$ 容易水解，蒸馏前，水解程度差的杂质氯化物能以某种方式（如吸附）和 GeO_2 作用，其表现结果是在蒸馏过程中，杂质氯化物含量明显减少。

各种碱性物质都可能用于处理 $GeCl_4$。例如，各种碱液和碱性金属，如铝、钾、钠、钙和氢氧化钡，加入少量此类物质，对 $GeCl_4$ 中杂质氯化物的水解非常有效，如上面提到的碱性试剂——氢氧化铵，反应后生成的氯化铵相对容易挥发。

碱液的浓度范围较广，但首选的是高浓度的碱溶液。低浓度的碱溶液，倾向于用在再次蒸馏 $GeCl_4$ 时，水解杂质元素。研究发现，含有 NH_4OH 质量分数为 14% 的碱溶液，特别适宜上面所描述的处理过程。

加入 $GeCl_4$ 中碱性物的数量没有绝对的临界值，但碱性物加入量过多会使大量的 $GeCl_4$ 转化为 GeO_2。通过分析纯化的 $GeCl_4$ 产品可知，$GeCl_4$ 中的大部分杂质都很容易控制在所期望的数量级。一般用浓度为 14% 的氢氧化铵溶液可处理体积浓度约为 0.5% ~ 1.5% 的 $GeCl_4$。

例如，处理含有铝（1×10^{-6}）的 $GeCl_4$，用体积比数为 14% 的氢氧化铵溶液，以点滴方式加入，采用机械搅拌，1h 后，将处理后的 $GeCl_4$ 在常压下，83.5℃蒸馏，分析纯化后的 $GeCl_4$，铝的含量低于 2×10^{-9}。用上述纯化后的 $GeCl_4$ 制备锗，锗的电阻率为 20 ~ 30Ω · cm。

一般情况下，用氢氧化铵处理的 $GeCl_4$，所制备的锗电阻率为 10 ~ 15Ω · cm，除去铝杂质后的锗呈 N 形。

上面所提到的方法可以得到改进，例如，缓慢地将氢氧化铵溶液加入到 $GeCl_4$ 中时，可同时将氮气或氩气一起加入到反应器中，使 $GeCl_4$ 起泡，完全水解反应。在这种情况下，应保证气量足够多，氢氧化铵的浓度可以采用上述推荐的数值。

作为水解处理的结果，有部分 $GeCl_4$ 转变为 GeO_2，使 $GeCl_4$ 的总量减少。该发明指出，蒸馏提纯 $GeCl_4$ 后，可将蒸馏反应器中所留下的残液返回到前面的反应，和其他的锗原料一起用于生产纯度较低的 $GeCl_4$。

9.4 从光纤母体材料中去除—OH 杂质

9.4.1 发明背景

该发明是制造光纤预制棒所用原材料中去除—OH 杂质的方法。

目前，已有多种方法制备出适合通信用途的低损耗光纤产品。其中的一种生产方法是改进的化学气相沉积技术（MDVD），该技术在美国专利（US. Pa. No. 4217027）中有描述。

众所周知，在光纤通信系统中，—OH 杂质将导致各种波长的衰减。制造光纤预制棒时，当 $SiCl_4$ 被氧化成 SiO_2 时，作为掺杂剂的 SiO_2 变成了光纤母体材料的一部分，添加到光纤预制棒的掺杂剂有 GeO_2 和 P_2O_5 等。采用 MCVD 技术制造光纤预制棒时，由于 $SiCl_4$、$GeCl_4$ 和 $POCl_3$ 中的—OH 也增加了光纤中—OH，有极少量会渗透到光纤预制棒中，导致波长的衰减。在用 MCVD 或其他方法制造光纤预制棒所需原料中，如何减少—OH 杂质的研究已有过一些报道。

9.4.2 工艺技术

该发明涉及制造光纤预制棒所用原材料减少所含—OH 杂质的方法。光纤预制棒所用原材料主要是几种氯化物，包括 $SiCl_4$，$GeCl_4$ 和 $POCl_3$ 等，专利技术包括把 PCl_3 或 PBr_3 加到氯化物中，并加入 Cl_2 或 Br_2，与氯化物中的—OH 基团发生反应，形成了 HCl（或 HBr）和 $POCl_3$（或 $POBr_3$），然后从氯化物中分离出 HCl 和 HBr。

以下详细描述在光纤母体材料中减少所含—OH 杂质数量的方法。该法通过往 $SiCl_4$、$GeCl_4$ 或 $POCl_3$ 中加入 PCl_3（或 PBr_3）和 Cl_2（或 Br_2），即可实现去除—OH 杂质。

在 $SiCl_4$ 中，杂质—OH 以 $Cl_3Si—OH$ 形态存在。下列反应式为净化 $SiCl_4$ 和 PCl_3 的典型反应：

$$PCl_3 + Cl_2 \longrightarrow PCl_5$$

$$PCl_5 + Cl_3Si—OH \longrightarrow SiCl_4 + POCl_3 + HCl$$

$POCl_3$ 的反应式与上述两个反应方程式有相同之处，通过与 Cl_2 或 Br_2 反应就可去除—OH。下列反应式是增加了氯化物情况下的反应

$$PCl_3 + Cl_2 \longrightarrow PCl_5$$

$$PCl_2—OH + PCl_5 \longrightarrow PCl_3 + POCl_3 + HCl$$

另外，$POCl_3$ 自身就是原材料之一，可以在制备光纤预制棒过程中由 PCl_3 氧化，生成 $POCl_3$。

生成物中的 HCl 或 HBr 可通过蒸馏等从 $SiCl_4$ 或 $POCl_3$ 中去除，这些方法包括用干燥的 N_2 通入 $SiCl_4$ 或 $POCl_3$ 带走 HCl，也可以用分离塔蒸馏或在分离塔中通入干燥的惰性气体等方法。

该发明技术中，选择卤化物中的氯化物，还可以实现对 $SiCl_4$ 或 $GeCl_4$ 等原材料的氯化提纯。例如，众所周知的 $SiHCl_3$，是 $SiCl_4$ 中最常见的杂质，与氯化物反应后转变成 $SiCl_4$ 和 HCl。

此外，用紫外光照射 Cl_2 激发其活性，可发生自由基连锁反应。在紫外线照射氯化技术中，通过紫外线照射分离的氯原子一部分进入到氯化物中，与—OH 基团中的氢发生反应生成 HCl，而后分离去除 HCl。特别值得一提的是，通过紫外线照射氯化技术，还可以从 $SiCl_4$ 去除—CH_x-（x 的范围多为 1～3，也可以是其他数值）的杂质，以及其他类型的含—OH 杂质。

紫外线照射氯化技术还可去除 $GeCl_4$ 中的其他含 H 杂质，更详细的技术资料可查看德国专利 No. 2，805，824。

在该发明中，Cl_2 的加入量需控制到过量，Cl_2 呈现出明显的黄色为止，此时 Cl_2 的含量占到被净化氯化物（如 $SiCl_4$）质量分数的 0.1%。用泵入法，能使液态 $SiCl_4$ 与 Cl_2 很好地混合。采用紫外线照射氯化处理，照射前后的情况证明，该发明是十分有效的。下面将通过一些具体的实例，进一步说明前述原理。

【例 1】　原材料是液态 $SiCl_4$，—OH 杂质浓度大约为 5×10^{-6}。在含有—OH 杂质的 $SiCl_4$ 中，通入质量约为 $SiCl_4$ 质量 0.1% 的 Cl_2 和质量约为 $SiCl_4$ 质量 0.1% 的 PCl_3 液体，混合物静置大约 4 小时，—OH 的浓度降为约 4×10^{-6}，然后再静置 60h，—OH 的浓度则降为 1.9×10^{-6}。

【例 2】　原材料是液态 $GeCl_4$，—OH 杂质浓度大约为 60×10^{-6}，加入质量大约为 $GeCl_4$ 质量 0.1% 的 Cl_2 和质量大约为 $GeCl_4$ 质量 0.1% 的 PCl_3 液体，使溶液充分混合并静置大约 18 小时，—OH的浓度则降为 1.7×10^{-6}。

【例 3】　原材料是液态 $POCl_3$，—OH 杂质浓度超过 10×10^{-6}。加入质量大约为 $POCl_3$ 质量 0.1% 的 Cl_2 和质量大约为 $POCl_3$ 质量 0.05% 的 PCl_3 液体，混合并静置若干小时，—OH的浓度则降为低于 1×10^{-6}。

【例 4】　原材料是液态 PCl_3，—OH 杂质的浓度超过 20×10^{-6}。加入质量大约为 PCl_3 质量 0.2% 的 Cl_2，—OH 的浓度则降到约 7×10^{-6}，再加入质量大约为 PCl_3 质量 0.2% 的 Cl_2，则—OH 的浓度降为约 5×10^{-6}。

上述例子中的反应温度大约都在 20℃，可以推测，温度升高，反应速度会加快。在实

例4 PCl_3 的净化时，工艺允许直接通入 Cl_2。

上述实例中，通过一些其他技术，可以减少反应生成的 HCl 数量。一项有效的技术是用干燥的 N_2、O_2 或空气带走 HCl；另一种有效的方法是使用分子筛，0.5nm 的分子筛（有效直径通道小于0.5nm）可用于 $SiCl_4$ 的提纯，该分子筛的成分为钠-钙-硅酸铝，分子筛的活性温度为350～400℃，可在干燥的 N_2 环境中保持若干小时的活性。$SiCl_4$ 通过分层的分子筛后用泵抽出，HCl 即被除去。可以肯定的是，也可以用类似的处理方法除去 $GeCl_4$、$POCl_3$ 和 PCl_3 中的 HCl 或 HBr。

如果有必要，也可以通过一些技术除去残留在反应物 $POCl_3$ 中或 $POBr_3$ 中的氯-溴中间物。P 是光纤材料中的掺杂剂元素，因此，少量的此类化合物也可保留在 $POCl_3$ 中。同样地，在上述反应中使用的过量卤化物，如 PCl_3 或 PBr_3，其未反应部分也可通过一些方法除去，或者将其留在 $POCl_3$ 中，作为有用的掺杂剂。PCl_3 作为有用的掺杂剂时，过量的 PCl_3 会在 $POCl_3$ 中发生氧化反应生成 $POCl_3$。

通过上述技术净化后的原材料，可以用来制造光纤预制棒，也可以方便地用来制造其他一系列的光学材料。另外，如大家熟知的，当 $POCl_3$ 用作 Nd^{3+}（钕）质子惰性液体激光器时，可用此发明技术，去除 $POCl_3$ 中的—OH 杂质。

9.5 去除溶解在 $SiCl_4$ 或 $GeCl_4$ 中氢化物的技术

9.5.1 发明背景

该发明是关于去除溶解在 $SiCl_4$ 或 $GeCl_4$ 中氢化物的技术，该技术通过氯化氢化物来实现。

在以 SiO_2-GeO_2 为基体的光纤预制棒中，由于—OH 杂质对光具有较强的吸收性，所以对高质量的光纤来说，要求将—OH 杂质降到很低的含量，一般要求每单位质量要低于 0.1×10^{-6}（此时，相当于光的波长在1.38μm，仍有约4.5dB/km 的额外衰减）。

光纤中，—OH 杂质主要来源于原材料 $SiCl_4$ 和 $GeCl_4$ 中。如果用 PCVD 工艺生产光纤，所提供的原料（$SiCl_4+GeCl_4+O_2$）中，大约有1/80 的氢原子以—OH 的形式存在于光纤预制棒中，因此，非常有必要从原料中除去—OH 杂质。

由 DE-AS No. 1263 730（德国专利）可知，$GeCl_4$ 可用盐酸和氯气进行纯化，此工艺也可除去砷及其他类似的杂质。

由专利 DE-AS No. 1948 911 可知，硅氯仿、$SiCl_4$ 或两者的混合物中，含有易挥发的氢硅烷类杂质，它们在 -30～300℃ 的温度范围内，可用氯气等去除，所需能量相当于将 Si—H 键氯化所需能量的1～2倍，此反应也可在较大温度范围（上下限均可）、黑暗条件或者光照条件（如 UV 照射）下进行。

按照 DE-AS No. 1948 911 专利，发明了氯化部分氢硅烷的方法（如不氯化硅氯仿），但该法不适于从 $SiCl_4$ 溶液中除去所溶解的氢化物。

专利 DE-OS No. 2805 824 提出了如何纯化含有硅烷化合物杂质的 $SiCl_4$ 溶液的方法。这种硅烷化合物杂质中，至少有一个氢原子是通过在氯气存在条件下紫外线光照（UV）$SiCl_4$ 而与 Si 原子直接生成的，因此，该法可氯化硅氯仿，进而除去残留的氢化物。

9.5.2　工艺技术

该发明的目的是通过将氢化合物中的氢完全转化成 HCl 而去除。

根据该发明，氯化过程的温度应不低于 1000℃，要求最低温度 1000℃ 是很关键的，因为低于 1000℃时，氢的去除不完全，高于 1000℃时，氢化物与氯的反应速度会随温度升高而增大。使用石英玻璃时，最高温度可达到 1200℃左右。

紫外线光照（UV）不会加快氢与氯的反应，但高温时，可使反应速度加快，在此过程中，一些有机杂质被完全转化成了高氯酸化合物，尤其是 CCl_4，硅氯仿及锗氯仿也被完全氯化了。

如图 9-1 所示为去除溶解在 $SiCl_4$ 或 $GeCl_4$ 中氢化物示意图，根据此图，将更容易说明该发明。

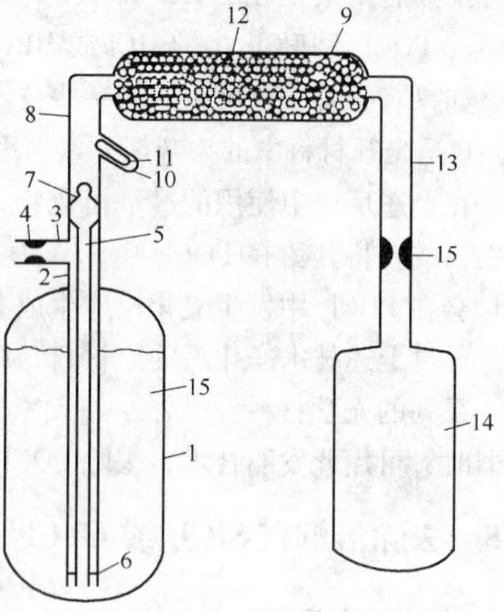

图 9-1　去除溶解在 $SiCl_4$ 或 $GeCl_4$ 中氢化物示意图

1—容器；2—进料管；3—支管；4，15—开关；5—毛细管；6—支点；7—空心球；8，13—弯管；9—反应器；10—孔；11—磁铁；12—粒状石英玻璃；14—收集器

在图 9-1 中，在容器顶部装有进料管，进料管延伸至容器底部附近。延伸出容器顶部的进料管左侧有一支管与进料管形成三通连接，支管内有一开关。进料管内装有一毛细管（内径 0.4mm），此毛细管的一端也延伸至容器底部附近。进料管与毛细管之间有起固定作用的支点，毛细管上部连接有一葫芦形空心球，葫芦形空心球下部大球直径与进料管内径相同并与进料管焊接，小球上部也有一直径为 0.4mm 的孔，葫芦形空心球上有弯管连接到反应器。弯管的右侧壁上有一孔，其中有一密封在玻璃中的电磁铁起开关作用，电磁开关开启时，弯管被关闭。反应器包含有粒状石英玻璃，弯管连接反应器和收集器，弯管在收集器的上部有一开关。

含杂质的 $SiCl_4$ 或 $GeCl_4$ 溶液通过支管、开关和进料管加入到容器中，以同样的方式加入足量的氯气，然后关闭开关及电磁开关，此时加入的 $SiCl_4$ 或 $GeCl_4$ 溶液变成黄绿色，当反应器被加热到 1000～1100℃时，打开电磁开关，此时容器中的 $SiCl_4$ 或 $GeCl_4$ 溶液开始从毛细管中溢出，这是因为容器内的气压高于收集器中的气压。上升的溶液逐渐进入反应器，在反应器中的溶液被完全汽化，$SiCl_4$ 或 $GeCl_4$ 中的含氢化合物与氯气发生反应。使用毛细管可以保证溶液缓慢平稳地流入反应器中，选择流速的依据是要保证溶液形成的蒸气在反应器中有足够的停留时间。

$SiCl_4$ 或 $GeCl_4$ 在收集器中被冷却收集（图中未标出冷凝器），反应结束时，关闭开关。$SiCl_4$ 或 $GeCl_4$ 可以不用进一步纯化就可用于 PCVD 法生产光纤预制棒。溶解在 $SiCl_4$ 或 $GeCl_4$ 溶液中的氯气将在 PCVD 过程的前几步操作中被完全除去。

经过氯化处理后，获得的 $SiCl_4$，在 1.38μm 波长下的衰减值只有 2.6dB/km，而未处理的 $SiCl_4$，在 1.38μm 波长下的衰减值为 17dB/km。

9.6 制备超纯 $SiCl_4$ 或 $GeCl_4$ 的技术

该发明是关于制备超纯 $SiCl_4$ 或 $GeCl_4$ 的技术。

欧洲专利 No. 0488765 介绍了一种排除 $SiCl_4$ 中含甲基三氯硅烷杂质的方法，此方法中，首先是在有 Cl_2 存在的条件下，对 $SiCl_4$ 进行光照，将甲基三氯硅烷氯化，然后通过蒸馏去除氯化了的甲基三氯硅烷，达到净化 $SiCl_4$ 的目的。

美国专利 US4310341 阐述了关于从制造光纤的原材料 $SiCl_4$ 或 $GeCl_4$ 中去除—OH 杂质的方法，该方法包括在液态 $SiCl_4$ 或 $GeCl_4$ 中加入 PCl_3 或 PBr_3 与氯和溴进行反应除去—OH。

德国专利 No. 2805824 介绍了纯化 $SiCl_4$ 或 $GeCl_4$ 的另一种方法。该方法中，$SiCl_4$ 或 $GeCl_4$ 至少与一种卤素（通常是氯）同时进行光照。

欧洲专利 No. 0189224 介绍了从 $SiCl_4$ 或 $GeCl_4$ 中除去氢化物的方法，该方法的关键是要在高于 1000℃的温度下氯化，去除氢化物。

该发明的目的是要寻找一种方法降低光纤预制棒中—OH 的数量，具体做法是提纯原料 $SiCl_4$ 或 $GeCl_4$，使之满足沉积工艺和 PCVD 工艺制造光纤的要求。

该发明的特点是 $SiCl_4$ 或 $GeCl_4$ 与氟化物反应，原料 $SiCl_4$ 或 $GeCl_4$ 中所含的杂质，如硅烷化合物被转化成 C—F 化合物或 Si—F 化合物。原料中的氢原子被氟原子取代了。

一般从含有下列基团：F_2，SiF_4，SF_6，BF_6 及氟利昂的物质中选择氟化物，如 CF_2Cl_2，CF_4 和 C_2F_6 等，氟化物的选择主要考虑反应的速度。该技术可将 $SiCl_4$ 或 $GeCl_4$ 中的杂质降到 1×10^{-6}级甚至更低，而氢则以 HF 或 H_2 的形式排出。

参考文献

[1] 陈黎文．锗催化剂在聚酯生产中的特殊性[J]．合成技术及应用，1998(13)：46~49.
[2] 陈进，高德荣，吴代城，等．云南省会泽县麒麟厂矿区八号锌铅矿体地质勘探报告[R]．2001.
[3] 陈武唐，辛张，希诚．我国煤炭资源及其开发利用研究[J]．煤炭经济研究，2003(7)：6~11.
[4] 戴瑛．锗/硅应变层超晶格及其应用[J]．山东工业大学学报，1993(2)：25~30.
[5] 地质矿产部《地质辞典》办公室．地质辞典（四）矿床地质应用，地质分册[M]．北京：地质出版社，1986.
[6] 邓明国，秦德先，雷振，等．滇西褐煤中锗富集规律及远景评价[J]．昆明理工大学学报（理工版），2003，28(1)：1~3，7.
[7] 邓卫，刘侦德，伍敬峰．凡口铅锌矿稀散金属的选矿研究与综合评述[J]．有色金属，2000，52(4)：45.
[8] 邓卫，刘侦德，阳海燕，刘瑞弟．凡口铅锌矿锗和镓资源与回收[J]．有色金属，2002，54(1)：54~57.
[9] 董克满，贾彦．有机锗化合物的研究进展[J]．齐齐哈尔医学院学报，1994(1)：44~47.
[10] 杜刚，汤达祯，武文，等．内蒙古胜利煤田共生锗矿的成因地球化学初探[J]．现代地质，2003，17(4)：453~458.
[11] 冯桂林，何蔼平．有色金属矿产资源的开发及加工技术（提取冶金部分）[M]．昆明：云南科技出版社，2000.
[12] 高振敏，李朝阳．分散元素成矿机制初步研究[A]．中国科学院地球化学研究所，资源环境与可持续发展[C]．北京：科学出版社，1999.
[13] 广州地质研究所．凡口铅锌矿矿床矿物、矿石组成的研究报告[R]．广州：广州地质研究所，1984.
[14] 谷团，刘玉平，李朝阳．分散元素的超常富集与共生[J]．矿物岩石地球化学通报，2000，19(1)：60~63.
[15] 韩德馨，仁德贻，王延斌．中国煤岩学[M]．徐州：中国矿业大学出版社，1995.
[16] 韩润生，李元．会泽麒麟厂铅锌矿床深部找矿预测研究[R]．昆明理工大学科研报告，2000，14~15.
[17] 胡瑞忠，苏文超，戚华文，等．锗的地球化学、赋存状态和成矿作用，矿物岩石地球化学通报[J]．2000(10)：215~217.
[18] 胡瑞忠，毕献武，叶造军，等．临沧锗矿床成因初探[J]．矿物学报，1996，16(2)：97~102.
[19] 胡瑞忠，毕献武，苏文超，叶造军．对煤中锗矿化若干问题的思考[J]．矿物学报，1997，17(4)：364~368.
[20] 黄机炎．锗工业进展概述，有色金属技术经济研究[J]．1992（1）：25~57.
[21] 黄兴山．技术创新，PET缩聚新型催化剂——锗催化剂，技术创新[J]．2003(3)：22~23.
[22] 黄文辉，赵继尧．中国煤中的锗和镓[J]．中国煤田地质，2002年7月第14卷增刊：64~69.
[23] 黄智龙，陈进，韩润生，等．云南会泽铅锌矿床脉石矿物方解石 REE 地球化学[J]．矿物学报，2001，21（4）：659~666.
[24] 雷霆，张家敏，周平，刘志斌．临沧市含锗褐煤资源调研和开发方案建议[A]．云南冶金集团总公司技术中心，2005.
[25] 李春阳．藤县煤田石炭二叠纪煤系锗镓分布特征[J]．中国煤田地质，1991，3(1)：30~36.
[26] 李世平．丹宁锗酸沉淀机理的研究[J]．稀有金属，1994，18(1)：23~27.
[27] 李玉增，杨遇春．锗市场的调查研究与发展预测，有色金属技术经济研究[J]．1997(4)：13~24.
[28] 李余华．临沧锗矿床地质特征[J]．云南地质，2000，19(3)：263~269.

[29] 梁云生，许林，易献武．萃取法从硫酸溶液中提取锗的探讨[J]. 稀有金属，1985，9(1)：42.
[30] 廖晶莹，叶崇志，杨培志．锗酸铋闪烁晶体的研究综述[J]. 化学研究，2004(4)：52~58.
[31] 廖文．麒麟矿山厂铅锌矿床成因探讨[R]. 2002.
[32] 刘宝芬．从含锗废料中回收锗[J]. 湿法冶金，1993(2)：16~20.
[33] 刘峰．云南会泽大型铅锌矿床成矿机制及锗的赋存状态[D]. 中国地质科学院，硕士论文，2005.
[34] 刘金钟，许云秋．次火山热变质煤中 Ge、Ga、As、S 的分布特征[J]. 煤田地质与勘探，1992，20(5)：27~32.
[35] 卢家灿，庄汉平，傅家谟，等．临沧超大型锗矿床的沉积环境、成岩过程和热液作用与锗的富集[J]. 地球化学，2000，29(1)：36~42.
[36] 韩延荣，袁庆邦，李永华，等．滇西大寨超大型含铀锗矿床成矿地质条件及远景预测[M]. 北京：原子能出版社，1994.
[37] 韩润生，刘丛强，黄智龙，等．云南会泽富铅锌矿床成矿模式[J]. 矿物学报，2001，21(4)：674~680.
[38] 韩润生，陈进，李元，等．云南会泽铅锌矿床构造控矿规律及其隐伏矿预测[J]. 矿物学报，2001，21(2)：265~269.
[39] 韩润生，刘丛强．云南会泽铅锌矿床构造控矿及断裂构造岩稀土元素组成特征[J]. 矿物岩石，2000，20 (4)：11~18.
[40] 林奋生．氧化还原挥发工艺从含锗电解液中提锗[J]. 稀有金属，1993，17(3)：178~181.
[41] 刘中清，等．热酸浸出-铁钒法炼锌工艺中锗的富集[J]. 矿冶工程，2000，20(1)：44~46.
[42] 刘世友．锗的应用与发展前景，稀有金属与硬质合金[J]. 1999(108)：53~55.
[43] 刘英俊，曹励明，李兆麟，等．元素地球化学[M]. 北京：科学出版社，1984.
[44] 欧阳自远．中国矿物学岩石学地球化学研究新进展[C]. 兰州：兰州大学出版社，1994.
[45] 秦胜利．内蒙古胜利煤田锗矿床赋存规律及找矿方向[J]. 中国煤田地质，2001，9(3)：18~19.
[46] 戚华文．陆相热水沉积与超大型锗矿床的成因——以临沧锗矿床为例[D]. 中国地质科学院博士论文，2002.
[47] 钱汉东，陈武，谢家东，黄瑾．碲矿物综述[J]. 高校地质学报，2000，6(2)：178~187.
[48] 谭风琴．广东仁化凡口铅锌矿西矿带矿石中主要伴生组分的研究[J]. 广东有色金属地质，1995(1~2)：40~51.
[49] 汤淑芳，等．锗的氧肟酸 HGS98 萃取分离研究[J]. 稀有金属，2000，24(4)：247~250.
[50] 涂光炽．分散元素可以形成独立矿床——一个有待开拓深化的领域[A]. 兰州：甘肃大学出版社，1994.
[51] 涂光炽．分散元素地球化学及成矿机制[M]. 北京：地质出版社，2004.
[52] 欧阳自远．中国矿物学岩石学地球化学研究新进展[C]. 兰州：甘肃大学出版社，1994.
[53] 余克章．锗（Ge）金属在现代军事上的应用[J]. 金属世界，1997(5)：18~19.
[54] 汪本善．我国某些煤中锗的成矿条件[J]. 地质科学，1963(4)：198~207.
[55] 王福泉，杨文斌．化学研究与应用，烷基膦酸类萃取剂与喹啉类萃取剂 N601 协萃锗（Ⅳ）的研究[R]. 1997，9(5)：455~458.
[56] 王纪，等．用萃取法从锌浸出液中回收锗[J]. 有色金属，2000，52(2)：77~79.
[57] 王吉坤，何蔼平．现代锗冶金[M]. 北京：冶金工业出版社，2005.
[58] 王兰明．内蒙古锡林郭勒盟乌兰图嘎锗矿地质特征及勘查工作简介[J]. 内蒙古地质，1999(3)：16~20.
[59] 王玲．褐煤中提取锗的工艺研究．硕士学位论文，河北理工学院，2004.
[60] 伍钦，钟理，邹华生，曾朝霞．传质与分离工程[M]. 广州：华南理工大学出版社，2005.

[61] 伍锡军. 国内外锗和铟回收工艺的发展[J]. 稀有金属，1995(3)：218～223.
[62] 吴绪礼. 锗及其冶金[M]. 北京：冶金工业出版社，1988.
[63] 奚长生. 从冶锌废渣中提取锗、铟的研究[D]. 广东工业大学，工学硕士学位论文，2004.
[64] 谢访友，等. 用萃取法从锌浸出液中回收锗[J]. 铀矿冶，2000，19(2)：91～96.
[65] 肖华利，夏永生. 溶剂萃取锗过程中的乳化及其消除[J]. 有色冶炼，1999，28(4)：18～19.
[66] 许绍权，李素清. 锗的各种回收方法[J]. 国外科技，1990(12)：8～10.
[67] 徐凤琼，刘云霞. 用粗二氧化锗制取高纯锗[J]. 稀有金属，1998，22(5)：345～349.
[68] 徐恒钧，石巨岩，阮玉忠. 材料科学基础[M]. 北京：北京工业大学出版社，2001.
[69] 杨敏之. 分散元素矿床类型、成矿规律及成矿预测[J]. 矿物岩石地球化学通报，2000，19(4)：381～383.
[70] 章明. 云南会泽铅锌锗镉矿床地球化学特征及锗镉富集机制[D]. 成都理工大学，硕士学位论文，2003.
[71] 章明，顾雪祥，付绍洪，司荣军，李发源. 锗的地球化学性质与锗矿床[J]. 矿物岩石地球化学通报，2003，22(1)：82～87.
[72] 张启修. 冶金分离科学与工程[M]. 北京：冶金工业出版社，2004.
[73] 张淑苓，尹金双，王淑英. 云南帮卖盆地煤中锗存在形式的研究[J]. 沉积学报，1988，6(3)：29～40.
[74] 张元福，陈寒蓉. 贵州含锗氧化铅锌矿资源的开发状况及前景[J]. 有色冶炼，1997(3)：17～20.
[75] 郑能瑞. 锗的应用与市场分析[J]. 广东微量元素科学，1998(5)：12～18.
[76] 中国矿床发现史广西卷编委会. 中国矿床发现史·广西卷[M]. 北京：地质出版社，1996.
[77] 中国矿床发现史江苏卷编委会. 中国矿床发现史·江苏卷[M]. 北京：地质出版社，1996.
[78] 周令治. 稀散金属冶金 [M] . 北京：冶金工业出版社，1988.
[79] 周令治，田润苍，邹家炎. 全萃法从锌浸出渣中回收铟、锗、镓的研究[J]. 稀有金属，1981(6)：218～223.
[80] 朱云. 微生物浸出褐煤中锗的科研报告[A]. 昆明理工大学科研报告，2005.
[81] 庄汉平，刘金钟，傅家谟，等. 临沧超大型锗矿床有机质与锗矿化的地球化学特征[J]. 地球化学，1997，26(4)：44～51.
[82] 庄汉平，刘金钟，傅家谟，等. 临沧超大型锗矿床赋存状态研究[J]. 中国科学（D辑），1998，28(增刊)：37～42.
[83] A. H. 泽列克曼，O. E. 克列茵，Г. B. 萨姆诺索夫著，宋晨光，陈雨泽译. 稀有金属冶金学[M]. 北京：冶金工业出版社，1982.
[84] Amorsson S. Germanium in Icelandic geochermal systems[J]. Geochim Cosmochemica Acta，1984(48)：2489～2502.
[85] Barns Robert L，Chandross Edwin A. Removal of —OH impurities from fiber optic precursor materials[P]. US4310341，1982.
[86] Bohrer Michael Philip（US），LU PO-YEN（US）. Process for the direct production of germanium tetrachloride from hydrated germanate-containing solids using gaseous hydrogen chloride [P]. US6337057，2002.
[87] Cote G，Bauer D. Liquid-liquid extraction of germanium with oxine derivation[J]. Hydrometallurgy，1980(5)：149～160.
[88] Bemstein L R. Germanium geochemistry and mineralogy[J]. Geochemica et Cosmochemica Acta，1985(49)：2409～2422.
[89] Das N C Monroy C Jhabvala M. Germanium junction field effect transistor for cryogenic applications[J]. Sol-

id-State Electronics, 2000, 44(6): 937 ~940.

[90] John D. Jorgenson. Germanium Recycling in the United States in 2000 U. S[R]. Geological Survey Open-File Report, 2005, 1274: 15.

[91] Menendez Francisco J S (ES), Menendez Fernando M S (ES). Process for the recovery of germanium from solutions that contain it[P]. US4886648, 1989.

[92] Meyer D J, Webb D A, Ward M G. Applications and processing of SiGe and SiGe: C for high-speed HBT devices[J]. Materials Science in Semiconductor Processing, 2001, 4(6): 529 ~533.

[93] Mortlock R A, Froelich P N. Hydrothermal germanium over the Southern East Pacific Rise[J]. Science, 1986(231): 2873 ~2882.

[94] Mumane S. Germanium geochemistry in the Southern California Borderlands[J]. Geochim Cosmochim Acta, 1989(53): 2873 ~2882.

[95] Murnane R J. Germanium and silica in the drainage basin[J]. Natrure, 1990(344): 749 ~752.

[96] Rau Hans, Aachen Fed. Process for the removal of hydrogen from hydrogen compounds dissolved in silicon tetrachloride or germanium tetrachloride[P]. US4842839, 1989.

[97] Simons, Dennis, Robert (NL). Method of Preparing Very Pure Silicon Chloride and/or Germanium Chloride[P]. WO03059808, 2003.

[98] Sangsingkeow Pat, Berry Kevin D, Dumas Edward J. Advances in germanium detector technology[J]. Nuclear Instruments and Methods in Physics Research Section A: Accelerators, Spectrometers, Detectors and Associated Equipment, 2003, 505(1 ~2): 183 ~186.

[99] Yun S T, So C S, Chol S H, et al. Genetic environment of germanium-bearing gold-silver vein ores from the Wolyumine[J]. Republic of Korea, Mineralium Deposita, 1993(28): 107 ~121.